KB017603

자율주행 안전성 확보를 위한

ISO 26262

자동차 기능안전 실행 가이드

자율주행 안전성 확보를 위한

ISO 26262

자동차 기능안전 실행 가이드

펴낸날 2020년 6월 19일

지은이 김병철, 강성춘, 김동규
펴낸이 강성춘 | **편집책임** 김보희 | **꾸민이** 김연희

펴낸곳 ㈜ 에이디에스스퀘어 | **출판등록** 제 2020-000029호
주소 서울시 송파구 백제고분로 37길 4, (석촌동, 현도빌딩 6층 602호)
전화 02-485-5033 | **팩스** 02-425-5033
홈페이지 www.ads2square.com | **이메일** ovobb@ads2square.com

ISBN 979-11-970685-1-5 (93560)

※ 이 도서의 국립중앙도서관 출판시도서목록(CIP)은 e-CIP 홈페이지(http://www.nl.go.kr/cip)에서 이용하실 수 있습니다.
(CIP 2020024146)

자율주행 안전성 확보를 위한

ISO 26262

자동차 기능안전 실행 가이드

저자 김병철 강성춘 김동규

머리말

글로벌 자동차산업은 줄곧 고속성장을 이뤄왔다. 기계적 역학의 효율화가 쉬임없이 진행됐고, 동력장치는 개선을 거듭해왔다.

그러다 새로운 변화가 생겨났다. 과거의 자동차산업이 순수하게 기계적 메카니즘의 영역에 머물러 있었다면 2000년대 들어 전기/전자시스템이 적용되기 시작한 것이다. 그 결과 이제 자동차는 전자제품이라고 할 수 있을 만큼 다양한 편의성과 인포테인먼트를 제공하고 있다.

이처럼 자동차가 기계적 제어시스템에서 전기/전자 시스템으로 바뀌었지만 여전히 국내 자동차 산업의 안전은 기계적 제어시스템에 치중하고 있다. 자동차가 고장 났을 때 전기/전자 부품의 결함으로 인하여 발생하는 고장이 기계적 제어시스템에 의한 것보다 심각해지기 시작하였다.

자동차의 전자/전기시스템 개발 경쟁이 격화하면서 전기/전자시스템으로 인한 잠재적 위험요소는 계속 증가하고 있다.

이러한 전기/전자 시스템의 잠재적 결함을 미연에 방지하고, 미래의 자율주행을 이루기 위해 국제표준기구(ISO)는 2011년 ISO 26262 국제표준을 IS(International Standard)로 발표하였다. ISO 26262는 적절한 요구사항과 프로세스를 제공함으로써 위험을 완화하기 위한 지침이 포함되어 있는 차량 내 전기/전자시스템의 기능안전 표준이다. 2018년 12월 ISO 26262는 1판의 미비한 부분과 차량용 반도체, 버스, 트럭, 모터사이클에 대한 적용범위 확대 및 자율주행을 포함하여 2판이 발행되었다.

자동차는 다양한 인포테인먼트 시스템과 사용자 편의를 위한 최첨단의 기술력이 도입되면서 자율주행차, 스마트 카(Smart Car), 커넥티드 카(Connected Car) 등 고도의 지능화 과정을 밟고 있다.

이런 과정에서 안전성은 자동차 산업의 핵심쟁점 중 하나로 부상하였다. 기술이 복잡해지고 반도체, 소프트웨어와 메카트로닉스(Mechatronics) 구현이 다양화되면서 차량 내 전기/전자시스템에서 시스템적 고장 및 랜덤 하드웨어 고장으로 인한 위험도 증가하기 시작한 것이다.

이제 기능안전을 반영한 자동차 부품의 설계와 생산은 선택이 아닌 필수가 되고 있다.

현대/기아차, BMW, Benz, Volkswagen, Volvo, PSA, GM, Ford, Toyota, Honda 등 완성차 업체는 물론 Bosh, 콘티넨탈, 지멘스, 발레오, TRW, 델파이, 모비스, 만도, 덴소, 오므론 등 주요 시스템 공급 협력사들도 기능안전이 적용된 전장시스템을 요구하고 있다.

그러나 현실적으로 전장시스템을 개발할 때 ISO 26262를 어떻게 적용할지에 대한 구체적인 가이드라인이 없어 기능안전을 적용하는 데 어려움이 많은 것도 사실이다.

이 책은 ISO 26262에 대한 기본 입문서다. 1판에서 2판으로 개정되면서 변경된 부분을 실었고, 쉽게 자동차 기능안전에 접근할 수 있도록 주요 내용 위주로 해설하고 있다.

자동차의 역사와 발전, ISO 26262 각 파트별 가이드, 조직 내에서 셀프 자가진단을 가능하도록 ISO 26262 진단 체크리스트 등 12장으로 구성하였다. 독자가 쉽게 구분할 수 있도록 ISO 26262가 핵심적으로 요구하는 표준 내용을 소개하고, 그림이나 참고 해설로 쉽게 이해할 수 있도록 작성하였다.

ISO 26262 자동차 기능안전 표준의 철학을 이해하고 이를 개발에 효과적으로 반영하기 위해서는 기능안전은 물론 개발제품 기술에 대한 깊은 전문지식이 요구된다. 하지만 현실적으로 전장시스템 엔지니어가 이를 모두 갖추어 해당 표준들을 이해하고 직접 개발에 반영하는 것은 결코 쉽지 않다.

이 책은 엔지니어 및 일반인도 쉽게 읽고 그 내용을 개발에 반영하는 데 도움이 되는 기초 지침서로서의 역할을 한다.

인공 지능 기술의 발전과 사물인터넷(IoT) 제품 및 자율주행차에 탑재되는 전기/전자시스템 수요가 급격히 늘어나면서 글로벌 자율주행 시장 규모는 앞으로 크게 확대될 것이다. 향후 다가올 4차산업의 핵심인 전장시스템과 반도체 분야에 기능안전, 보안이라는 새로운 패러다임이 접목되어야 한다는 것은 이런 측면에서 너무도 당연한 일이다.

ISO 26262에 대한 연구와 전문인력 양성은 다가오는 미래 자동차시장에서의 경쟁에서 살아남기 위한 기업의 과제가 될 것이다. 하지만 관련 영역의 중요성과 관심에 비해 아직 국내에는 전문인력이 없기도 하거니와 전문인력 양성사업 또한 크게 미흡한 실정이다.

이 책이 우리나라 기업들이 글로벌 표준에 대응하는 데 도움이 되고, 앞으로 미래 자동차산업 및 자율주행 관련산업을 이끌어 나가는 데 밑거름이 되기를 바란다.

원고 작성을 위해 늦은 밤까지 자동차 샤시제어 관련 조언을 해주신 허건수 교수, 열정적으로 적극 지도해 주신 서순근 교수, 신상문 교수와, 이래에이엠에스의 송제석 부장과 김응수 팀장, SW와 Autosar의 요구사항에 대해 조언해 주신 ETRI의 한태만 팀장과 조진희 책임, 프로세스와 관련한 조언을 해주신 시스토피아 권재중 대표, 원고의 구성, 교정과 교열에 대해 검토해 주신 이주환 본부장님께 특히 감사의 말씀을 드리며, 원고 탈고 마지막까지 정성을 보여준 김보희 연구원, 일러스트레이터로 수고한 김연희 연구원, 많은 격려를 보내주신 모든 분께 감사 인사를 드린다.

코로나 바이러스로 인하여 사회적 거리 두기 동안 집에 콕 박혀 집필의 불을 당길 수 있었으나, 꽃피는 봄에 목련꽃 그늘을 즐기지 못해 아쉬움은 있지만, 사랑하는 가족들의 지원에 "사랑해, 희망이 있어서 행복해"라는 말을 전하고 싶다.

진달래, 개나리, 벚꽃이 만발한 따뜻한 봄날에

2020년 4월

김병철, 강성춘, 김동규

추천사

과거 기계 부품 및 전자 부품 중심의 신뢰성에 초점이 맞추어진 '안전(Safety)'의 개념이 하드웨어와 소프트웨어를 포함하는 시스템적 설계의 통합 개념으로 발전하여 '기능안전(Functional Safety)'이라는 새로운 개념으로 창출 전기/전자 시스템의 안전성을 확보하기 위한 새로운 패러다임으로 전개되고 있습니다.

대표적인 기능안전 표준인 IEC 61508, IEC 61511, IEC 62278, ISO 13849 등은 제조물 책임(PL, Product Liability)과 연관이 있으며, PL법의 면책사유가 되는 State of the Art(현 과학기술 수준)라고 할 수 있습니다.

특히, 자동차에는 전자제어 시스템이 차량제어에 차지하는 비율이 급속하게 증가함에 따라 다양한 전기/전자 시스템에 대해 공통적으로 적용할 수 있는 안전 기준이 요구되고 있습니다. 이에 따라 완성차(OEM, Original Equipment Manufacturing) 업체뿐만 아니라 다양한 협력사들이 공통으로 안전과 관련하여 포괄적으로 적용하고 관리할 수 있는 기술이 요구되기에 글로벌 자동차 업체들이 모여 ISO 26262 자동차 기능 안전성 표준을 2011년 공표하였으며, 자율주행과 멀티시스템이 반영된 2판 개정판을 2018년 12월 발행하게 되었습니다. ISO 26262는 가장 최근에 개발된 기능안전 표준으로서 최신의 개발 및 분석 기술이 반영되어 있으며, 자동차에 대한 기능안전 요구사항이지만 전 산업계의 기능 안전에 활용할 수 있는 대표적인 표준으로 볼 수 있습니다.

선진 자동차 관련업체들은 발 빠르게 이 자동차 기능안전 표준의 도입을 이미 완료하였거나 적극적으로 도입을 추진하고 있어서 관련 세미나 혹은 교육이 활발하게 이루어지고 있습니다. 국내에서는 아직 시작단계로 업계의 움직임이 활발하지 않고 많은 비용을 들여 해외 기술자들을 초빙하고 있지만 그 효과가 현재까지는 뚜렷하지 않습니다. 더불어 일부에서는 전문가의 부족으로 인해 기능안전에 대한 해외 업체의 움직임을 지켜만 보는 안타까운 현실을 접하게 됩니다. 특히, 실무에 적용할 수 있는 전문도서나 출판물이 부족하니 참고가 될 만한 자료나 정보가 거의 없습니다.

이런 시점에 2판 개정판 중심으로 ISO 26262 자동차 기능안전에 대한 가이드가 최근에 발간된다고 하니, 자동차 공학 중에서 샤시 제어시스템을 전공하는 학자로서 매우 기쁘게 생각합니다.

"자율주행 안전성 확보를 위한 ISO 26262 자동차 기능안전 실행가이드" 이 책은 자동차 전장시스템의 안전성 분석, 소프트웨어와 하드웨어 그리고 ISO 26262 각 파트별 요구사항에 대해 기초를 자세히 해설하고 있으며, 특히 이해하기 쉽게 그림과 사례 중심으로 풀어서 전개하고 있어서 개발, 설계, 품질, 생산, 생산기술, 구매 엔지니어 및 안전 관련 종사자들이 어려움 없이 접근할 수 있을 것입니다. 그리고 자동차 기능안전 표준이 워낙 방대하고, 관련 전문가가 세계적으로도 부족한 상태인데, 이 책이 출간되어 기업에서 제품 수준, 기능안전 수준, 개발 프로세스의 현 수준을 파악하고 나아가야 할 방향을 수립하여 발전시키는 데도 많은 도움이 되리라 봅니다.

글은 아무나 쉽게 쓸 수가 없습니다. 수많은 시간, 노력, 그리고 땀이 투자되지 않으면 결실을 거둘 수 없습니다. 기능안전과 관련한 표준은 다양한 방면의 전문지식이 요구되므로 혼자서 집필하기는 더욱 어렵습니다. 막상 해보면 쉬운 일이 아닌 것을 경험으로 알고 있습니다. 전문가인 김병철 교수, 강성춘 대표, 김동규 교수가 의기투합하여 각고의 노력을 기울여 꼭 필요한 시점에 이런 성과물을 내놓은 것에 대해 관련 분야의 전문가 중 한 사람으로서 따뜻한 격려를 보냅니다.

끝으로, 이 '자율주행 안전성 확보를 위한 ISO 26262 자동차 기능안전 실행 가이드'는 산업계의 전기/전자 시스템 개발자 및 기능안전 관계자분들에게 좋은 지침서가 되어 현업에 크게 도움이 되고, 산업계 전반에 확산되어 우리나라 국민뿐만 아니라 세계 인류의 안전에 크게 기여하기를 바랍니다.

2020년 신년 초

한양대학교 미래자동차공학과 교수 허 건 수

contents

제 1 장 자동차 패러다임 변화와 기능안전

Paradigm Shift and Functional Safety

제1절 자동차 산업의 역사와 변화

자동차의 간략 역사

내연 기관을 이용한 공식적인 자동차의 시작은 1886년 1월 29일 만하임 출신 엔지니어 칼 벤츠(Carl Benz)가 자신이 개발한 내연 기관으로 '가솔린 엔진을 장착한 탈것(Vehicle with Gas Engine Operation)'이라는 특허(DRP) 37435를 등록한 이후부터다.(<그림 1-1> 참조)

▶ <그림 1-1> 칼 벤츠가 만든 세계 최초의 자동차(출처: 위키피디아)

최초의 자동차는 개발되었으나 판매가 미비하였으며, 현대와 같이 대중화를 달성한 것은 부품의 표준화와 고장이나 부품을 교체해 주는 수리를 시작한 올즈모빌부터 시작했다고 볼 수 있다. 물론 많은 대중이 자동차를 이용할 수 있도록 해 준 것은 포드의 모델 T 자동차 생산이었다.(<그림 1-2> 참조) 1913년에 컨베이어 벨트를 이용한 일괄 생산 공정을 갖추면서 한 대당 조립 시간이 12.5시간에서 1.5시간으로 짧아져 생산 능력이 향상되었다. 가격도 초기에 900달러이던 것이 1925년에는 260달러까지 낮아져 공장 근로자의 월급으로 구매가 가능한 수준이 되어 자동차의 대중화를 이루었다.

전기 자동차는 내연 기관을 사용하는 오토사이클(정적사이클) 방식의 자동차보다 먼저 발명되었다. 1830년부터 1840년 사이에 영국 스코틀랜드의 사업가 앤더슨이 전기 자동차의 시초라고 할 수 있는 세계 최초의 원유 전기 마차를 발명했다. 이어 1865년에 프랑스의 가스통 플란테가 축전지를 발명하고 그의 친구 카밀 포레는 더 많은 저장 용량을 가진 축전지를 개발했다. 축전지의 발명 및 발전은 전기 자동차가 번창하는 데 크게 기여하였다. 〈그림 1-3〉은 시속 100km를 실현한 전기 자동차이다.

1900년도 초까지는 내연 기관 차량에 비해 기어 조작을 할 필요가 없는 전기 자동차의 운전이 간편해 상류층의 관심을 받아 판매 수량이 증가하였다. 그러나 내연 기관 자동차의 가격이 내려가고 1920년 미국의 텍사스주에서 원유가 발견되어 휘발유 가격도 내려가면서 점차 쇠락의 길을 걷게 된다.

▶ 〈그림 1-2〉 포드가 자동차를 대중화 한 모델T 자동차 (출처: 위키피디아)

▶ 〈그림 1-3〉 1899년에 처음으로 시속 100km를 실현한 전기 자동차인 'La Jamais Contente'. (출처: 위키피디아)

제2절 자동차 패러다임의 변화

안전-사람 중심으로 변화(출처: 자동차 대백과)

자동차 대중화와 기술의 발전으로 인한 차량 속도의 증가는 교통 사고율이 높아지는 새로운 문제를 야기하였다. 그러나 운전자나 보행자의 안전을 보장하는 기술은 자동차의 성능 발전 속도를 따라잡지 못했다. 또한 자동차 업체들의 기술 개발은 부품의 표준화, 속도의 증가 등에 집중하고 안전 관련 기술 개발은 등한시하였다.

1950년대 고급 자동차를 중심으로 메르세데스-벤츠가 크럼플 존(Crumple Zone) 개념을 적용하여 안전 개념을 도입하였지만, 대중화에는 미치지 못했다.

자동차 업체의 생각을 바꾸는 계기는 변호사 랄프 네이더가 1965년에 쓴 "어느 속도에서도 안전하지 않다"라는 책이 출간되면서이며 자동차 업체가 이익을 높이기 위해 소홀히 하거나 은폐했던 안전 기술을 지적한 것으로, 제도적 안전 기술 설치 의무화와 공인 기관의 안전 시험 및 평가 제도를 끌어냈다.

획기적인 안전 기술의 전환점은 1968년에 볼보가 1959년 닐스 볼린이 개발해 특허를 받은 3점식 안전 벨트 특허를 무료로 공개해 모든 자동차회사가 쓸 수 있도록 한 것이다.(〈그림 1-4〉 참조)

▶ 〈그림 1-4〉 3점식 안전 벨트의 개발자 닐스 볼린과 3점식 안전 벨트(출처: 위키피디아)

3점식 안전 벨트, 에어백 등과 같이 수동적 안전 시스템과 함께 ABS(Anti-Lock Braking Systems), ESC(Electronic Stability Control), TPMS(Tire Pressure Monitoring System), LDWS(Lane Departure Warning System), ACC(Adaptive Cruise Control)와 같은 운전자 편의 사항에 의해 사고를 회피하거나 손실을 줄이는 능동적 안전 시스템이 사용된다. 이러한 능동적 안전 시스템의 보급으로 인해 자동차의 전기/전자 시스템의 사용이 증가하면서 전기/전자 시스템의 오동작에 의한 사고 방지가 주요 이슈가 되었다. 이는 기능안전에 대한 표준화로 이어지고 있다.

IT 기술과 융합

IT 기술의 발전은 다른 산업뿐만 아니라 자동차에도 많은 영향을 미치고 있다. 자동차 기술은 초기에는 기계 공학을 중심으로 발전이 이루어졌으나 근래에는 자동차의 전장화 및 스마트카의 등장으로 자동차와 IT가 융합되는 형태로 진화되었다. 자동차-IT 융합 산업은 첨단 IT 신기술을 기반으로 다양한 차량 주변 정보 및 주행 상황을 인지, 판단하여 차량을 제어함으로써 운전자와 보행자의 안전성, 편의성, 안락성 등 다양한 서비스를 창출한다.

〈그림 1-5〉는 스마트카에 내장된 첨단 전자 장치의 예를 보여주고 있으며, 많은 부분에서 전기/전자 장치들이 사용되는 것을 알 수 있다.

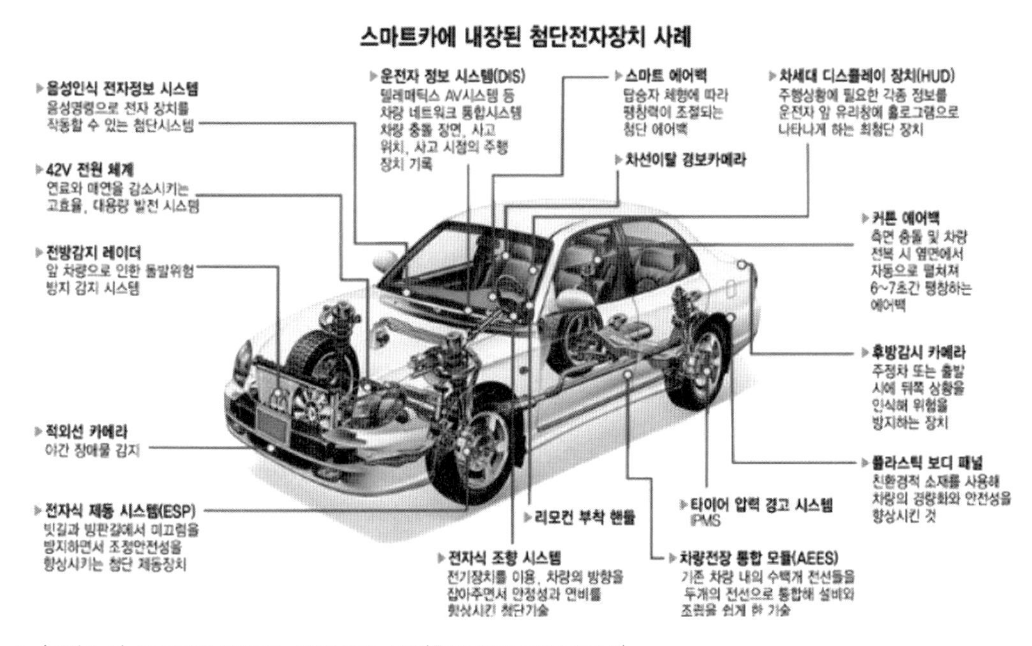

▶ 〈그림 1-5〉 자동차에 장착되는 전자 장치 사례(출처: 데이코산업연구소)

전기/전자 장치들이 늘어난다는 것은 자동차 산업에 구조적인 변화가 일어나고 있다는 것을 의미한다. 내연 기관용 부품들 위주로 형성되었던 시장을 이제는 첨단화된 부품들이 주도하고 있으며, 이로 인해 차량의 가격 대비 첨단 부품이 차지하는 원가 비중은 60% 이상으로 증가했다.

자동차용 부품의 전장화는 환경 규제, 연비 효율화, 주행 안전성 및 편의성 등을 목적으로 이루어지고 있다는 게 특징이다. 예를 들면, 미국의 전장 제품 시장에서는 차량용 조명 장치(Vehicular Lighting Equipment)와 센서·카메라 등의 전기·전자 장치(All Other Electrical Equipment)들이 높은 비중을 차지하고 있는데, 두 카테고리의 비중은 각각 20.5%와 20.7%나 된다. 더불어 인포테인먼트(Information and Entertainment Systems)용 부품도 비중이 17.3%나 된다.

이에 반해 내연 기관용 부품의 비중은 다소 낮다. 크랭크 모터 및 점화 플러그(Cranking Motors and Spark Plugs)가 14.9%, 배터리 충전 관련 제품(Battery Charging Alternators, Generators, and regulators) 9.2%, 전기 배선 및 케이블(Electrical Harness and Cable Sets) 8.9%, 앞 유리 와이퍼 및 계기판 어셈블리(Windshield Wiper Electronics and Dashboard Assemblies)가 8.5% 등을 각각 차지한 정도이다.

이러한 전기/전자 첨단 장치들에는 하드웨어뿐만 아니라 소프트웨어가 필수적으로 포함되어야 한다. 자동차용 소프트웨어 개발 비용도 전체 생산비 중에서 차지하는 비중이 증가하고 있다.

또한, 소프트웨어가 점점 복잡해짐에 따라 소프트웨어 품질에 대한 중요성이 주목받고 있다. 소프트웨어는 인간에 의해 오류가 포함될 가능성이 매우 높아 이를 개선하기 위해 모델링 도구를 통한 자동 코드 생성 기능을 이용하여 검증된 코드를 재사용하는 방향으로 소프트웨어가 개발되고 있다.

〈그림 1-6〉은 자동차에 사용되는 임베디드 소프트웨어의 증가 추세를 나타낸다. 파란 선의 하드웨어 전장품의 수는 어느 정도 포화가 되겠지만 이에 사용되는 소프트웨어의 기능 상승 추세는 계속 증가한다는 것을 잘 나타내고 있다.

자동차와 IT의 융합을 대표적으로 보여주는 것이 매년 미국 라스베이거스에서 열리는 세계 최대의 가전 전자 쇼 CES(Consumer Electronic Show)이다. 그동안 전자 산업 중심으로 열리던 전자 쇼에 이제는 자동차 업체도 참여하여 신기술을 선보이고 있고 전자 업계의 출시품도 자동차를 겨냥한 제품이 많다. 특히 차세대 스마트카 및 자율 주행 기술이 자동차 산업 자체를 변화시키는 동력으로 자리 잡고 있어 〈그림 1-7〉과 같이 전자 분야의 주요 업체들이 자동차 산업과 협력하거나 자체적으로 회사를 설립하여 자동차 산업에 뛰어드는 것을 보여주고 있다.

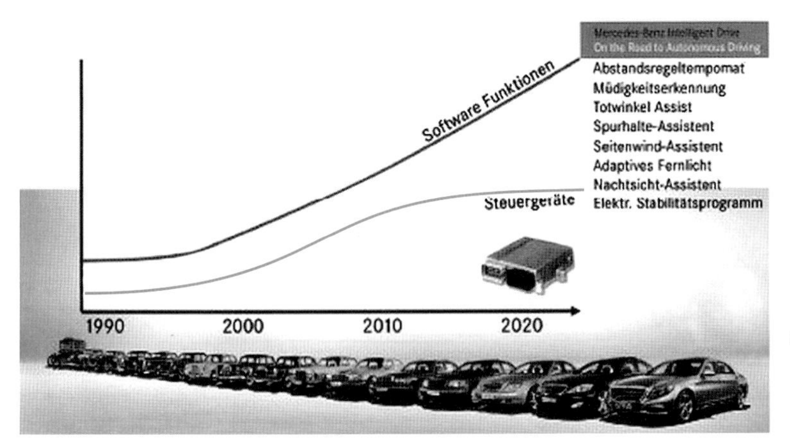

▶ 〈그림 1-6〉 자동차의 임베디드SW의 증가 (출처: 벤츠)

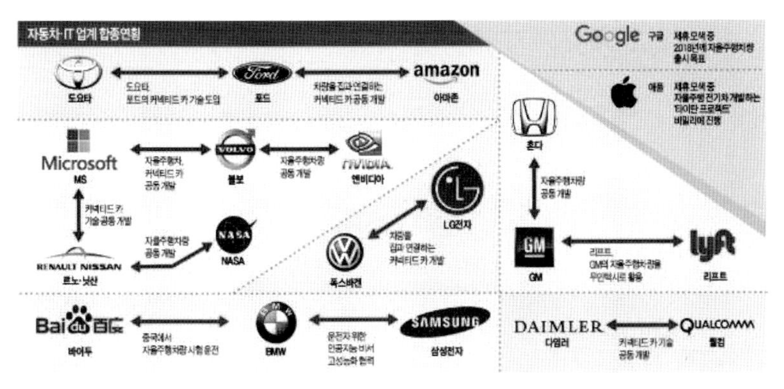

▶ 〈그림 1-7〉 자동차와 IT업계의 합종연횡 사례 (출처: 한국경제)

카셰어링의 공유 경제(출처: 삼성 SDS 인사이트 리포트)

공유 경제(Sharing Economy)란, "물품을 소유하는 개념이 아니라 서로 대여해 주고 빌려 쓰는 개념으로 인식하여 경제 활동을 하는 것"을 말한다.(출처: 시사상식사전)

경제적 효과
- 자가 차량 보다 연 340만원의 비용지출 감소 (1600CC차량 기준)
- 지정 주차제로 주차에 대한 걱정 해소

대중교통의 유연성 증대 효과
- 대중 교통 소외 지역에서 더 편리하게 대중교통 이용 가능
- 독일의 경우 카셰어링 도입 이후, 대중교통 이용률 82.5% 증가

도시 환경 개선 효과
- 드라이브플러스 차량1대당 12.5대의 개인 차량을 줄이는 효과
- 독일의 경우, 1인당 CO2 배출량 54% 감소

▶ 〈그림 1-8〉 카셰어링(공유 경제)의 효과(출처: KRX 시장감시위원회 블로그)

공유 경제는 2008년 미국 하버드대 로스쿨 로런스 레시그(Lawrence Lessig) 교수에 의해 처음 사용된 개념으로, 소유하지 않고 자신의 필요에 따라 빌려 쓰고 필요 없을 때는 빌려주는 협업 소비를 기본 바탕으로 한다.

자동차는 일반적으로 소유의 개념으로 시작되어 공유 경제와는 관련 없을 것 같지만, 집카(Zipcar)의 등장은 자동차에도 공유 경제가 도입될 수 있다는 것을 보여주었다. 자동차의 공유로 인한 효과로는 〈그림 1-8〉에 나타낸 것과 같이 경제적인 효과 이외에도 이산화탄소 저감을 통한 도시 환경 개선 효과 및 대중 교통의 유연성 증대 효과가 있다.

이러한 카셰어링의 효과로 시장 규모가 〈그림 1-9〉에 나타낸 것과 같이 글로벌 차량 공유 시장은 향후 크게 증가하여 20년 후인 2040년경에는 전체 차량 대수 중 약 16%가 차량 공유에 참여할 것이고, 시장 규모는 3조 3,000억 달러로 증가할 것이라고 경제 전문 기관이 예상하고 있다.

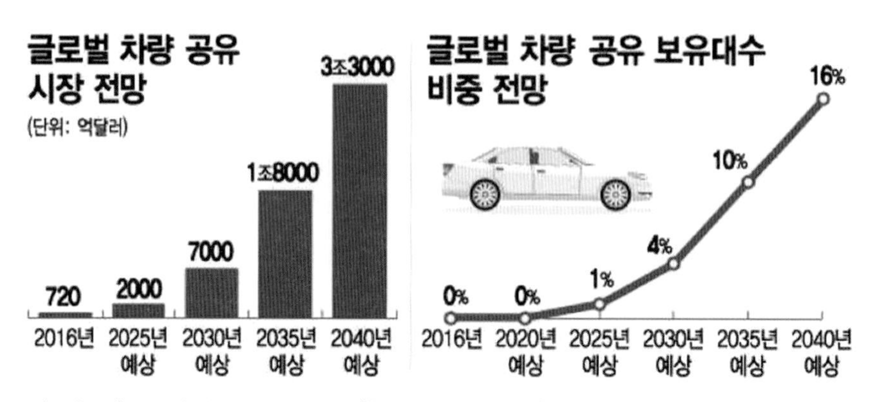

▶ 〈그림 1-9〉 글로벌 차량 공유 시장 전망(출처: IHS 오토모티브)

라이드쉐어링(Ride-sharing) 주요 업체

업체명	서비스지역	운전자수
UBER 우버 (미국)	83개국, 674개 도시	200만명
lyft 리프트 (미국)	미국, 300여개 도시	140만명
滴滴出行 디디추싱 (중국)	중국, 400여개 도시	210만명
Grab 그랩 (싱가폴)	8개국, 168개 도시	230만명 (택시포함)
OLA 올라 (인도)	인도, 호주 106개 도시	60만명

카쉐어링(Car-sharing) 주요 업체

업체명	모회사	지역	차량수
CAR2GO Car2go (독일)	Daimler	8개국	1.4만
DriveNow Drivenow (독일)	BMW	9개국	0.6만
Z Zipcar (미국)	Avis-Budget	9개국	1.0만
SOCAR 쏘카 (한국)	SK	1개국	0.8만
GreenCar 그린카 (한국)	롯데렌탈	1개국	0.5만

▶ 〈그림 1-10〉 라이트 세어링, 카셰어링 주요 업체(출처: 위키피디아, 2017년 기준)

카세어링 공유 경제의 대표적인 사례인 집카(Zipcar)는 2000년에 세워진 소셜 벤처이다. 사용자들이 시간 단위로 나눠 쓰는 시스템으로, 일정 회비($7/월 또는 $70/년)를 납입하고 이용료($9.50/hr 또는 $77.75/day)를 주고 사용하는 것이다. 어떤 면에서는 렌트 서비스와 유사하지만 여러 가지 프로그램으로 출퇴근 및 시간당 이용이 가능하여 공유 경제로 볼 수 있다.

카세어링의 주요 업체로서는 〈그림 1-10〉에 나타낸 것과 같다. 이러한 업체들을 통해 독일, 미국 및 한국에서 이용되고 있으며, 라이드 세어링도 미국 등 여러 나라에서 서비스가 되고 있다.

공유 경제는 20세기 자본주의 경제에서 생겨났지만, 최근에는 경기 침체, 환경 오염에 대한 대안을 모색하는 사회운동으로 그 의미가 확대되고 있다. '카세어링'이나 '카풀'이 일상화되면서 자동차도 예외 없이 공유 경제의 대상이 됐다. 소유보다는 공유를 통해 비용의 절감이 이루어져야 많은 사람이 혜택을 누릴 수 있기 때문이다.

자율 주행 자동차의 등장은 공유 경제가 가속할 것으로 예상하지만, 전 세계적으로 확산되고 있는 팬데믹(감염병)으로 인하여 투자 위축, 대인 접촉에 대한 공포, 위생 문제, 여행이나 이동의 제한으로 모든 것이 위축됨에 따라 공유 경제인 세어링은 단기적으로 주춤할 것으로 전망된다.

자율 주행 자동차

자동차 사고(2015년 WHO 통계 기준)로 인해 세계적으로 1년에 135만 명이 죽음에 이르고, 5,000만 명이 부상을 당하며, 이 중 운전자의 실수로 인한 사고는 전체 사고의 94%를 차지한다. 운전자 실수에 의한 사고를 줄이기 위한 대책의 하나로 자율 주행 자동차의 개발이 시작되었다.

자율 주행 차량은 자동차 자체에 설치된 라이다(LiDAR)와 레이다(Radar), 카메라 등과 같은 센서에서 수집되는 정보를 기반으로 차량 주변의 장애물과 차선을 인식한다. 차량이 독립적으로 주행하는 단독형(Stand-alone type)이 많았으나 현재는 통신과 결합하여 정보를 도로 인프라 또는 다른 차량으로부터 받아서 자체 센서와 수집된 정보를 활용하는 형태(Connected type)로 발전해가고 있다.

현재 자율 주행 자동차의 선두 주자는 자동차 제조사가 아닌 소프트웨어형 기업인 구글이다. 구글은 2012년 5월 토요타 프리우스 차량을 이용하여 '구글 카(Google car)'라는 무인 자동차를 개발했다. 첫 시험 주행은 미국 네바다주에서 시작돼 50만km를 달렸다. 네바다주 정부는 이 차량에 '스스로 움직인다(Autonomous)'와 '첫 번째'라는 의미로 'AU001'이라는 번호판을 부여했다.

현재 구글의 무인 자동차는 3차원으로 거리를 측정하는 LiDAR, 지도상에서 내 위치를 파악하는 GPS, 이외에 각종 센서 장치를 이용해 거리 측정은 물론 전방 차량의 미등과 도로의 신호등, 도로 표지판 등을 감지하여 주행에 적용한다. 구글은 웨이모(Waymo)라는 별도 회사에서 자율 주행 자동차 개발을 추진해 상용화 바로 전 단계까지 왔다.

자동차 업계에서는 메르세데스-벤츠를 선두로, 토요타, 닛산, GM, 포드 등 65개 회사의 자율 주행 자동차가 캘리포니아에서 도로 주행 허가를 받아 도로 주행 시험을 계속하고 있다. 국내에서는 현대자동차가 무인 자동차 출시를 위해 차간 거리, 차선 이탈, 자동 주차, 공기압 경보 등의 관련 기술을 개발하여 양산 자동차에 적용하고 있으며, 자율 주행 자동차의 국내 도로 주행 허가를 얻어 시험하고 있다.

자율 주행 자동차는 일반적으로 운전자의 지속적인 핸들이나 브레이크 등에 대해 직접적인 조작 없이 자체적인 프로세스로 도로 상황에 따라 자율적으로 주행이 가능한 차량을 말한다. 자동차를 운전하려면 △액셀과 브레이크를 조작하는 '발' △운전대를 조작하는 '손' △주변 환경을 인식하는 '눈' △위험에 대응할 수 있는 '의식' 등 운전자의 모든 것이 필요하다고 볼 수 있다. 미국 자동차 공학회(SAE)와 도로 교통 안전국(National Highway Traffic Safety Administration)은 차량의 자동화 수준과 기술 정도에 따라 자율 주행 자동차를 0단계부터 5단계까지 〈그림 1-11〉같이 총 6단계로 구분하고 있다.

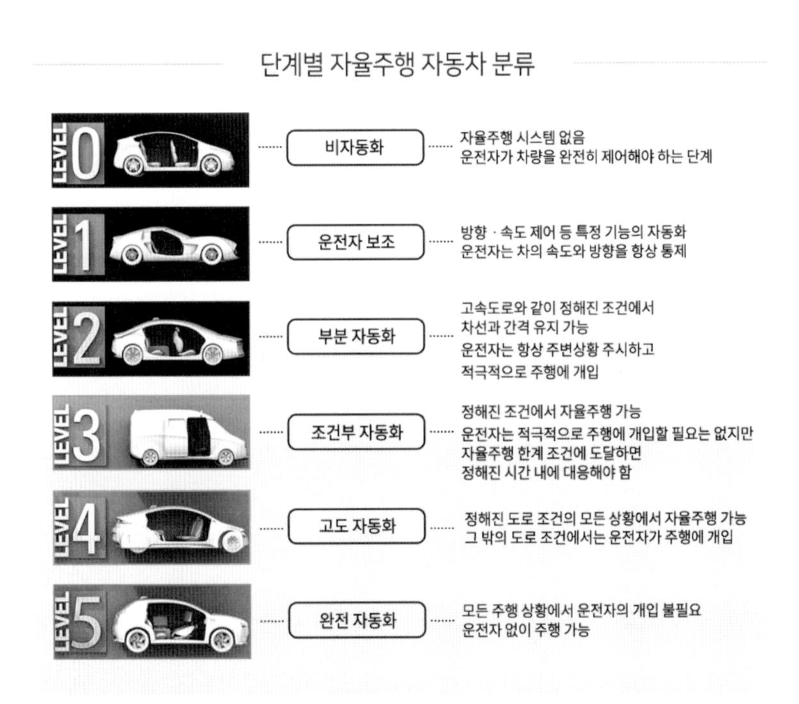

▶ 〈그림 1-11〉 SAE 자율 주행 단계(출처: 건국대 조기춘 교수 삼성 뉴스룸 칼럼)

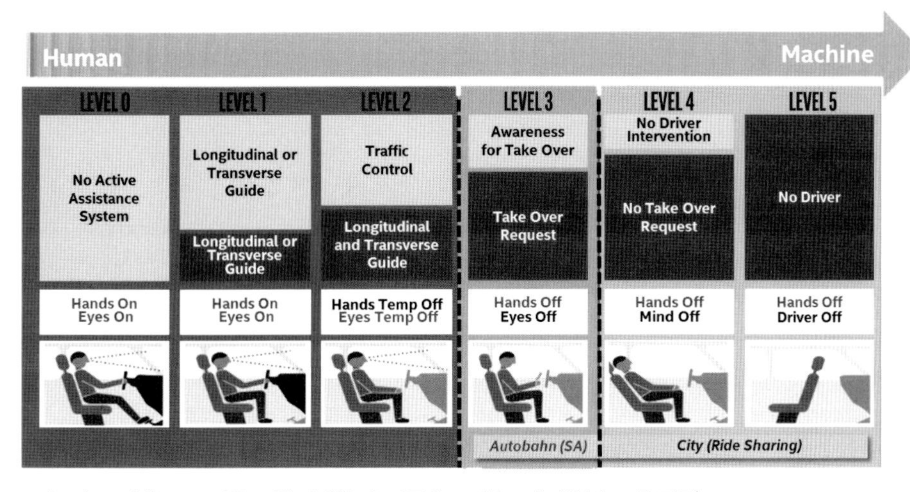

▶ 〈그림 1-11(2)〉 SAE 자율 주행 단계(출처: 건국대 조기춘 교수 삼성 뉴스룸 칼럼)

'0' 단계에서는 운전자가 수동적으로 모든 운전 조작을 수행하며, '1' 단계에선 발이 주로 담당하는 액셀과 브레이크에 대한 조작을 자동으로 조정해 주어 발이 자유로워지며, '2' 단계에서는 손이 담당하는 운전대를 여러 센서의 도움으로 자동 조정하도록 하여 손이 편해진다. '3' 단계에선 주변 환경을 인식하는 눈을 대신하여 여러 센서가 동작하여 전방을 주시하지 않아도 된다. '4' 단계에서는 정해진 조건 이외의 위험에 대응하기 위해 운전자가 운전석에 항상 있어야 하긴 하지만, 예상되는 조건 속에서는 위험을 자동으로 감지하여 회피함으로써 운전자는 운전을 의식하지 않아도 된다. 마지막 '5' 단계에선 운전자가 필요 없는 무인 자동차 개념의 완전한 자율 주행 자동차가 된다.

현재 판매되고 있는 차량 중에는 미국 도로 교통 안전국(NHTSA)에서 제정한 자율 주행 기준의 '2' 단계 수준까지 와 있는 차들이 있다. 이 차들은 주로 ADAS(Advanced Driver Assistance System)로 알려진 운전 보조 시스템들을 탑재하여 반(半)자율 주행을 지원한다. '3' 단계 이상은 구글, 테슬라, 우버, 바이두 등 다양한 업체에서 시험 주행을 하고 있지만, 업계에서는 2025년 이후 상용화될 것으로 내다보고 있다.

자율 주행 자동차 시장의 글로벌 시장 규모는 2020년 64억 달러에서 연평균 41% 성장하여 2035년에는 1조 1,204억 달러 규모에 달할 것으로 전망된다. 특히 '5' 단계 이상의 완전 자율 주행 자동차 글로벌 시장 규모는 2020년 6.6억 달러에서 연평균 8.4% 성장하여 2035년에는 6,299억 달러에 이를 것으로 예상한다. 시장을 예측하는 기관마다 약간의 차이는 있으나 자율 주행 자동차 시장에 대해선 핑크빛 전망 일색이다.

BCG(보스턴컨설팅그룹)는 자동차 시장 규모가 2025년에 약 420억 달러(약 50조 원), 2035년이 되면 770억 달러(약 90조 원) 규모로 성장할 것으로 예상하였다. BCG는 또한 2035년에 세계 자동차 판매량의 25%는 자율 주행 자동차가 차지할 것이며, 이 중 완전 자율 주행 자동차는 1,200만 대, 부분 자율 주행 자동차는 1,800만 대에 이를 것으로 전망하였다. IHS 오토모티브에서는 2035년에 자율 주행 자동차의 판매량이 1,000만 대를 넘어, 자동차 시장의 약 10%를 차지할 것으로 예측하고 있다.(〈그림 1-12〉 참조)

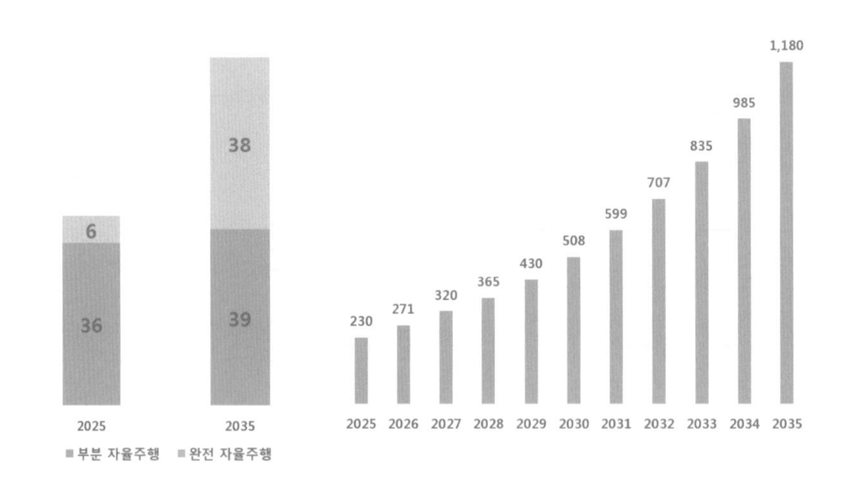

▶ 〈그림 1-12〉 자율 주행 자동차에 대한 시장 전망(출처: BCG(2015.3) & IHS Automotive(2014.12))

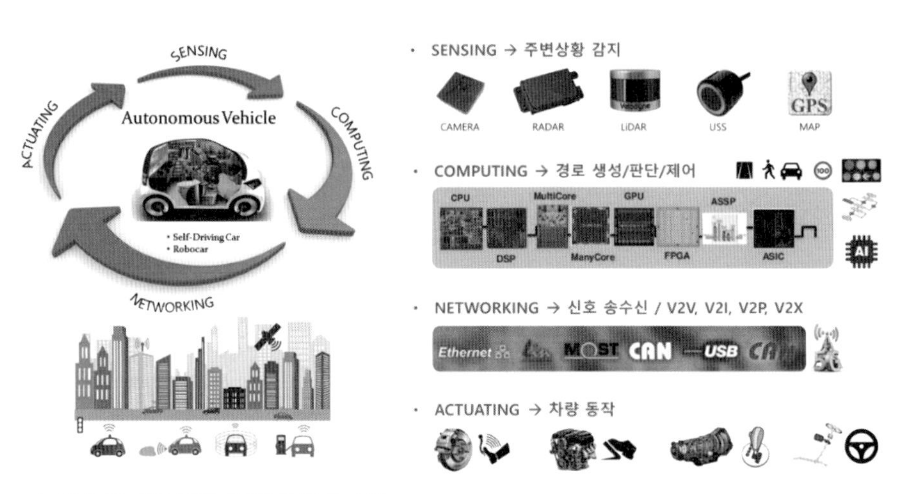

▶ 〈그림 1-13〉 자율 주행 자동차의 핵심 기술〉

자율 주행 자동차의 핵심 기술은 〈그림 1-13〉에 나타낸 것처럼 눈과 같은 역할을 하여 주변 상황을 감지하는 센서기술, 경로를 생성하고 상황을 판단하여 제어하는 컴퓨팅 기술, 정보를 얻기 위해 신호를 송수신하는 네트워크 기술과 차량을 동작시키는 액추에이터 기술이다.

자율 주행 자동차 개발의 관건은 실제 운행 시 '도로 상황을 얼마나 잘 파악하여 위치 정보의 오차를 얼마나 줄일 수 있느냐'와 '돌발 상황을 얼마나 잘 감지하여 안전하게 대처하는가'가 될 것이다. 더불어 자율 주행 자동차로 인한 변화도 많을 것으로 보인다. 연료는 화석 연료가 아닌 친환경 에너지로 대체되고, 전통 자동차 제조사와 소프트웨어 전문 기업의 협력에 의해서 관련 기술의 개발이 더욱더 빨라지고, 빅데이터의 강점을 지닌 기업들의 참여, 자동차 업체와 IT업체의 합작 등이 예상된다.

친환경 자동차(Green Car)(출처: 환경부)

자동차의 동력원인 내연 기관의 연료는 휘발유나 경유 등 석유계 물질로 완전히 연소하면 산소와 결합하여 수증기(H_2O)와 이산화탄소(CO_2)만 생성한다. 그러나 실제로 완전 연소는 이뤄지지 않고 연료에 포함된 불순물로 인해 수증기와 이산화탄소 이외에도 유해 물질이 형성되어 배기 가스에 섞여 나온다.

중간 속도로 운전할 때 휘발유 엔진의 배기 가스에는 질소(70%), 이산화탄소(18%), 수증기(8.2%), 유해 물질(1%)이 포함되어 있다. 휘발유 엔진의 유해 물질의 대부분은 일산화탄소(Carbon-monoxide, CO), 탄화수소(Hydrocarbon, HC) 및 질소 산화물(Nitrogen-oxides, NOx)로 이루어진다. 디젤 엔진의 경우에는 매연, PM(Particulate Matters) 등이 추가된다.

유해 물질 중에 지구 온난화의 주범인 이산화탄소와 미세 먼지의 주범인 질소 산화물이 환경에 미치는 영향은 매우 크다. 자동차에서 방출되는 1차 오염 물질 중 질소 산화물인 NO_2는 2012년에는 전체 산업에서 방출되는 NO_2의 68%를 차지했다. NO_2의 주요 발생원은 경유차, 건설 기계 및 산업 연소 시설 등이며, 수도권 지역에서 국내 발생하는 전체 양의 73~81%가 나온다. 1차 오염 물질인 NO_2는 공기와 화학 반응을 일으켜 2차 오염 물질을 생성하는데, 대표적인 것이 미세 먼지와 오존이다. 자동차 배기 가스는 반응성이 강한 물질과 화학 반응으로 2차 유기물 입자(Secondary Organic Particles)가 되기도 한다.

전체 오존(O_3)의 약 90%는 지상 20~40km 사이의 성층권에 존재하면서 태양 광선 중 생명체에 해로운 자외선을 흡수하여 지상의 생물들을 보호하는 '좋은 오존'이다. 반면, 나머지 10%는 지상

10km 이내의 대류권에 존재하여 지표 오존이라고도 하는데 호흡기나 눈을 자극하는 '나쁜 오존'이라 할 수 있다.

지표 오존은 가정, 자동차, 사업장 등에서 대기 중으로 직접 배출되는 오염 물질이 아니라, 질소 산화물(NOx), 탄화수소(HC), 메탄(CH_4), 일산화탄소(CO) 등과 같은 대기 오염 물질들이 햇빛에 의해 광화학 반응을 일으켜 생성되는 2차 오염 물질이다. 특히, 질소 산화물(NO, NO_2)과 휘발성 유기 화합물(VOCs)이 오존의 주요한 원인 물질이다.

〈그림 1-14〉에서 세계 주요 도시의 미세 먼지 농도와 이산화질소 농도를 비교하였는데 서울은 다른 주요 도시보다 공기의 질이 매우 나쁜 것을 알 수 있다.

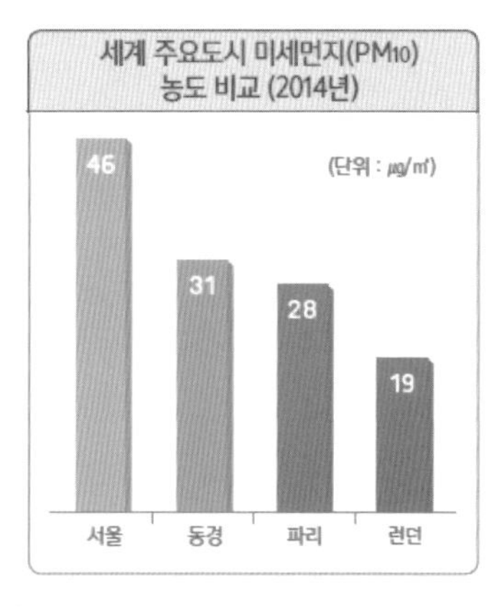

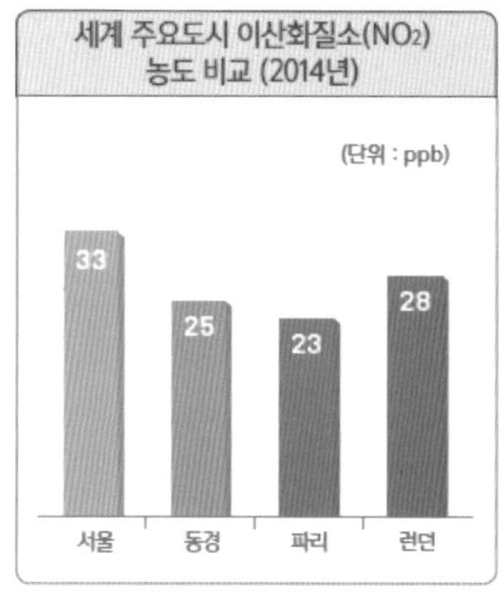

▶ 〈그림 1-14〉
세계 주요 도시 미세 먼지 및
이산화질소 농도 비교
(출처: 환경부)

전기를 주 동력원으로 사용하는 전기 자동차는 배기 가스를 배출하지 않는 친환경 자동차다. 전기 자동차는, 자동차의 역사에서도 언급한 것과 같이, 이미 과거에 개발이 되어 사용되었으나 전기 에너지를 저장하는 장치의 한계로 인한 가격의 상승과 제한된 이용 거리 등으로 인해 퇴조하였다. 그러나 최근 친환경 자동차 개발이 추진되면서, 과거에서 다시 불려나와 전기 에너지를 저장하는 배터리의 발전과 가격 인하에 힘입어 점차 보급이 확대되고 있다.

친환경 자동차의 발전 초기에는 전기 에너지 저장의 한계를 극복하기 위해 엔진과 전기 모터 동력을 조합하여 구동하는 하이브리드차(Hybrid Electric Vehicle)의 형태로 구현되었다. 하이브리드차는 출발과 저속 주행 시 엔진 가동 없이 모터 동력 만으로 주행하고, 효율을 증대하기 위해 '회생 제동' 방식을 통해 브레이크를 밟으면 모터가 발전기로 전환되어 전기를 생성하여 배터리를 충전하는 방식이다. 이러한 하이브리드차의 연비는 내연 기관 자동차보다 40% 이상 높으며, 대기 오염 물질

배출량은 〈그림 1-15〉에서 알 수 있듯이 현저하게 감소한다. 또한 엔진 출력에 모터 출력이 추가되어 큰 구동력이 필요한 오르막길 등에서도 가속 성능이 좋고 정숙한 승차감을 제공하는 등의 장점이 있다.

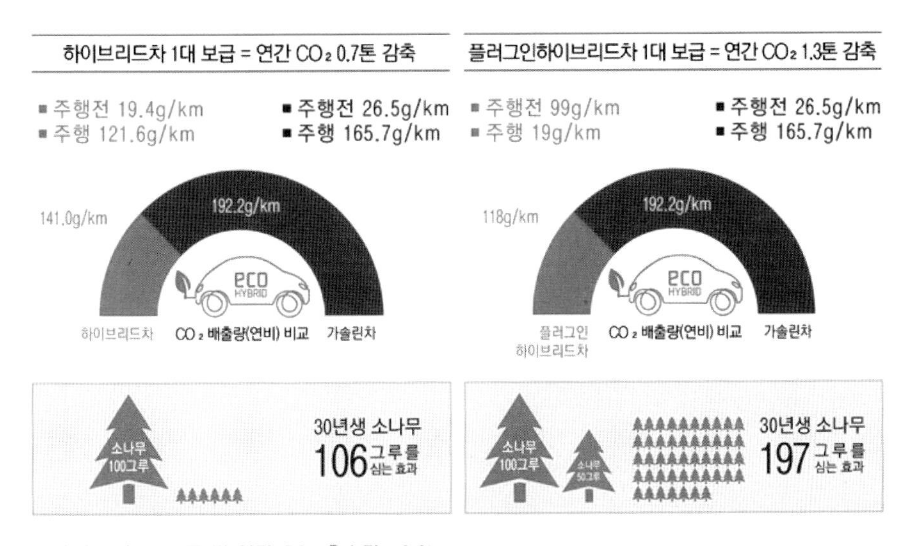

▶ 〈그림 1-15〉 하이브리드차의 대기 오염 물질 배출량 (출처: 환경부)

이러한 친환경 차의 종류는 하이브리드차, 플러그인 하이브리드차, 전기차 및 수소차로 나누어 볼 수 있으며, 각 차량의 개념과 특징을 〈그림 1-16 〉에 나타내었다.

추가로 설명을 하면 플러그인 하이브리드차(Plug-in Hybrid Electric Vehicle)는 엔진과 모터 동력을 조합하여 차량을 구동하는 면에서 하이브리드차와 같으나, 전기 에너지를 외부 전원으로부터 공급받아 저장한다.

전기차(Electric Vehicle)는 고전압 배터리에서 전기 에너지를 전기 모터로 공급하여 구동력을 발생시키는 차량으로, 화석 연료를 전혀 사용하지 않는 완전 무공해 차량이다.

수소차(Fuel Cell Electric Vehicle)는 수소와 공기 중의 산소를 직접 반응시켜 전기를 생산하는 연료 전지를 이용하는 자동차로서 물 이외의 배출 가스를 발생시키지 않기 때문에 각종 유해 물질이나 온실 가스에 의한 환경 피해를 해결할 수 있다.

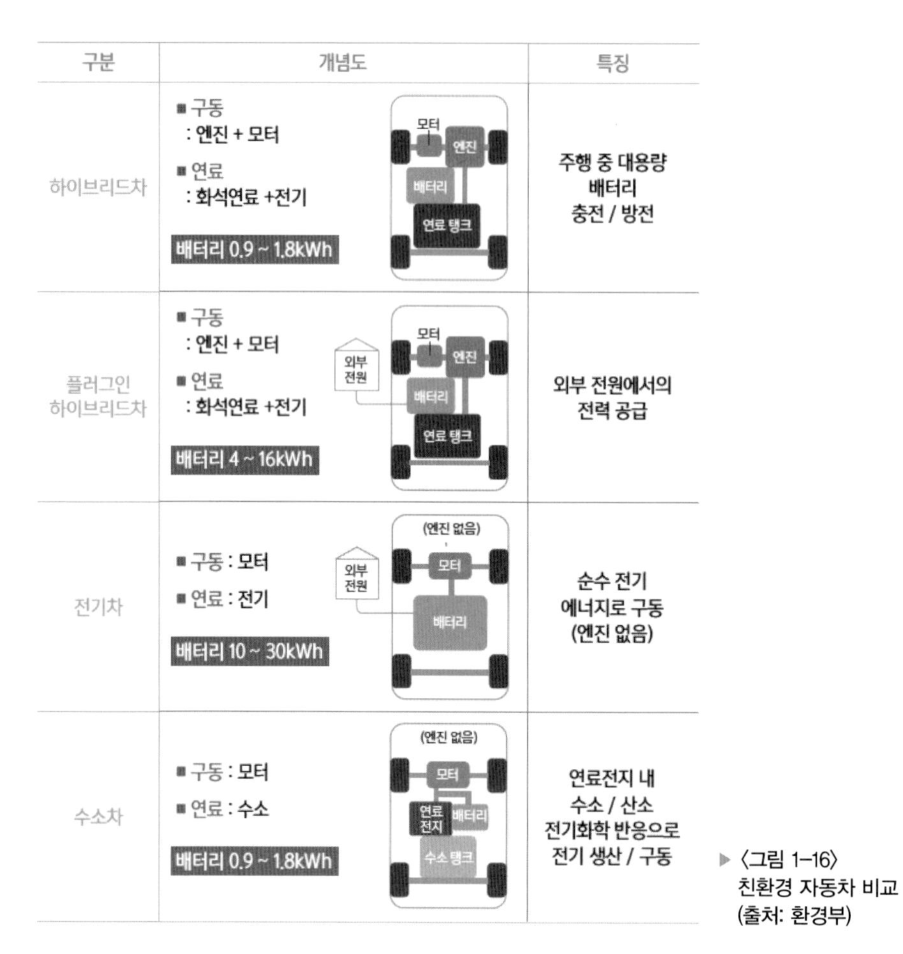

구분	개념도	특징
하이브리드차	■ 구동 : 엔진 + 모터 ■ 연료 : 화석연료 +전기 배터리 0.9 ~ 1.8kWh	주행 중 대용량 배터리 충전 / 방전
플러그인 하이브리드차	■ 구동 : 엔진 + 모터 ■ 연료 : 화석연료 +전기 배터리 4 ~ 16kWh	외부 전원에서의 전력 공급
전기차	■ 구동 : 모터 ■ 연료 : 전기 배터리 10 ~ 30kWh	순수 전기 에너지로 구동 (엔진 없음)
수소차	■ 구동 : 모터 ■ 연료 : 수소 배터리 0.9 ~ 1.8kWh	연료전지 내 수소 / 산소 전기화학 반응으로 전기 생산 / 구동

▶ 〈그림 1-16〉 친환경 자동차 비교 (출처: 환경부)

커넥티드 카(Connected Car)

자동차의 시작은 독립된 장치로 외부와 연결되지 않았으나, 이제는 IT와의 융합을 통해 네트워크에 연결되어 자동차에 다양한 서비스를 제공한다. 특히 자율 주행 자동차, 더 나아가 지능적인 서비스를 제공할 수 있는 스마트카(Smart Car) 등 미래형 자동차가 주목받고 있다.

커넥티드카의 개념은 1996년 제너럴 모터스(GM)에 의해 상용화된 텔레매틱스가 시작이라 할 수 있다. 초기 커넥티드 카는 차량의 내부나 주변의 네트워크 또는 인터넷 연결을 통해 차량의 원격 시동 및 진단, 전화·메시지·이메일 송수신, 실시간 교통 정보, 긴급 구난 등의 서비스를 제공하는 것이 목적이었다.

> **텔레매틱스란?** Telecommunication과 Informatics의 합성어로, 자동차와 무선 통신을 결합하여 인터넷 연결, 실시간 차량의 위치 파악, 원격 차량 제어 및 진단, 위험 경고를 통한 사고 방지, 교통 정보 등의 서비스를 제공.

최근 주목받고 있는 사물 인터넷(IoT)의 확산으로 커넥티드 카는 초창기 텔레매틱스의 기능을 넘어 점차 고도화되고 있다. 오늘날 커넥티드 카의 궁극적인 목적은 차량에서 다양한 인포테인먼트(Infortainment)를 제공하는 동시에 자율 주행을 실현하는 것이다.

커넥티드 카는 V2X(Vehicle to X)로 대변되는 기술들을 기반으로 차량과 차량(V2V), 차량과 사물[교통 인프라(V2I) 등]과 통신한다. 그리고 안전한 자율 주행 또는 주행 보조 기능을 제공하거나, 차량 자체와 차량 흐름 등에 대한 정보도 주고받는다.

〈그림 1-17〉에서 알 수 있듯이 다양한 자동차 및 IT 기업들이 커넥티드 카에 대한 투자와 개발에 속도를 내는 만큼 시장 전망도 매우 긍정적이다. 2020년에는 전체 자동차 생산 대수의 75%에 달하는 차량이 커넥티드 카로 생산될 것이며, 시장 규모도 1,186억 달러에 달할 것으로 전망되고 있다. 커넥티드 카 패키지 시장은 기존에는 내비게이션

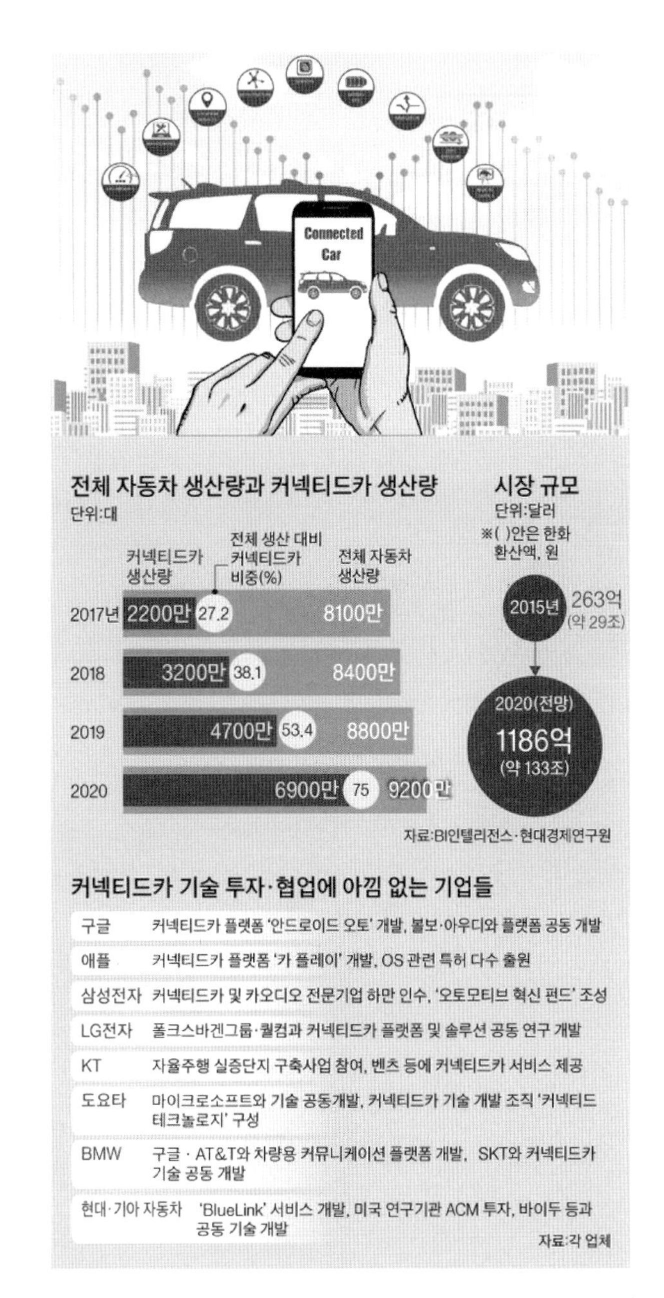

▶ 〈그림 1-17〉 커넥티드 카에 대한 전망 및 투자기업 현황 (출처: 중앙일보)

이나 엔터테인먼트 등 연결성 기반의 서비스가 주류였으나, 앞으로는 자율 주행이나 주차 보조 같은 분야의 시장이 크게 확대될 것으로 예측된다.

커넥티드 카는 궁극적으로 자율 주행 기술을 목표로 기술이 점차 확대 및 융합될 것으로 '커넥티드 카'라고 정의된 별도의 시장으로 구분되는 것보다는 차 또는 스마트카와 같은 시장으로 바라보는 시각이 더 많아질 것이다.

앞에서도 언급한 것과 같이 자율 주행 자동차는 일반적으로 자체 센서와 판단에 의지하는 단독 형태(Stand-alone type)를 말하지만, 단독 방식의 단점을 보완하기 위해서는 많은 기술이 추가로 개발되어야 하고 비용이 증가하므로, 주변 차량 및 교통 인프라와 협력(Connected type)을 통한 통합 자율 주행 기술이 현재 대세를 이루고 있다.

사실, Stand-alone type의 차는 눈환경 규제비 등의 악천후나 야간에 완벽한 주행을 구현하지 못하고 있다. 최근 테슬라, 우버 등의 사고 사례(〈그림 1-18〉 참조) 들에서 볼 수 있듯이 실제 도로 주행 시에 발생할 수 있는 수많은 돌발 변수에 대한 대처도 미흡하다. 이를 완벽하게 대응할 수 있는 수준까지 끌어올리기 위해서는 수많은 시행착오가 필요할 뿐만 아니라, 고성능의 센서들과 학습 및 계산 능력을 갖춰야 하는데, 이러한 문제점을 해결하지 못하면 차량 가격이 상승하여 대중성을 잃을 것이다.

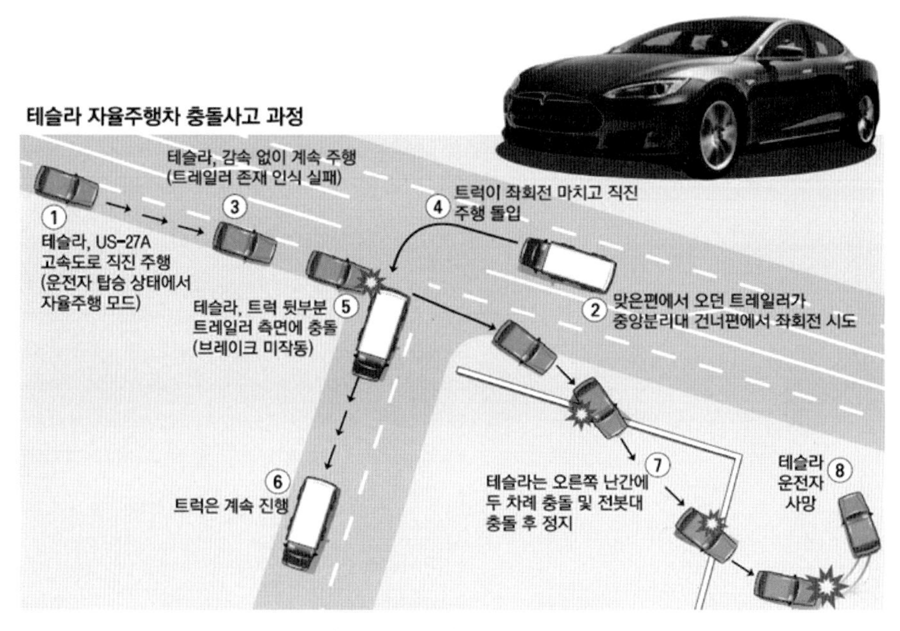

▶ 〈그림 1-18〉 테슬라 차의 사고 사례(출처: 매일경제)

Connected type은 주변 사물(차량 및 도로 인프라)과의 통신(V2X)을 통해서 주변 차량의 위치 및 속도 정보와 현재 차량의 상태를 공유하며 자율 주행 기능을 수행한다. 교통 상황 정보, 차량 흐름을 반영한 대안 경로 설정, 갑작스러운 교통 사고에 대한 방지, 불가피하게 사고가 발생하였다면 해당 정보를 주변에 전달하여 효율적인 대응과 추가적인 피해를 최소화하는 기능들을 수행할 수 있다.

이를 위해서는 사물들과 촘촘하게 얽힌 네트워크가 필요한데, 도로 인프라(신호등, 가드레일, 가로등, 버스 정류소 등)와 차량 간의 통신을 지원하는 표준, 이들 간의 연동과 통합 정보 제어를 위한 시스템 등이 갖춰져 있어야 한다. 따라서 스마트 시티와 같은 도시 인프라 구축과 병행할 수밖에 없다.

최근에는 두 Type 간의 융합과 조율을 통해 완성된 스마트카를 지향하는 추세이다. ADAS로 알려진 자율 주행 기술들을 네트워크를 통해 연결하게 되면 더욱 치밀하고 조직적인 주행 환경이 가능해진다. 더 나아가 도시 인프라 차원의 지능형 교통 시스템(ITS: Intelligence Transport System)과 융합하며, 협력 지능형 교통 시스템(C-ITS: Cooperative-ITS)으로도 확장되고 있다. 〈그림 1-19〉에 ITS와 C-ITS를 비교하였는데 현재의 ITS의 역할은 사후의 정보를 제공하는 것으로 교통 소통에 중점을 둔다면, C-ITS에서는 실시간 위치 기반 정보를 제공하여 사고 예방에 중점을 두고 있다.

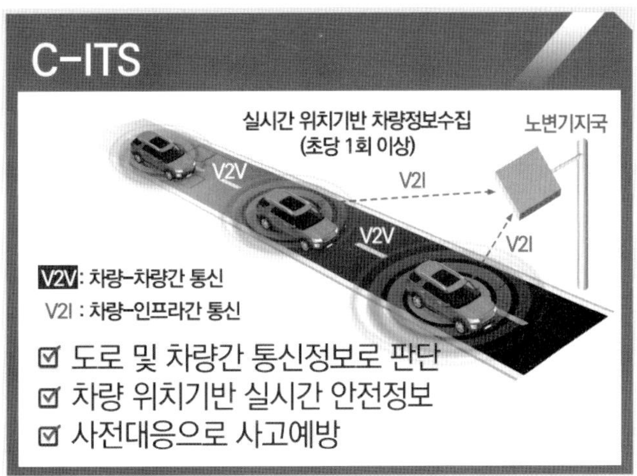

▶ 〈그림 1-19〉 ITS와 C-ITS 비교(출처: 도로공사 C-ITS 홍보관)

C-ITS에서 자율 주행을 위해 지원 가능한 서비스는 〈그림 1-20〉에서 보듯이 15가지 이상으로 자율 주행을 위해서는 C-ITS를 적용한 도로 인프라가 구축되어야 함을 알 수 있다.

▶ 〈그림 1-20〉 C-ITS 협력 자율 주행 서비스 사례(출처: C-ITS 홍보관)

커넥티드 카와 ITS의 기술은 자율 주행 자동차 센서들(LiDAR, RADAR, 카메라, 초음파 등)의 인식 결함을 보완하여, 주행 시 보다 신뢰성 있는 환경을 제공한다. 또 중앙 교통 통제가 쉬워지고, 교통 상황에 대한 실시간 대응, 재해 재난에 대한 대처도 신속해질 수 있다.

커넥티드 카는 이처럼 V2X 통신을 통해서 다양한 서비스를 제공할 수 있고, 인포테인먼트의 제공과 자율 주행을 위해 V2X 기술을 활용하며, 진정한 의미의 스마트카로 거듭날 수 있다. 우리가 도로상에서 흔히 겪는 유령 체증 현상(특별한 이유 없이 도로가 막히는 현상)도 해소될 것으로 보인다.

4차 산업 혁명 시대라 일컫는 요즘, 모든 사물의 연결(IoT)은 스마트 가전과 홈을 넘어 자동차와 도시 인프라까지 퍼지고 있으며, 이러한 현상은 점차 가속화 할 것이다. 연결성을 강조한 커넥티드 카는 이러한 추세에 맞는 차세대 이동 수단으로 앞으로의 귀추가 주목된다.

자율 주행차의 설문 조사(출처: 공감 언론 뉴시스통신사, 2020. 03. 22 보도)

2020년 7월부터 한국은 운전자가 직접 운전대를 잡지 않아도 스스로 차선을 유지하면서 주행하는 자율 주행 차량의 출시와 판매가 가능해진다. 이에 대해 운전자 10명 중 7명꼴로 찬성한다는 조사 결과가 나왔다.

국내에서 도입 및 판매가 가능해지는 '부분 자율 주행 자동차'(레벨 3단계)의 도입에 운전자의 68.2%가 찬성했다. 그에 비해 부분 자율 주행 자동차의 도입을 반대하는 의견은 16.9%에 그쳤다. 14.9%는 잘 모른다고 답했다.

부분 자율 주행 자동차의 상용화를 찬성하는 운전자들은 주로 교통 사고의 발생률이 감소할 것 같고(79.6%, 중복 응답), 이동이 불편한 사람들에게 편의를 제공해줄 수 있다(60.7%)는 등의 이유로 환영했다.

반면 부분 자율 주행 자동차의 상용화를 반대하는 쪽에서는 사고 발생 시 책임 소재가 불분명하다는 점(71%, 중복 응답)을 가장 많이 지적했다.

이와 더불어 사고 발생 시 대형 사고로 이어질 가능성이 높고(64.5%), 더 많은 사고가 발생할 가능성도 높다(59.2%)는 이유로 상용화에 반대하는 사람들도 많았다. 아직은 운전자가 직접 운전하는 것을 더 믿을 수 있다(60.9%)는 목소리도 상당했다.

언젠가 '완전 자율 주행 자동차'를 구매하게 될 경우 차 안에서 가장 즐기고 싶은 활동으로는 휴식(52.2%, 중복 응답)과 수면(51%)을 주로 많이 꼽았다.

운전자 없이도 모든 조건에서 운전이 가능한 '완전 자율 주행 자동차'(레벨 5단계)의 상용화까지는 10년 이상이 걸릴 것이라는 시각이 우세했다.

완전 자율 주행 자동차가 현실화될 시기로 10년 이후(36.9%)를 예상하는 답변이 가장 많이 나왔다. 향후 5~10년 이내(34.1%)라는 전망이 그 뒤를 이었으며, 1~3년 이내(4.4%), 지금 당장 가능(0.9%) 등의 목소리는 작았다.

이에 엠브레인은 완전 자율 주행 자동차가 기대 만큼이나 우려되는 부분이 많은 데다가, 아직 더 많은 연구와 개발이 필요하다고 여겨지고 있다고 분석했다.

완전 자율 주행 자동차가 상용화될 경우 이를 사려는 소비자는 매우 많았다. 전체 응답자의 65.6%가 완전 자율 주행 자동차가 상용화되면 구매할 의향이 있다고 응답했다. 남성(72.8%)이 여성(58.4%)보다 구매 의향이 높았다. 하지만 완전 자율 주행 자동차의 구매보다는 '차량 공유 서비스'를 이용할 의향이 더 높아 눈에 띈다.

10명 중 7명 이상(72.1%)이 향후 완전 자율 주행 자동차를 활용한 차량 공유 서비스를 이용할 의향이 있다고 답했다.(〈그림 1-21〉 설문 조사 참조)

'부분 자율주행 자동차'(LV3) 상용화 관련 의견

잘 모름
14.9%
상용화에
반대하는 편이다
16.9%
'부분 자율주행
자동차'의 상용화에
찬성하는 편이다
68.2%

(Base: 전체, N=1,000, 단위: %)

'완전 자율주행 자동차'(LV5) 구매 의향

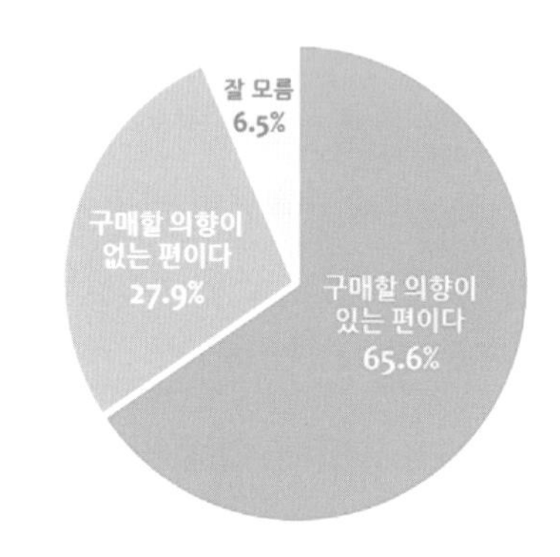

(Base: 전체, N=1,000, 단위: %)

▶ 〈그림 1-21〉 자율 주행 차에 대한 설문 조사 결과(출처: 엠브레인)

제3절 기능안전(Functional Safety)의 대두

기능안전이란?

예전의 안전(Safety)이라는 개념은 대형 사고가 일어날 수 있는 화학 플랜트 산업, 원자력, 철도, 조선, 우주 항공, 자동차 산업에서 사용되거나 운영하는 기계, 설비나 장치 등에 초점을 맞추어 주로 튼튼한 재료, 안전 장치(Safety Device), 안전 방벽(Safety Barrier), 예방(Prevention) 그리고 보전(Preservation)을 잘 유지하면 안전하다는 인식이 있었다. 그런데 1980년대부터 대량 생산과 생산성 향상을 위해서 전자 장치 및 소프트웨어가 탑재된 설비, 기계에 의해서 정밀하게 관리됨으로 안전에 대한 새로운 개념이 등장하였고 1998년 IEC 61508(Functional Safety of Electrical/Electronic/Programmable Electronic Safety-related Systems)이라는 기능안전(Functional Safety) 국제 표준이 탄생하였다.

예를 들어 설명하면 예전의 안전은 수동적(Passive) 방식으로 자동차가 충돌하면 차량의 충돌시험을 통과한 철강 소재를 사용하거나, 에어백이나 시트 벨트에 의하여 운전자 혹은 탑승자를 보호하기 위한 장치들이라고 하면, 기능안전은 자동차가 충돌 직전에 운전자에게 알려주어서 운전자가 충돌을 회피하도록 차선을 변경하거나 정지하도록 하는 것이며, 만약 운전자가 경고음에도 충돌을 인식하지 못하다면 자동차가 스스로 차선을 변경하여 충돌을 회피하거나 급 정거하여 충돌을 방지하거나 충격을 감소시키는 것을 말하며 액티브(Active) 방식이라고 한다. 기능안전은 액티브(Active) 방식과 수동적(Passive) 방식을 다 고려하여 안전을 보장하는 방법론이다.

산업별 기능안전의 표준

다음 페이지 〈그림 1-22〉의 표준들은 모두 IEC 61508 국제 표준을 근간으로 하여 시스템의 고장 모드 및 결함 회피 설계를 위한 제품의 안전 관련 개발이나 접근 방법 등을 통해 시스템의 기능안전성 및 신뢰성을 보증하고자 하는 지침을 제공한다.

IEC 61508은 전기/전자/프로그램 가능한 전자 안전 관리 시스템의 기능안전에 대한 표준으로 안전 수명, 하드웨어 및 소프트웨어에 대한 안전성 구현 방법과 검증 방법을 제시하고 있다. 안전 관련 시스템은 IEC 61508에서 정의한 안전 관련 개발 수명 주기에 따라 위험 분석 및 평가, 안전 무결성 수준(SIL: Safety Integrity Level)을 설정하고 하드웨어 및 소프트웨어를 요구되는 SIL 수준을 충족하도록 구현하며 유치, 운영, 유지 보수, 변경, 폐기까지 관리해야 한다. 하드웨어는 구현 시 설정된 안전 목표에 할당된 정량적 고장률을 만족하도록 구조적인 설계와 검증, 시험, 수명 예측 등을 수행해야 한다. 소프트웨어는 실제 고장률을 측정하는 것이 불가능하므로 실제 시스템이 결합하는 하드웨어 및 시스템의 전체 고장률 또는 허용 가능한 범위의 고장률을 결정하여 목표하는 SIL 수준에 따라 개발 프로세스마다 여러 가지 활동을 수행하여 결함의 발생 가능성을 최소화해야 한다.

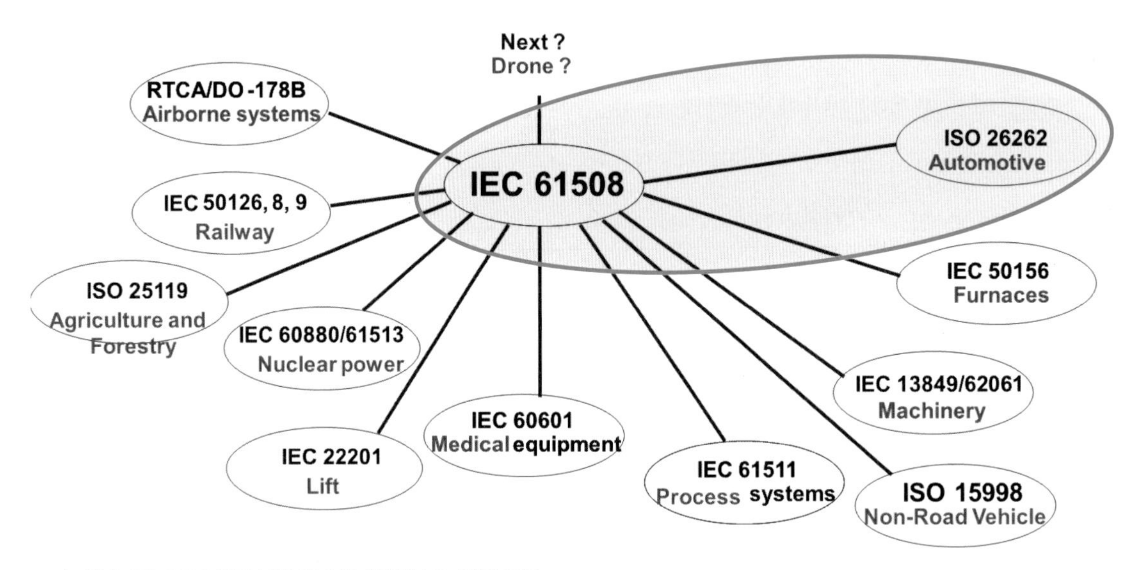

▶ 〈그림 1-22〉 IEC 61508 기반으로 한 산업별 기능안전 표준

앞으로 제조업과 IT 산업의 융합이 가속화되는 산업 구조 속에서 안전 시스템의 수요와 공급은 점차 증가할 것이고, 이와 함께 엄격한 규정이나 지침으로 IEC 61508 국제 표준 및 파생 규격의 필요성은 점차 증대될 것이다. 해외에서는 이미 안전 관련 국제 표준을 기반으로 안전 무결성 기준에 따른 검증 및 인증 활동을 수행하고 있다. 국내에서도 IEC 61508 표준에 맞는 검증 및 SIL 인증 평가를 수행하도록 하여 안전성 목표를 달성토록 해야 할 것이다.

제4절 자동차 기능안전 ISO 26262

자동차 기능안전 ISO 26262

자율 주행 자동차의 기술이 기존 자동차에 적용되기 시작한 이후로 자동차에 사용되는 전장 부품이 자동차에서 차지하는 비중이 점차 증가하여 〈그림 1-23〉에 나타낸 것과 같이 2030년에는 50% 이상이 될 것으로 예측되고 있다. 또한 시장 규모도 2020년에는 급성장하여 3,033억 달러가 될 것이라 예상된다.

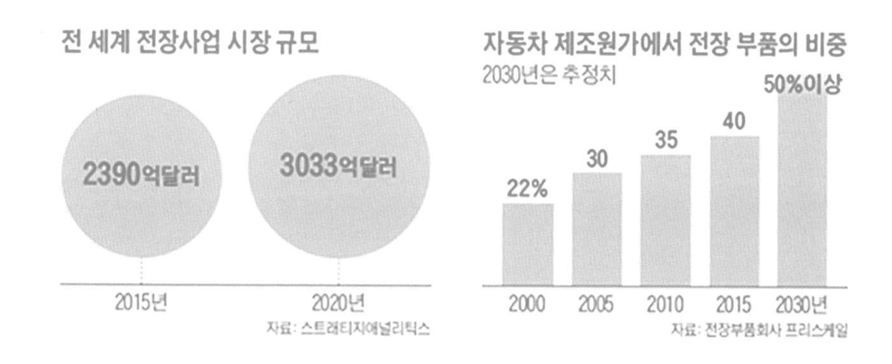

▶ 〈그림 1-23〉 자동차 전장 시스템의 시장 규모 및 부품의 증가 비중(출처: 미래 인프라 연구소 블로그)

자동차에 전기·전자 시스템이 급증하면서 원인을 알 수 없는 시스템 이상으로 인한 사고가 국내외에서 종종 보고되고 있다. 자동차 자체의 결함인지, 운전자의 과실인지 명확하게 밝힐 수는 없지만 어떠한 경우라도 시스템의 이상이 감지되거나 운전자의 비정상적인 운전이나 운행이 감지된다면 그 즉시, 안전한 상태에 도달할 수 있는 대책을 시스템 차원에서 미리 세워야 한다. 토요타의 사례를 통해서 브레이크 오버라이드와 같은 기능의 부재가 어떠한 결과를 초래했는지 잘 알 수 있다. 이를 위해서 위험 분석 및 고장 모드 등을 토대로 그에 따른 안전 목표를 세우고, 요구사항을 만족하는 시스템을 개발해야 한다. 자동차에서 전기/전자 부품 사용의 증가로 전기/전자 부품의 안전에 대한 요구가 증대하여 자동차에 초점을 맞춘 ISO 26262가 국제 기능안전 표준으로 2011년 11월 발표되었다. ISO 26262는 일반 산업 전기/전자 시스템을 위한 전반적인 기능안전 표준인 IEC 61508에서 파생된 표준이다.

ISO 26262는 유럽 자동차 메이커를 중심으로 활발하게 적용되고 있는 반면 국내에서는 구체적으로 기능안전을 만족하는 시스템 개발이 저조하다. 신뢰성 높은 전자 장치를 설계하기 위해서 AUTOSAR, ISO 26262등 많은 표준이 등장하여 이미 성숙 단계에 이르렀다. 국내에서도 AUTOSAR 표준에 따라 차량용 ECU의 높은 수준의 소프트웨어 신뢰성, 재사용을 위한 소프트웨어 모듈화 등의 부문에서 많은 성과가 있었지만, 아직 연구 단계 및 시제품 적용 수준이며, 자동차 업계에 양산 시스템에 적용될 정도로 적극 반영되지는 못하고 있다. ISO 26262는 개발 프로세스, 설계, 개발, 생산, 폐기까지 전 분야에 대해서 자동차의 전기/전자 시스템 및 차량용 제어기의 신뢰성 높은 하드웨어 설계 및 소프트웨어 개발 방법에 초점을 맞추었다.

가전기기, 통신기기 및 산업 전반의 시스템이 점차 지능화되면서 기계 및 전자기기의 하드웨어의 신뢰성은 당연히 보장되어야 할 것이다. 이와 더불어 지능화된 기능을 구현하기 위해서 보다 복잡한 소프트웨어가 요구되며, 이는 자칫 잠재적인 소프트웨어의 오류에 의해 심각한 결과를 초래할 수 있다. 사람의 생명을 담보로 하는 자동차, 위험한 물질을 다루는 산업 전반, 항공우주 및 군사무기 등 이러한 곳에 쓰이는 제어기는 일반 가전기기 및 통신기기에 비해서 월등히 높은 신뢰성을 요구한다. 이러한 요구에 따라 하드웨어와 소프트웨어의 신뢰성을 높이기 위한 시도가 꾸준히 증가하고 있다.

오늘날 자동차 산업은 전기/전자 기술과 함께 급속하게 발전해왔다. 과거에 비해 자동차에 탑재되는 전장품의 비율이 증가하고 하드웨어 및 소프트웨어의 복잡도가 증가함에 따라 고장의 확률 또한 증가하고 있다. 프리미엄급 자동차에는 평균적으로 1억 라인의 코드가 사용되었고, 80% 이상의 소프트웨어는 프리미엄급 자동차의 혁신적인 기능을 위해서 개발되었다. 자동차 산업의 30~40% 가치 상승은 소프트웨어를 기반으로 한다. 통계에 따르면 과거 2005년에는 자동차에 약 40개의 ECU가 탑재되었으며, 2010년에는 약 70개 이상의 ECU가 사용되었다. 현재까지도 8bit, 16bit, 32bit 마이크로 컨트롤러가 차량에 사용되고 있다. 2013년 AUTOSAR Conference에서 GM의 Robert Rimkus는 다음과 같이 말했다. "차량에 더이상 추가적으로 ECU를 탑재할 공간이 부족하다. ECU들의 통합화는 피할 수 없다." 따라서 ECU 통합을 위해서는 높은 성능을 가진 마이크로 프로세서가 필요하고, 기능과 가치를 증가시켜 결국 ECU의 개수를 줄이는 효과를 기대할 수 있다. 메르세데스-벤츠가 발표한 자료에 따르면 2020년까지 차량에 탑재될 소프트웨어의 수가 급증한 반면, ECU의 수는 다소 정체됨을 볼 수 있다. 이것은 ECU가 부분별로 통합의 흐름을 따르고 있으며, 따라서 필요한 소프트웨어의 기능이 다양해져 전체적으로 전기/전자 시스템의 복잡도가 증가함을 볼 수 있다.

이와 같은 소프트웨어의 복잡도, 모듈화, 구현의 용이성 등을 위해서 자동차 업계에서는 이미 AUTOSAR라고 하는 자동차 전자 제어기를 위한 개발 권고 표준을 정해 이에 따르도록 하고 있으며, 항공우주 분야의 DO 178B/254, 산업에 적용되는 EN/ISO 13849, IEC 61508 등의 표준과 같이 자동차 업계에서도 최근 하드웨어 및 소프트웨어뿐만 아니라 전자 제어기 개발 프로세스까지 ISO 26262(자동차 기능안전) 표준을 요구하고 있다. 최근에는 차량 내부의 전장품뿐만 아니라 커넥티드 카라는 개념이 소개되면서 차량 운전자 및 탑승객들은 차량 내에 있는 경우라고 할지라도 스마트폰과 같은 모바일 장치를 통해서 세상과 연결할 수 있다. 사회망에 연결성이 보장되고 잘 작동한다면 보다 더 많은 정보를 수집할 수 있어 기능 및 안전 측면에서 더욱 안전한 자동차가 될 수 있다. 하지만 차량 제어를 위한 기본적인 소프트웨어 및 하드웨어의 복잡도에 더하여 외부의 잘못된 접근까지도 고려해야 하는 보안 측면까지 생각하지 않을 수 없게 되었다. 이제는 외부와 서로 연결된 차량이 위험에 노출될 수도 있는 시대가 오고 있는 것이다.

자동차 기능안전 ISO 26262:2018, 2차 개정판

자동차 전기/전자 제어 시스템의 결함으로 인한 오동작으로 인해 발생할 수 있는 자동차 수준의 위험을 완화/제어/회피하기 위한 ISO 26262 Road Vehicles – Functional Safety 표준이 2011년 11월 1판(1st edition) 발행에 이어 개정판(2nd edition)이 2018년 12월 발표되었다.

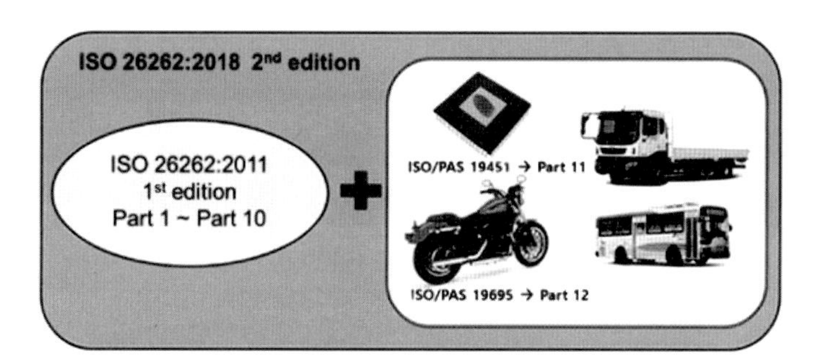

▶ 〈그림 1-24〉 ISO 26262:2018 2판의 적용 범위 확대

2011년 자동차 기능안전 ISO 26262 표준이 IEC 61508 기능안전 모(母) 표준을 기본으로 제정되었지만 7년간 적용해보니 현실적으로 적용하기 어려운 부분들이 발견되어 자동차에 맞게 2판으로 개정된 것이다. 〈그림 1-24〉에 나타낸 것과 같이 1판은 총 10개의 파트로 구성되었으나, 개정된 2판에서는 Part 11 반도체(Guideline on application of ISO 26262 to semiconductors)와 Part

12 모터사이클(Adaptation of ISO 26262 for motorcycles)이 추가되었다. 적용 범위는 1판에서는 3.5t 미만의 승용차에만 적용하도록 하였으나 2판에서는 승용차뿐만 아니라 모페드를 제외한 모터사이클과 버스 및 트럭 같은 상용차를 포함하여 모든 차량에 적용하도록 하였다.

그 이유는 3.5t 이상의 버스와 트럭 같은 상용차 역시 전기/전자 제어 시스템의 결함으로 인한 오동작 때문에 인명 피해가 클 수 있기 때문에, 볼보 트럭(Volvo Group Truck)을 중심으로 다임러(Daimler), 만 트럭(MAN Truck), 스카니아(Scania) 등에서 버스 및 트럭을 포함하는 표준의 범위 확장 필요성을 제기했기 때문이다. 모터사이클 역시 KTM, 혼다(Honda)를 중심으로 필요성이 제기됐으며, 모페드와 같은 이륜차는 최고 속도 등에서 제한되기 때문에 위험성이 크지 않아 제외하였다.

전체적으로 봤을 때, ISO 26262 제2판은 Systematic Failure와 Random Hardware Failure의 대응 설계를 위한 엔지니어링 측면의 기술적인 요소들을 좀 더 강화하는 방향으로 개정되었다고 할 수 있다. ISO 26262 개정 내용은 OEM과 전자 제어 분야 협력사에 상당히 큰 영향을 미칠 것으로 예상된다.

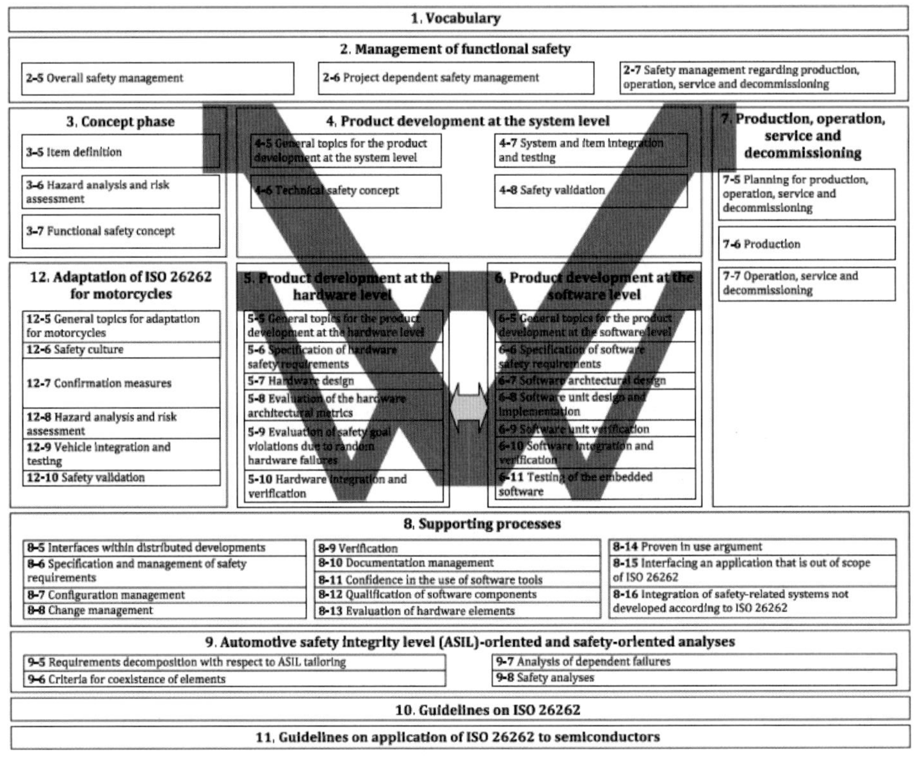

▶ 〈그림 1-25〉 ISO 26262:2018 2판 Overview (출처: ISO 26262-1:2018, Figure 1)

ISO 26262:2018 2판의 개요는 〈그림 1-25〉에 나타낸 것과 같이 Part 12는 모터사이클에 대한 표준으로서 추가되었으며, Part 11은 반도체에 대한 가이드라인으로 Part 10과 같은 레벨로 적용이 된다.

ISO 26262:2018, 2판과 1판을 각 파트별로 비교해보면 우선 Part 1의 용어 정의가 142개에서 43개 증가한 185개로 되었다. Part 2의 기능안전 경영(FSM)에서는 안전 수명 주기의 현실화 및 기능안전과 사이버 보안의 연관성을 언급하여 개발 과정에서 기능안전과 사이버 보안을 동시에 고려하여 설계하도록 권고하고 있으며, Part 5 하드웨어 개발에서는 안전 메커니즘의 진단 범위를 결함 주입 시험(FIT: Fault Injection Test) 등을 통하여 입증된 증거를 제시하도록 요구하고 있으며, Part 6 소프트웨어 개발에서는 임베디드 소프트웨어에 대한 시험(Test) 요구사항들이 반영되었다. Part 10의 가이드라인에 언급된 반도체는 Part 11로 반영되었으며, Part 4, 5, 9, 11에서는 멀티 센서, 시스템, 엑츄레이터의 왜곡과 간섭에 대한 공통 고장 원인(CCF)과 연계 고장(CF)의 원인을 분석하는 종속 고장 분석(DFA: Dependent Failure Analysis)을 중요하게 다루고 있다.

그동안 자동차 분야의 반도체 컴포넌트는 기능안전 표준에 따라 명시적으로 개발된 적이 없었다. ISO 26262, 1판에서 반도체에 대해서 다루기 시작했으나, 반도체 수준에서 고려해야 할 내용이 명확하지 않아 반도체 업체마다 대응하는 내용이 다르고, OEM 및 부품사에서도 요구하는 내용이 달라 혼선이 가중됐다. 이에 반도체 업계로선 공통으로 이해 가능한 표준 내용이 필요하게 됐고, ISO 26262 Part 11을 제정하게 됐다. Part 11은 반드시 따라야 하는 요구사항(Normative)이 아닌 참고용(Informative) 내용으로 구성돼 있다. Part 11의 주요 내용으로는 반도체 수준에서 기본 고장률(Base Failure Rate) 예측을 위한 가이드와 종속 고장 분석(Dependent Failure Analysis) 방법과 절차, 결함 주입 시험의 개념 및 방법 등을 소개하고 있으며, Digital/Analogue/Mixed Signal Component, Multi-Core Component, Sensor/Transducer에 대한 결함 모델, 고장 모드, 안전 분석 시 고려사항, 각 품목별 일반적인 안전 메커니즘 사례 등을 포함하고 있다. Part 12는 모터사이클에 적용되는 안전 관련 전기/전자 제어 시스템에 대한 요구사항이다. 그 내용은 자동차에 대한 요구사항과 크게 다르지 않으나, ASIL 대신 MSIL(M은 Motorcycle의 약자)을 사용하며, MSIL A - QM, MSIL B - ASIL A, MSIL C - ASIL B, MSIL D - ASIL C의 관계가 있다. 그 외에 통합 및 시험(Integration and Testing)에 관련된 방법 등이 간략화되었다.

제5절 SOTIF(Safety Of The Intended Functionality)

의도된 기능의 안전 표준 SOTIF

자동차 시스템의 자율성 증가는 새로운 안전 문제를 제기한다. 가령, 시스템적 고장(Systematic Failures)과 랜덤 하드웨어 고장(Random Hardware Failures)이 없는데도 시스템의 의도된 기능이 위험한 상황을 초래할 수 있는 방식으로 동작한다면 어떻게 할 것인가? 이러한 문제는 ISO 26262에서 다루지 않는다. ISO 26262 기능안전(Functional Safety)의 정의는 기능안전이 달성된 상태에 대한 것이다. ISO 26262 제2판에서도 계속해서 안전 관련 위험(Risk)에 대한 대응 설계를 위한 시스템 수준의 안전 메커니즘 설계와 하드웨어 및 소프트웨어에서의 구현 기술과 그것을 만드는 데 적용되는 프로세스에 중점을 두고 있다.

SOTIF(Safety Of The Intended Functionality: ISO/PAS 21448:2019) 표준은 기능안전과 달리 오작동, 고장, 결함에 관련된 것을 다루는 것이 아니라 의도된 설계 자체가 안전을 확보하기에 불충분/부적절한 경우를 다룬다. 예를 들어, 자율 주행 시 센서의 성능 문제로 인해 멈추지 않고 계속 주행하는 경우를 가정해볼 수 있다. 레벨 '3' 이상의 자율 주행 시스템을 개발하는 엔지니어라면 ISO 26262 제2판과 ISO/PAS 21448:2019에 주목할 필요가 있다. 2019년 1월 발행된 54페이지 분량의 ISO/PAS 21448:2019 문서에는 SOTIF를 달성하는 데 필요한 적용 가능한 설계, 확인 및 검증(Verification & Validation, V&V) 방법에 대한 지침이 나와 있다.

〈그림 1-26〉은 기능안전 표준인 IEC 61508 및 ISO 26262:2018과 SOTIF의 상관관계를 나타낸 것이다. ISO 26262는 하드웨어와 소프트웨어의 고장에 의한 위험을 방지하는 것이고 SOTIF는 성능의 한계나 불충분한 기능에 의한 위험을 방지하는 것이다.

SOTIF의 개발 동기는 차량의 하드웨어나 소프트웨어에 의한 오작동이 없는 경우에도 ADAS나 자율 주행 차량에서 불합리한 위험(Unreasonable Risk)을 방지하자는 데 있다. 실제로 하드웨어가 ISO 26262를 준수하고 소프트웨어에 버그가 없기 때문에 안전하다고 판단되는 ADAS 및 자율 주행 시스템에서조차도 때에 따라서는 오류가 날 수 있다. 물론, ISO 26262 개발 그룹도 ISO 26262가 안전을 보장하기에 충분하다고 믿지는 않는다. 우리는 이미 우버 차 사고를 비롯해 자율 주행 기술이 오작동을 일으켜 발생한 사고를 목격했다. ISO 26262를 준수하는 완벽한 소프트웨어 및 하드웨어를 탑재한 차량에서도 센서나 시스템의 성능 제한, 예기치 않은 도로 환경의 변화, 예상할 수 없는 운전자의 기능 오용으로 인해 사고가 난 예가 많다. 또는 단순히 기계 학습(Machine Learning, ML) 알고리즘이 현실을 정확하게 분석하지 못할 수도 있다.

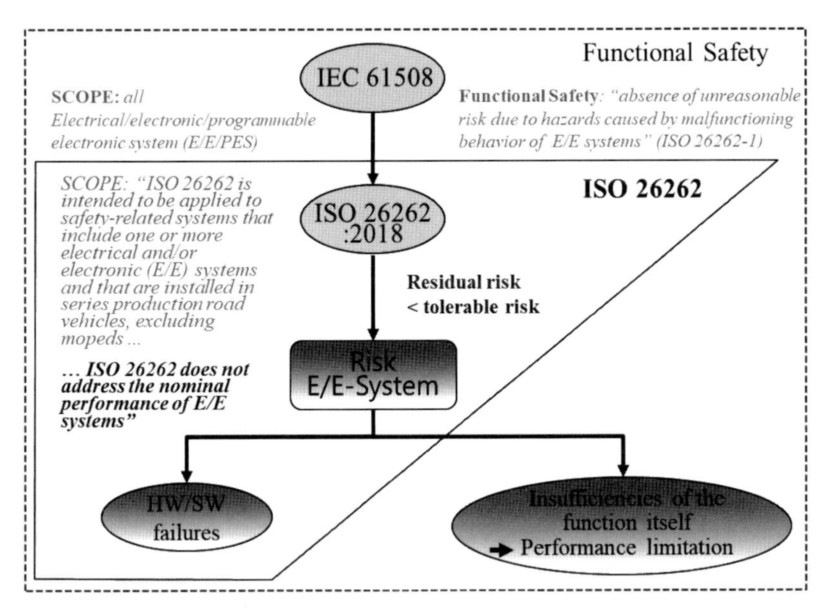

▶ 〈그림 1-26〉 IEC 61508, ISO 26262, ISO 21448(SOTIF)의 상관 관계(출처: 보쉬)

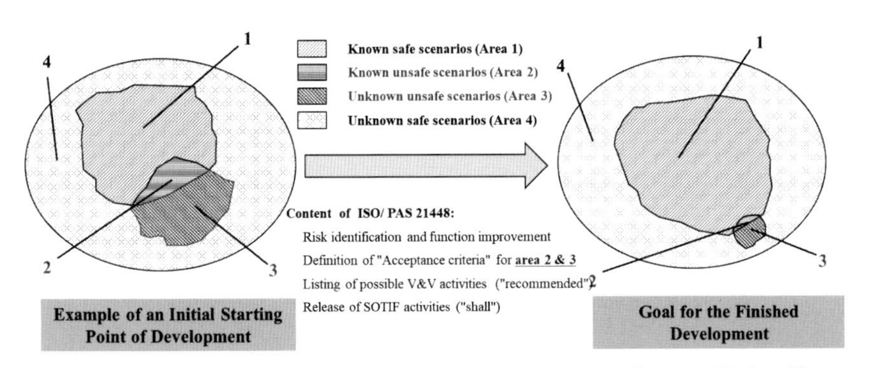

▶ 〈그림 1-27〉 ISO 21448(SOTIF)의 개발 목표(출처: ISO/PAS 21448, 보쉬)

자동차용 전장 부품을 개발할 때 SOTIF를 적용하는 목적은 〈그림 1-27〉과 같이 알고 있거나 알지 못하는 안전하지 않은 상태를 최소화하는 것으로, 최종적으로는 안전한 상태만 있도록 하는 것이다.

SOTIF 표준은 2016년 프랑스 파리 회의 이후, 2017년 한국과 이스라엘, 2018년 미국, 이탈리아 회의를 거쳐 SAE 자율 주행 레벨1, 2에 대해 적용을 가이드하도록 ISO/PAS 21448로 제정되었다. 이 그룹은 2019년 중국 상하이에서 다시 만났다. 이제 주제는 SAE 자율 주행 레벨 3~5에 필요한 SOTIF의 기술적 내용이며, 이는 ISO 21448로 표준화된다. 이를 위해서 "Machine Learning", "HD맵", "Validation Target", "Minimum Risk Condition 고려", "AI 요구사항", "Driving Policy" 등 다양한 주제가 논의되었으며, ISO 21448 초안(Draft)에 담길 예정이다. SOTIF의 과제는 무엇보다도 자율 주행에 대한 경험 부족이라고 할 수 있다. 이를 더 힘들게 하는 것은 표준화 작업 그룹이 빠르게 변화하는 기술을 따라잡아야 한다는 점이다.

하드웨어 및 소프트웨어가 고장이 아닌 경우에도 ADAS나 자율 주행 차량이 위험한 동작을 할 가능성이 실제로 있다. 예를 들어, AI 기반 시스템이 상황을 정확하게 이해하고 안전하게 작동할 수 없을 수 있다. 즉 알고리즘이 작동 조건을 설명하기에 충분히 다양하지 않을 수 있으며, 기존 센서 구성 내에서 안전을 확보할 수 있는 성능을 확신하기가 쉽지 않을 수 있다. 다양한 작동 조건을 처리할 수 있는 센서가 충분하지 않은 경우다. 운전자가 자동화 기능을 오용하게 만드는 불량한 HMI(Human Machine Interfaces), 즉 운전자가 경고나 권고에 주의를 기울이지 않는 경우도 있을 수 있다.
SOTIF는 위험한 조건을 식별하기 위한 프레임 워크이며 수용 가능한 수준의 위험이 있을 때까지 동작을 확인 및 검증하는 방법이다. 그러나 알려지지 않은 안전하지 않은 조건의 영역을 줄이는 것이 쉬운 일은 아니다. 현실적인 이유로 SOTIF는 시뮬레이션과 충분한 실 차 테스트를 요구한다.

자동차 업계에서는 ISO 26262에 따른 안전 프로세스를 도입하고 있다. 이 프로세스는 전기/전자(E/E) 시스템 고장으로 인한 불합리한 위험에 대처하는 데 집중되어 있다. 그러나 이러한 시스템의 안전은 E/E 고장으로 인한 잘못된 행동(Malfunction Behaviours)과 관련이 있을 뿐만 아니라, 운전자가 예측 가능한 기능의 오용, 또는 센서나 시스템의 성능 한계, 또는 예기치 못한 도로 환경의 변화와도 관련이 있다. SOTIF는 차량의 E/E 시스템의 오작동이 없는 상태에서 발생하는 다른 불합리한 위험들을 주요 주제로 삼고 있다. 안전 표준 ISO/PAS 21448은 이러한 문제에 대처하기 위한 지침을 제공한다.

제6절 자동차 사이버 보안 ISO 21434

SAE J 3061

SAE부터 간략히 설명하면. 미국 자동차 공학회(Society of Automotive Engineers)의 약자이며, 자동차뿐만 아니라 항공과 관련된 표준 등을 찾아볼 수 있다.

자동차의 사이버 보안에 대한 가이드인 'SAE J3061 – Cybersecurity Guidebook for Cyber – Physical Vehicle Systems'는 지난 2016년 1월에 미국 자동차 공학회에서 발표되었으며, 현재는 ISO에서도 'ISO/SAE DIS 21434 – Road Vehicles: Cybersecurity Engineering' 제정을 준비하고 있다. 타 산업에 적용하는 사이버 보안 표준으로는 IEC 62443(General Industrial), IEC 62351(Energy Sector), ISO 15408, ISO/IEC 27001, 27002, 27005, 21827 등이 있다.

SAE J3061에서는 사이버 보안 부분에 대해 현재까지 이뤄진 주요 접근 방법론 3가지를 명시하고 있다. 볼보를 중심으로 수행된 HEAVENS를 비롯해 CMMI로 유명한 미국의 카네기 멜런(Carnegie Mellon) 대학에서 제시한 OCTAVE, 그리고 BMW, 보쉬, 콘티넨털, 프라운호퍼(Fraunhofer) 등 독일의 주요 OEM, Tier가 공동 참여한 EVITA(E–Safety Vehicle Intrusion Protected Applications) 프로젝트를 통해 확보된 사이버 보안 방안이 SAE J3061에 소개돼 있다. 명시된 3가지의 방법론 모두 자동차 분야에 적용이 가능할 것으로 예상되며, 특히 EVITA의 경우 OEM 및 주요 티어(Tier) 업체 등이 대거 참여한 유럽 연합(EU)의 FP7–ICT 프로젝트로 진행됐다는 점에서 유럽 연합 차원에서의 적용이 점쳐진다.

EVITA 방법론은 전체적으로 ISO 26262와 유사한 형태로 진행이 되며, SAE J3061에서도 유사한 방향성을 보여주고 있다. SAE J3061에서는 ISO 26262 Part 3: Concept Phase에서의 활동을 세이프티 프로세스(Safety Process)와 사이버 보안 프로세스(Cybersecurity Process)로 구분해 수행할 것을 제안하는데 방식은 〈그림 1–28〉과 같다.

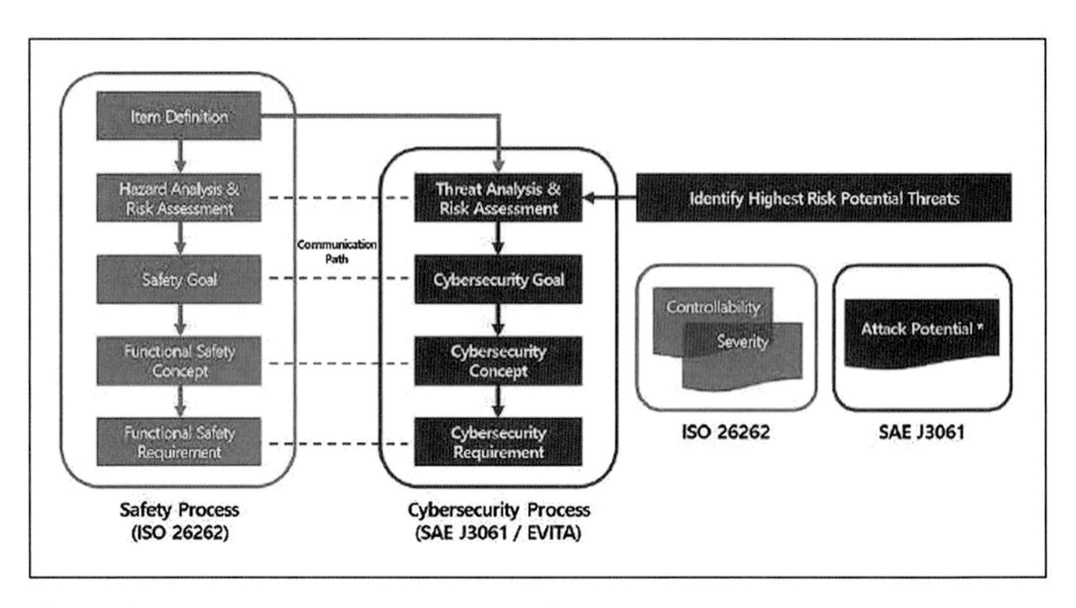

▶ 〈그림 1-28〉 사이버 보안에 대한 ISO 26262, ISO SAE J3061/EVITA와의 관계

ISO/SAE 21434 표준 개요

자동차 보안은 크게 두 가지 기둥으로 이뤄져 있다. 하나는 자동차와 자동차 주변에 대한 기술적 보안이며, 다른 하나는 조직적 보안(Organizational Security)이다. 조직적 보안이 없다면 기술적 보안은 성립할 수 없다. 조직적 보안이 최근의 빅 트렌드이기 때문에 제품 개발 프로세스, 보안 제품, 오퍼레이션 등과 같은 요소들이 접목되고 있다.

보안 이슈는 차가 공장을 떠나 폐차될 때까지 발생하는 것이기 때문에 이런 모든 것을 고려한 프로세스와 조직, 문화가 필요하다. 예를 들어, 사이버 디펜스 센터는 차가 운영되면서 일어나는 침투에 대한 것으로, 조직적 보안은 현재 메이저 마켓이고, 곧 발효될 규제와 함께 매우 중요해질 것이다.

자동차 보안 법규는 두 가지 레벨이 있다. 하나는 국제적 차원의 UNECE WP29 사이버 시큐리티로 유럽 보안법의 근거가 될 것이고, 또 다른 하나는 ISO/SAE 21434이다. 자동차는 형식승인을 받아야 하는데, ISO 21434가 요구하는 기술적, 조직적인 승인을 받아야만 할 것이다. ISO 21434 파이널 버전은 2020년 중반에 발표될 것이며, 점진적으로 적용이 확대되어 2021년부터는 전면적으로 적용이 될 것이다.

보안 테스팅은 크게 5가지로 나눌 수 있다. 첫 번째는 기능적인 테스트로, 예를 들어 암호화 알고리즘으로 된 보안 대책이 있으면 이것이 잘 작동하는지, 원래 의도된 대로 작동하는지를 검증하는 것이다. 두 번째는 취약점을 스캔하는 것으로, 오퍼레이팅 시스템에 알려진 취약점이 있으면, 이것이 재차 발견되는지를 확인하는 것이다. 이미 알려진 이슈에 대한 바이러스 스캐너를 생각하면 이해가 쉽다. 세 번째는 표준화돼 가고 있는 퍼징(Fuzz) 테스트로, 보안 취약점을 찾기 위해 무작위 데이터 신호를 준다. 예를 들어 방화벽이 있다면, 랜덤 메시지를 보내어 이 메시지가 방화벽에 문제를 일으키면 '이런 취약점이 있구나.'라고 확인하는 것이다. 네 번째는 전문적인 보안회사들이 하는 모의 해킹(Penetration Testing)으로, ECU를 열던지, 차를 열던지, 통신을 도청하던지, 보안회사가 해커처럼 모든 것들을 해보는 것이다. 마지막은 하드웨어 레벨에서 하는 매우 수준높은 테스팅 인사이드 채널 어택(Side Channel Attack)이다. 소프트웨어가 있다는 것은 이것이 돌아가는 칩이 있고, 칩은 주변 기기들과 연결돼 정보를 주고받으면서 제어를 한다는 것인데, 이때 정보를 악용해 칩에 가짜 정보를 흘려 제어기를 장악해보는 것을 말한다.

보안 테스트는 디지털 신호를 통한 테스트로 자동차의 많은 테스트가 물리적인 것에 반해 보안 테스트는 가상의 소프트웨어로 하는 것이다. 보안 테스트는 안전(Safety), 품질(Quality), 자산(Financial), 법 제도와 관련된 리스크에 대응하기 위해 필요하다. 보안 검증이 일반 기능 테스트와 다른 것은 계속해서 위험 요소가 증가하고 추가하여 새롭게 나타나는 점이다. 개발이 끝났을 때 마련된 보안 대책이 시스템 작동 기간 내내 계속해서 유효할 것이란 보장이 없으며, 나중에 취약점을 발견하면 늦게 발견된 만큼 더 많은 검사가 필요할 것이다.

제7절 자동차 기능안전, 의도된 기능의 안전, 자동차 사이버 보안의 차이점

적용 범위의 차이점

자동차의 기능안전, SOTIF 및 사이버 보안은 자동차를 제어하는 운전자 및 보행자의 안전을 목표로 하는 기술들로 상호 협력하여 최종적 목표인 안전을 달성해야 한다.

물론 이에 대한 표준들은 개별적으로 제정되어 발표되는데 각 표준의 차이점은 〈그림 1-29〉와 〈표 1-1〉에 쉽게 이해할 수 있도록 표시하였다.

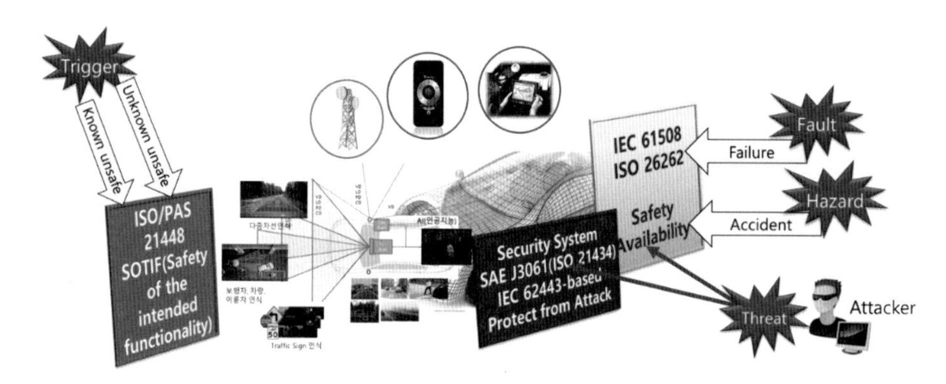

▶ 〈그림 1-29〉 ISO 26262, ISO 21448(SOTIF), ISO 21434 차이점 비교

	주요 이슈	사례
ISO 26262 (기능안전)	전기·전자 시스템의 오작동으로 인한 사고 방지	급발진 사고
SOTIF (의도된 기능의 안전)	기존 설계 혹은 기술의 한계로 인하여 일어날 수 있는 위험 사고를 방지	– 인공 지능(AI)의 잘못된 학습 – 눈, 비가 내릴 때 카메라의 오작동
ISO 21434 (사이버 보안)	인위적으로 해커의 침투를 통한 조작에 의한 사고 방지, 정보 및 자산 보호	해커에 의한 핸들 조작

▶ 〈표 1-1〉 ISO 2626, SOTIF, ISO 21434 비교

ISO 21448과 ISO 26262 차이점

기존의 ISO 26262와 SOTIF 시스템을 일반 항목에 대해 비교한 것을 〈표 1-2〉에 정리하였는데 일부 항목에서 보면 사소한 차이같이 보이지만 실제 적용에서는 많은 차이점이 있다.

	ISO 26262	SOTIF
전자 구성품	고장의 주요 원인 고려	고장의 사소한 원인 고려
센서의 제한된 동작	제품 안전으로 완료	주요 고려 사항 예시: 카메라 렌즈의 먼지 또는 안개
알고리즘	파트 6: 프로세스를 통해 교정한다고 가정	제한 사항을 포함한다고 가정
요구사항	완전한 시험 가능	높은 수준 검증 어려움 예시: 절대 오른쪽 추월 금지
검증	완전한 요구사항으로 커버	구조화된 테스트에서는 알려진 항목만 커버
타당성 확인	– 완전한 요구사항으로 커버 – 안전 목표 확인 및 실증	– 교통 통계에 기반을 둔 결정적인 목표 위험도 – 시스템이 목표 위험도 미만을 나타냄

▶ 〈표 1-2〉 ISO 26262와 SOTIF 비교

〈표1-3〉에서는 시스템 자체와 외부 요인별로 위험 원인을 구분하고 적용해야 할 ISO 표준을 요약하였다.

분야	위험 원인	적용되는 표준
시스템 자체	E/E 시스템 고장	ISO 26262
	성능 제한, 예상되는 오용과 관련되거나 안된 불충분한 상황 인식	ISO/PAS 21448
	예측 가능한 오용, 잘못된 HMI(Human-Machine Interface, 사용자 혼란, 사용자 부담)	HMI 설계에 관한 표준 및 ISO/PAS 21448
외부 요인	보안 위반	ISO21434 또는 SAE J3061
	능동형 인프라(V2I)와 또는 차량 간(V2I) 통신, 외부 장치와 클라우드 서비스에 의한 영향	ISO 20077
	차량 주위 환경에 의한 영향 (타 사용자, "수동" 인프라, 환경 조건: 날씨, EMC...)	ISO/PAS 21448, ISO 26262

▶ 〈표 1-3〉 ISO 표준의 안전 관련 주제에 대한 개요(출처: ISO/PAS 21448)

자동차에서의 ISO 26262, ISO 21448(SOTIF), ISO/SAE 21434 적용

자동차의 안전과 관련되어 적용되어야 할 표준은 기능안전 표준인 ISO 26262, 의도된 기능에 대한 안전 표준(SOTIF)인 ISO 21448 및 사이버 보안에 적용해야 할 ISO/SAE 21434가 있다. 그 외에도 자동차에 특화된 표준인 IATF 16949, EVITA, AUTOSAR 및 A-SPICE(Automotive SPICE)가 있다. 이러한 표준을 따라 자동차에 사용되는 전기/전자 부품과 소프트웨어를 개발하여야 안전이 보장되는 자동차가 된다.(〈그림 1-30〉)

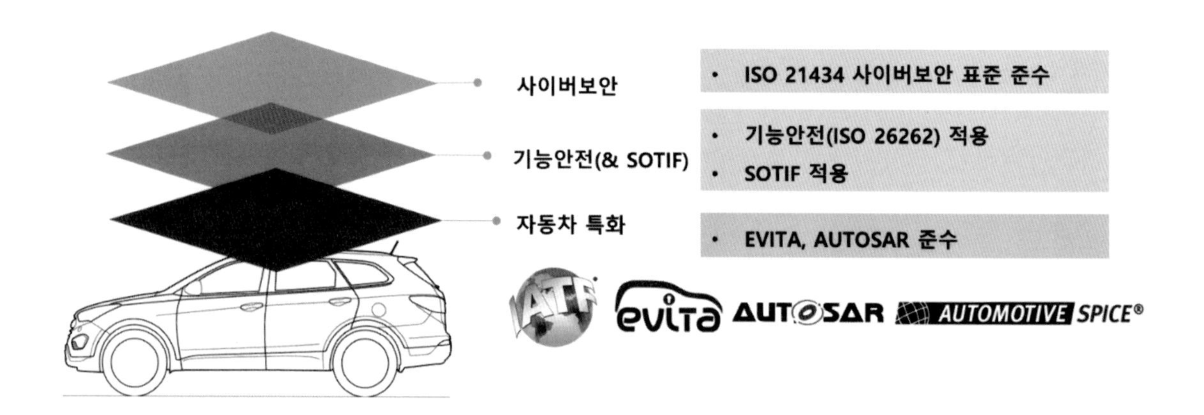

▶ 〈그림 1-30〉 자동차에 적용되어야 할 자동차 특화 기술과 ISO 26262, ISO 21448(SOTIF), ISO 21434 (출처: 페스카로)

제 2 장

기능안전 경영

FSM: Functional Safety Management

3P(People, Process, Product: 직원 역량, 조직 프로세스, 제품 기술)

기능안전 경영(FSM)은 〈그림 2-1〉에도 나타낸 것과 같이 세 분야로 나누어 생각할 수 있다. 즉 개발에 참여하는 인원, 개발을 수행하는 프로세스 및 개발되는 제품에 대한 기술 분야가 있다.

FMS에서 사람에 요구되는 것은 〈그림 2-1〉에 표현한 것 같이 안전 문화를 확립하여 개발에 참여하는 직원들의 안전을 최우선 순위로 다루어야 하며, 기술적으로 필요한 역량과 숙련도를 확보할 수 있도록 계속된 훈련을 수행하도록 해야한다. 이러한 것은 프로젝트와 관련 없이 조직 및 직원에 대한 지속적인 관리 요구사항이다.

개발 프로세스에서 확보해야 할 것은 시스템적 오류, 즉 설계 기준이나 프로세스 잘못으로 발생하는 설계 오류, 다시 말해 제품에 영향을 주는 오류를 줄이는 것이다. 일반적으로 기술적으로 검증된 설계 기술, 기능안전 요구사항, 그리고 프로세스에 따라서 업무를 수행함으로 하드웨어나 소프트웨어에서 발생할 수 있는 오류를 제거하는 것이다. 이것은 프로젝트에 따라 요구사항이 변경되는 것으로, 프로젝트에 맞게 요구사항을 반영하거나 포함하여야 한다.

제품 기술 분야에서는 생산 및 납품 후에 발생할 수 있는 하드웨어 랜덤 오류에 대한 대책을 수립하여, 랜덤 하드웨어 오류가 발생하더라도 안전이 위협받지 않도록 방지하는 것이 필요하며 안전 메커니즘이나 결함 감지, 제어 시스템을 구성하고 시험, 검증 및 실증을 통하여 안전한지 여부를 확인하여야 한다.

기능안전 경영(FSM)에서 중요한 것은 초기에 계획을 수립하고, 개인별, 부서별, 기업 간에 협력과 조정하여 실행함으로 활동의 수행 결과에 대해 추적이 가능하도록 하는 것이다. 기능안전 경영은 안전에 관련된 사항에 대한 관리를 규정하고 있지만, 제품의 품질을 위한 관리는 별도의 품질 경영 시스템 표준인 IATF 16949 혹은 ISO 9001에 의해 관리가 되어야 한다.

이 장에서는 안전 수명 주기에 대하여 알아보고, 프로젝트에 따라 기능안전에서 요구하는 활동이 어떤 것이 있는지 확인하며, 개발이 완료된 후에 생산, 운용, 및 폐기 시에 필요한 관리 활동에 대해 알아본다. 또한 ISO 26262 개정판에서는 사이버 보안과 기능안전과의 관계에 대한 개략적 설명을 통해 기능안전 개발 단계에서 요구될 수 있는 사이버 보안 활동에 대해 Part 2 부록에서 간략히 소개하고 있다.

ISO 26262 FSM 관리의 대상이 되는 것으로는 참여 인원, 개발 프로세스, 개발 제품인 3P로 〈그림 2-1〉에 나타낸 것과 같다.

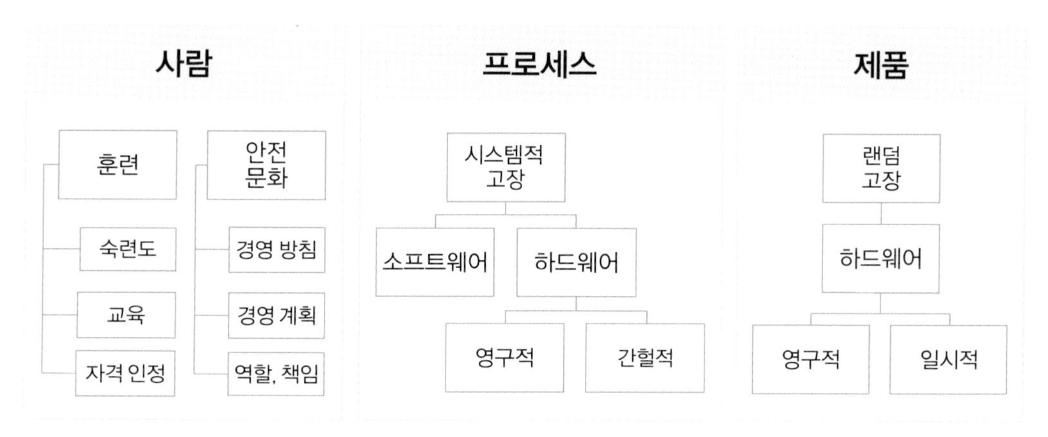

▶ 〈그림 2-1〉 기능안전 경영(FSM)을 위한3P 기본 요소

참여 인원에 요구되는 것은 안전 문화와 기술 숙련도로 안전 문화는 안전을 최우선으로 하는 조직 문화를 말하는 것이고, 기술적 숙련도를 확보하기 위해서는 끊임없는 자질 향상을 위한 교육 훈련이 필요하다. 다른 요소인 프로세스는 개발 과정 중에 시스템적 오류, 즉 설계 실수나 제작 프로세스 잘못에 의한 오류가 개발되는 제품에 발생하지 않도록 관리를 하는 것이다. 제품의 관리는 제품이 출하된 후에 랜덤하게 발생하는 오류에 대한 기능안전을 확보하는 것으로 이중화 등의 방법으로 랜덤 하드웨어 고장의 발생에 대한 대책을 확립하는 것이다.

기능안전 경영(FSM)에서 중요하게 요구하는 것은 안전 계획을 세우는 것으로, 안전 계획에 따라 상호협력하여 실행하고 활동의 결과를 작업 산출물로 작성하고 관리하여 개발 초기부터 모든 활동들을 추적할 수 있도록 하는 것이다.

먼저 기능안전 수명 주기(Safety Life Cycle) 내에서 요구되는 안전 관리 활동은 〈그림 2-2〉와 같으며, 각 활동에 표시된 앞자리 수는 ISO 26262 내의 해당 Part를, 뒷자리 수는 Part 내의 절(Clause)을 나타낸다. 예를 들어 3-5 Item Definition(아이템 정의서)는 ISO 26262 Part 3의 5절을 이야기하는 것이다.

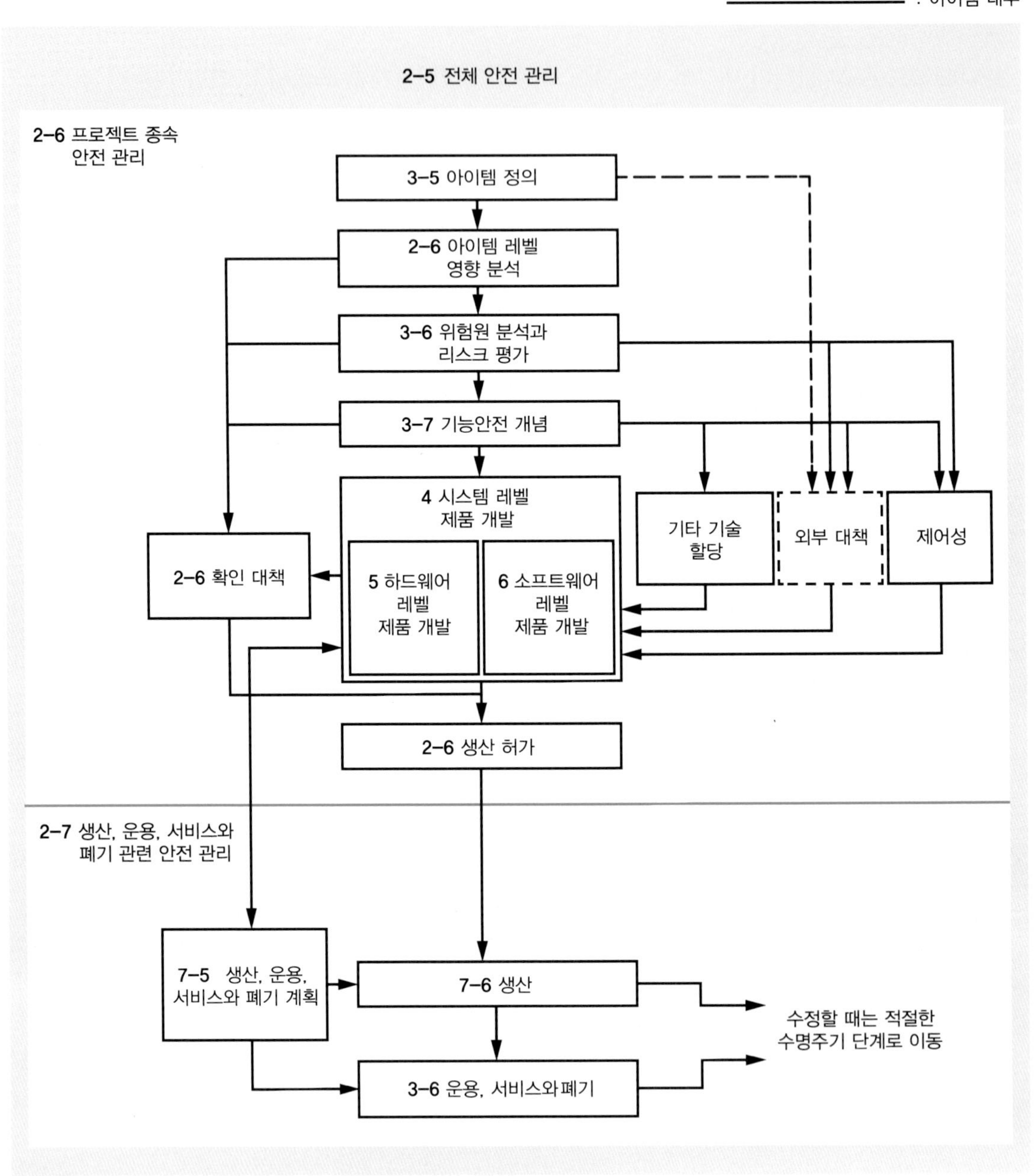

▶ 〈그림 2-2〉 안전 수명 주기와 연관된 관리 활동(ISO 26262-2: 2018 Figure 1)

〈그림 2-2〉에 표시된 활동에 대한 상세한 내용은 해당 Part의 절에 기재되어 있으며, 각 활동에 대해 간략히 설명한다.

◎ 아이템 정의(Item Definition) (개념의 하위 단계): 기능, 인터페이스, 동작 환경 조건, 법적 요구사항, 알려진 위험원 등에 관하여 아이템을 기술한다.

◎ 위험원 분석 및 리스크 평가(Hazard Analysis and Risk Assessment): 아이템이 관련된 위험 사건에서 노출 가능성, 제어 가능성, 심각성을 평가하여 위험 사건의 ASIL(Automotive Safety Integrity Level)을 결정하고, 안전 목표를 도출하는 데 안전 목표가 최상위 안전 요구사항이 되며 해당 ASIL이 할당된다.

◎ 기능안전 개념(Functional Safety Concept): 안전 목표에서 시스템 아키텍처를 가정하여 기능 안전 요구사항을 도출하여 아이템의 각 엘리먼트에 할당한다. 기계적 구현과 같은 기타 기술은 ISO 26262의 범위 밖이며 기능안전에 포함되지 않는다.

◎ 시스템 레벨 제품 개발(Product Development at the System Level): 시스템 레벨 개발은 V 모델에 따라 개발되는데 기술 안전 요구사항, 시스템 아키텍처, 시스템 설계와 구현 등 요구사항과 설계는 왼편에 위치하고 통합, 검증, 안전 유효성 등 통합과 검증은 오른편에 위치한다. 하드웨어와 소프트웨어 인터페이스가 규정되어 향후 진행되는 하드웨어와 소프트웨어 개발 단계에서 업데이트된다.

◎ 하드웨어 레벨에서 제품 개발(Product Development at the Hardware Level): 시스템 설계 규격에 기반하여 하드웨어의 개발은 V 모델에 따라 진행되며, 하드웨어 요구사항과 하드웨어 설계 및 구현은 왼편에, 하드웨어 통합 및 검증은 오른편에 위치한다.

◎ 소프트웨어 레벨에서 제품 개발(Product Development at the Software Level): 시스템 설계 규격에 기반하여 소프트웨어의 개발은 V 모델에 따라 진행되며, 왼편에는 소프트웨어 요구사항, 소프트웨어 아키텍처 설계 및 구현이 위치하고 오른편에는 소프트웨어 통합과 검증이 위치한다.

◎ 생산, 운용, 서비스와 폐기(Production, Operation, Service and Decommissioning): 계획과 관련 요구사항은 시스템 레벨의 개발 중에 시작되며, 시스템, 하드웨어, 소프트웨어 개발 단계와 병행하여 개발이 진행된다. 생산, 운용, 서비스와 폐기 단계에서 기능안전을 확실히 하는 프로세스, 방법과 지침서에 대해 언급하고 있다.

제1절 안전 문화

(Safety Culture)

안전 문화는 Part 1 용어 정의에서는 'enduring values, attitudes, motivations and knowledge of an organization in which safety is prioritized over competing goals in decisions and behavior'로 "안전이 결정과 행동에서 최우선시되는 조직의 가치, 행동, 동기 및 지식을 지속"으로 해석된다. 즉, 회사에서 모든 것에 우선하여 안전이 제일 먼저라는 것을 강조한다.

이것을 구현하기 위해 첫째는 조직 내에 체계를 구축하는 것으로 관리 체계의 책임을 부여하는 것이고, 둘째는 모든 체계 내의 구성원들의 안전 체계에 대한 적응과 안전 혜택이 될 것이다.

기존의 개발 문화와는 어떤 차이가 있는지를 간략하게 비교해 보면 〈표 2-1〉과 같다.

기존 개발 위주의 문화	안전 문화
안전 관련 재원 및 시간 불충분	안전 분석에 따른 필요 자원 계획
안전 관련자가 그림자 조직으로 구성	안전 관련자가 정식 조직에 포함
리스크 분석은 문서를 위해 피상적 분석	개발 초기에 리스크 분석 후 계속 업데이트
시스템 아키텍처에서 안전 목표 고려 안 함	시스템 아키텍처에서 안전 목표 고려
변경이 수시로 편의적으로 시행	변경에 따른 안전 분석 후 시행
산발적 안전 심사	표준에 따른 안전 심사
…	…

▶ 〈표 2-1〉 기존 개발 문화와 안전 문화의 비교 예

기존 기능, 성능 위주의 개발 문화와 안전 문화 간의 차이가 매우 크고 국내의 상황과 비교해 볼 때 현재의 개발 문화는 안전 문화와 거리가 매우 먼 것을 알 수 있다. 이러한 문화의 변화는 갑자기 변화할 수 없기 때문에 국내 업체들이 ISO 26262를 적용하여 개발하는 것에 많은 어려움을 겪고 있다.

또한 ISO 26262-2: 2018의 Annex B에서는 좋은 안전 문화의 예와 빈약한 안전 문화를 예의 비

교를 하여 어떤 개발 문화를 정착시켜야 하는지를 나타내고 있는데 〈표 2-2〉와 같다.

나쁜 안전 문화 예	좋은 안전 문화 예
책임 소재 추적 불가	결정에 대한 추적 가능
비용과 시간이 안전보다 우선	안전이 최우선 순위
비용과 시간 절감 목표의 보상 체계	기능안전의 달성과 동기를 부여하는 보상 체계
안전, 품질 및 관리 담당 직원을 괄시	적절한 점검과 균형 제공 프로세스 안전, 품질, 검증, 안전 유효성 확인 및 구성 관리
– 제품의 최종 시험에만 관심 – 관리는 문제가 있을 때만 개입	– 사전 행동적 – 문제는 초기 단계에서 발견하여 해결.
부적절한 자원의 할당(무계획적)	필요한 자원의 적절한 분배 및 성숙도 달성
집단 사고를 통해 반대자 또는 고발자는 왕따	다양성을 통한 의견 소통, 자기 폭로 장려 및 타인의 잘못 발견 공개 권장
체계적이고 지속적인 개선의 부재	지속적인 개선 프로세스
체계적인 프로세스 없이 필요할 때마다 진행	정의되고, 추적 가능한 프로세스에 따라 진행

▶ **〈표 2-2〉 좋은 안전 문화와 나쁜 안전 문화 비교(ISO 26262-2:2018 Table B.1)**

위의 〈표 2-2〉에서도 알 수 있듯이 안전이 우선되고, 추적성이 보장되고, 결정에 대한 근거가 확보되어 모든 문서가 기록되고 보존될 때 ISO 26262에 따른 개발이 진행된다고 할 수 있다.

개발 프로젝트가 시작되면 개발을 책임지는 프로젝트 책임자(PM: Project Manager)가 임명되고 팀이 조직되는데 기능안전 관리에서 가장 중요한 것은 각자에게 안전 활동에 대한 역할과 책임을 부여하는 것이다.

특히 프로젝트 책임자는 기능안전 책임자를 임명하여 안전 책임자가 안전 활동에 대한 계획을 세우고 계획에 따라 안전 활동이 수행되도록 업무를 조정하고 안전 활동을 점검하도록 한다. 프로젝트 책임자와 안전 책임자(SM: Safety Manager) 및 품질 경영 책임자/대리인(QM/QMR: Quality Management Representative)의 역할과 관계는 〈그림 2-3〉에 나타낸 것과 같다.

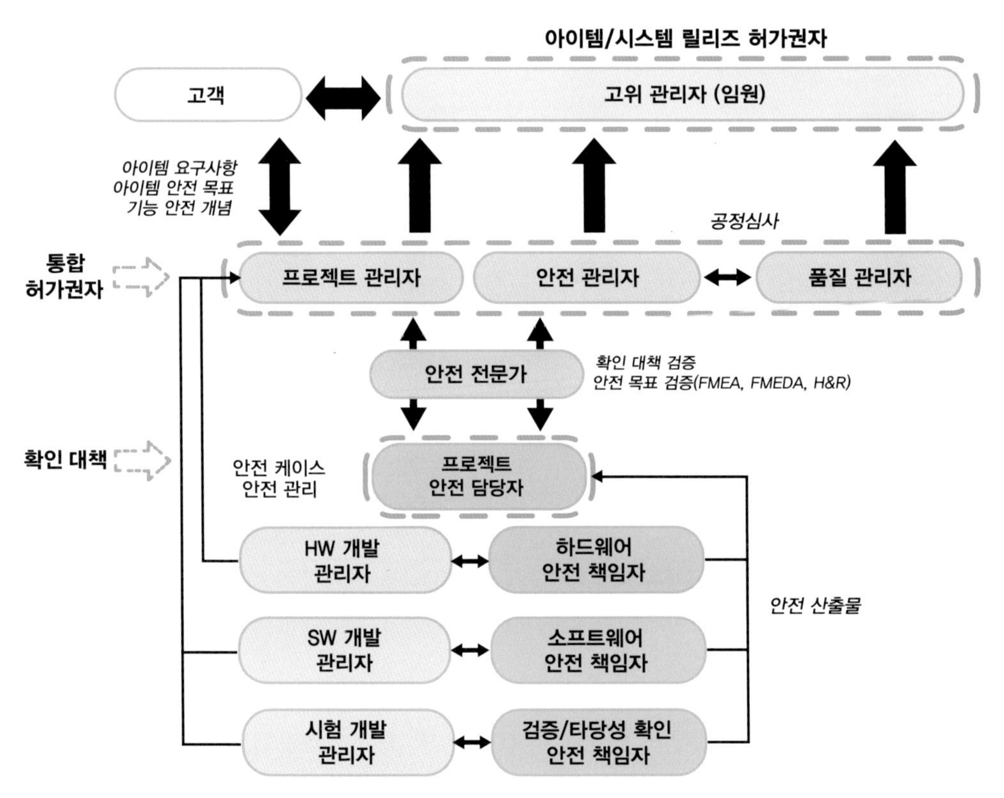

▶ 〈그림 2-3〉 프로젝트 책임자(PM)와 안전 책임자(SM)의 관계

아이템 영향 분석(Impact Analysis)

개발하고자 하는 아이템이 신규로 개발되는지, 기존의 아이템을 수정하여 개발할지, 기존의 아이템을 그대로 쓰는데 사용 환경이 변하는 것인지를 구분하여 개발 방향에 따라 ISO 26262의 요구사항을 적용하게 된다. 개발 방법에 따른 영향을 분석하여 ISO 26262의 적용 요구사항을 확인하는 순서는 〈그림 2-4〉와 같다.

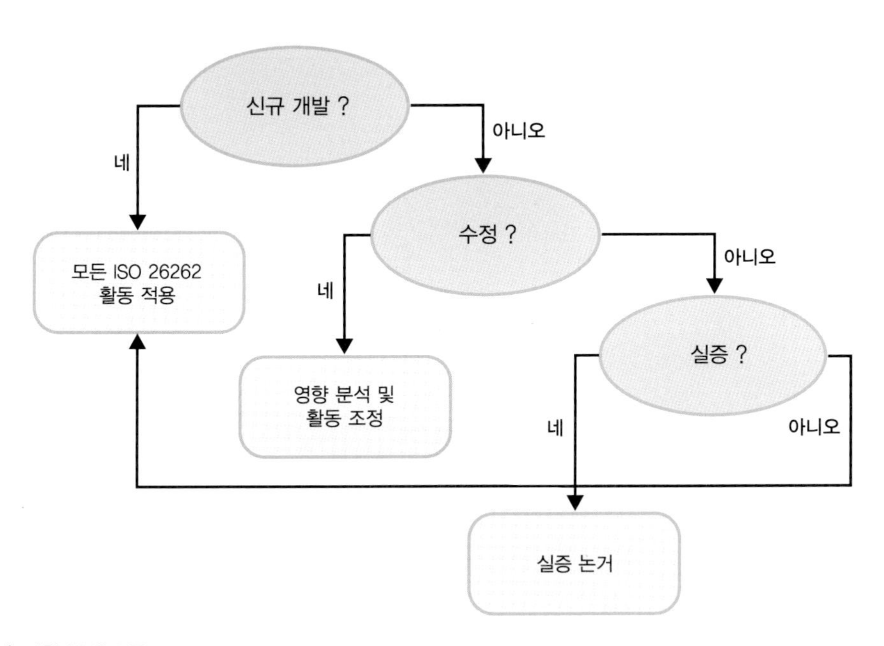

▶ 〈그림 2-4〉 영향 분석 흐름도

안전 케이스(Safety Case)

안전 케이스라는 것은 잘못 알게 되면 안전한 케이스(안전 사례)로 해석하기 쉬운데 그것과는 다른 의미를 말한다. ISO 26262 Part 1에서 정의하는 안전 케이스는 'argument that functional safety is achieved for items, or elements, and satisfied by evidence compiled from work products of activities during development'로 ISO 26262 Part 1의 용어 정의에 나와 있다. 개발되는 아이템이 안전 요구사항을 만족한다는 것을 주장하기 위해서는 안전 활동을 통해 얻은 작업 산출물을 증거로 제시하는 것을 말한다. 안전하다는 주장은 항상 문서 혹은 기록으로 된 근거를 가지고 있어야 한다.

〈그림 2-5〉와 같이 ISO 26262에 따른 각 단계의 개발을 진행할 때 나오는 작업 산출물을 근거로 기능안전 요구사항이 만족하였다는 것을 주장하는 것이 안전 케이스이다. 왼쪽 화살표 내의 주장을 하기 위해서는 왼쪽 네모 칸의 결과를 근거로 하여야 한다. 안전 케이스는 각 단계마다 수행을 한다.

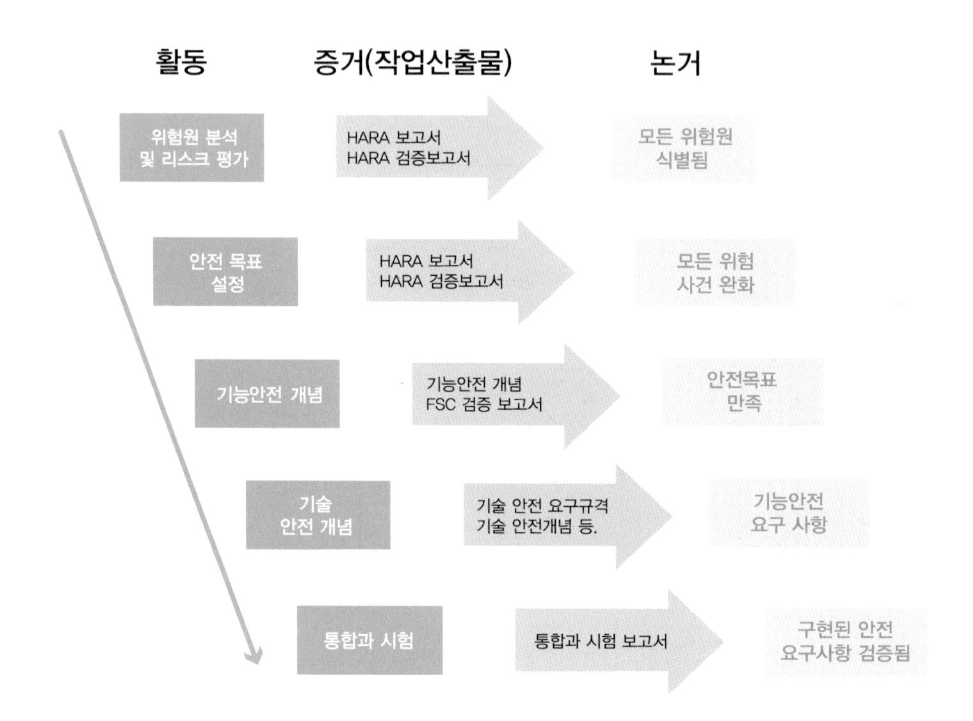

▶ 〈그림 2-5〉 ISO 26262 단계별 안전 케이스

확인 대책(Confirmation Measure)

확인 대책은 기능안전을 달성했다는 것을 확인하는 것으로 확인 대책에는 확인 검토, 기능안전 심사 및 기능안전 평가가 있다. 확인 검토는 작업 산출물이 ISO 26262의 해당 요구사항을 만족하는지 검토하는 것으로 안전 활동을 수행하여 작업 산출물을 작성한 사람 또는 제3자를 통해 확인하는 것을 말한다.

〈표 2-3〉에는 ISO 26262에서 요구하는 각 작업 산출물에 대해 확인 검토할 수 있는 인원의 자격을 ASIL 등급에 따라 요구되는 독립성 정도를 나타내고 있다.

확인 대책	ASIL				
	QM	A	B	C	D
영향 분석(Impact analysis)	I3	I3	I3	I3	I3
위험원 분석 및 리스크 평가(HARA)	I3	I3	I3	I3	I3
안전 계획서(Safety Plan)		I1	I1	I2	I3
기능안전 개념(FSC: Functional safety concept)		I1	I1	I2	I3
기술 안전 개념(TSC: Technical safety concept)		I1	I1	I2	I3
아이템 통합과 시험 전략(Item integration and test strategy)		I0	I1	I2	I2
안전 타당성 확인 시방(Safety validation specification)		I0	I1	I2	I2
안전 분석(FMEA, FTA 등등)		I1	I1	I2	I3
안전 케이스(Safety case)		I1	I1	I2	I3
기능안전 심사(Functional safety audit)		–	I0	I2	I3
기능안전 평가(Functional safety assessment)		–	I0	I2	I3

▶ 〈표 2-3〉 확인 대책과 독립성 요구사항(ISO 26262-2: 2018 Table 1)

독립성 요구에 대한 정의를 잘 설명한 것이〈그림 2-6〉이다. 각 독립성에 대해 간략히 설명하면 I3로 지정되면 확인 대책은 업무가 독립된 다른 부서의 자격이 있는 인원에 의해 수행되어야 하며, I2로 지정되면 다른 팀의 자격이 있는 인원, I1인 경우는 작업 산출물을 작성한 인원과 다른 자격이 있는 인원이 수행하면 된다. I0인 경우는 확인 대책이 권장 사항이며, 확인 대책을 수행할 경우는 다른 자격이 있는 인원에 의해 수행되면 된다.

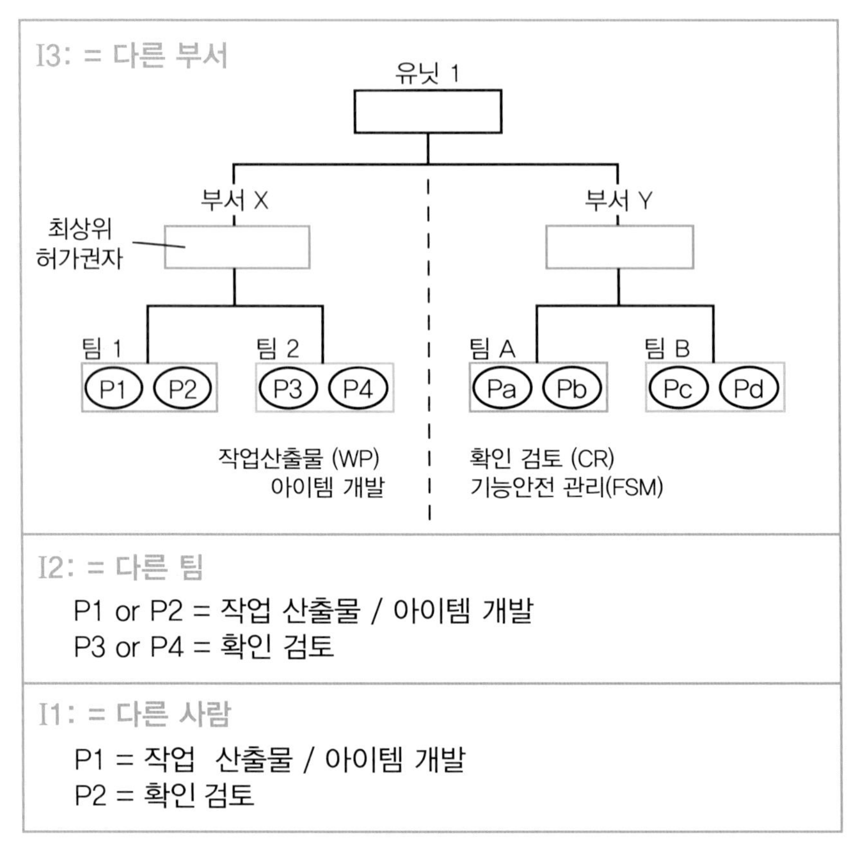

▶ 〈그림 2-6〉 확인 대책 인원의 독립성(ISO 26262-12:2018 Figure 3)

확인 대책의 방법인 확인 검토, 기능안전 심사, 기능안전 평가에 대한 간략한 비교는 〈표2-4〉와 같다.

대상	기능안전 심사 *ASIL C와 D인 경우	확인 검토	기능안전 평가
	프로세스	작업 산출물	아이템
결과	심사 보고서	확인 검토 보고서	기능안전 평가 보고서
실행 시기	요구 프로세스 구현 중	해당 안전 활동 완료 후, 제품 생산 개시 전 완료	개발 중 계속적으로 제품 생산 개시 전 완료
범위	심사원이 결정	안전 계획서에 따라 검토 전에 계획	기능안전에서 요구하는 안전 대책과 프로세스 검토

▶ 〈표 2-4〉 기능안전 심사, 확인 검토, 기능안전 평가 비교표

제3절 생산, 운용, 서비스와 폐기에서의 안전 관리

양산, 운용, 서비스 및 폐기 단계에서도 기능안전을 달성하여야 하는데 이에 대한 책임과 해당 권한을 갖는 사람들을 지정하여 시스템 레벨의 제품 개발 중에 수립된 안전 계획서와 ISO 26262-7:2018(생산, 운용, 서비스 및 폐기)에 따라 수행되어야 한다.

IATF 16949 자동차 품질 경영 시스템을 도입하여 유지하는 회사들은 사전 제품 품질 계획(APQP: Advanced Product Quality Planning) 5단계를 진행하여야 한다.

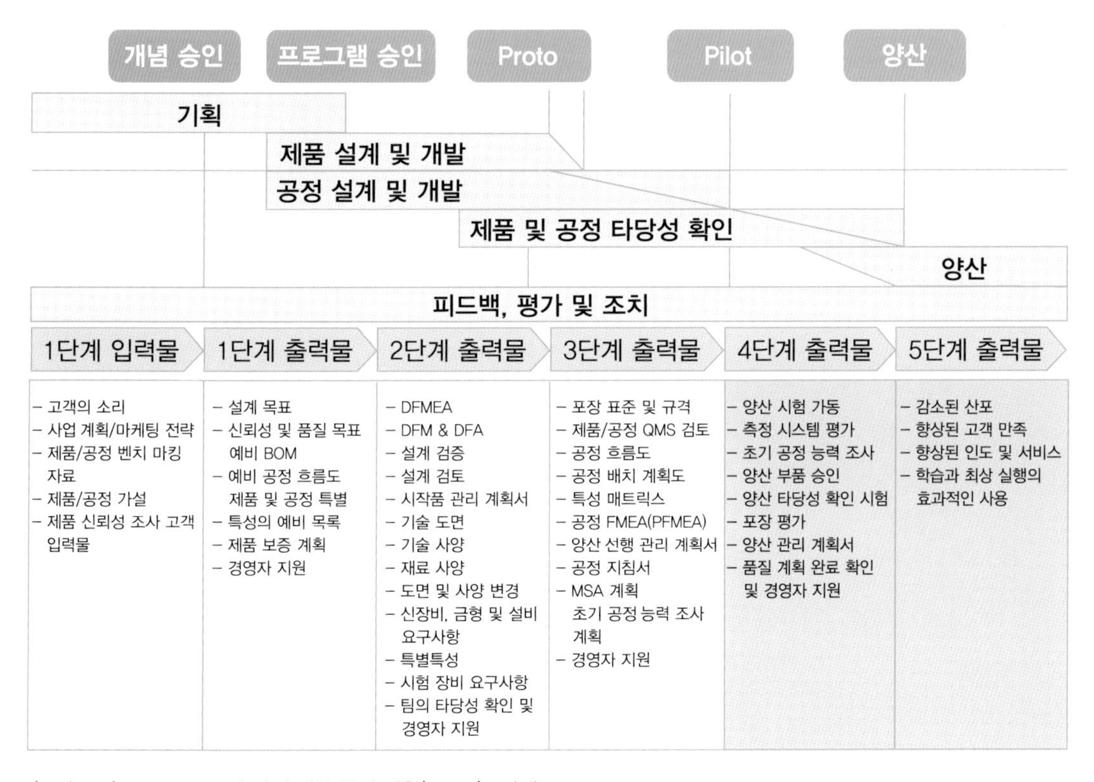

▶ 〈그림 2-7〉 IATF 16949의 사전 제품 품질 계획(APQP) 5단계

〈그림 2-7〉과 같이 APQP 1, 2, (3) 단계는 ISO 26262 Part 3, 4, 5, 6의 개발 단계와 관계되며, APQP (3), 4, 5단계는 ISO 26262 Part 7의 생산, 운용, 서비스와 폐기에 해당하므로 상호 연관성을 가질 수 있도록 하여야 한다.

특히 APQP를 제대로 수행하는 회사일 경우에는 ISO 26262 Part 7은 거의 대부분을 만족하고 있다고 볼 수 있다.

단, IATF 16949와 ISO 26262에서 추구하고자 하는 목적이 큰 의미에서는 같을 수도 있지만, 품질과 안전이라는 목적성이 상이하므로 APQP에 ISO 26262를 반영하여 상호 보완이 이루어 진다면 완벽하게 ISO 26262 Part 7을 만족할 수 있다.

제4절 사이버 보안과 기능안전의 상호 작용 가이드

자동차가 이제는 인터넷에 연결되어 해커의 공격으로부터 자유롭지 않다. 자동차의 안전은 아이템의 기능안전과 더불어 사이버 보안에 대해서도 대책을 마련하여야 한다. 자동차 사이버 보안에 대한 가이드라인은 SAE J 3061(Cybersecurity Guidebook for Cyber-Physical Vehicle Systems)이 있으며 ISO와 SAE에서는 사이버 보안에 대한 표준인 ISO/SAE 21434 제정을 준비하고 있다.

ISO 26262-2: 2018의 Annex B에는 사이버 보안과 기능안전의 관계에 대하여 설명하고 있는데 〈그림 2-8〉과 같이 기능안전의 각 단계와 사이버 보안의 각 단계를 연결한다.

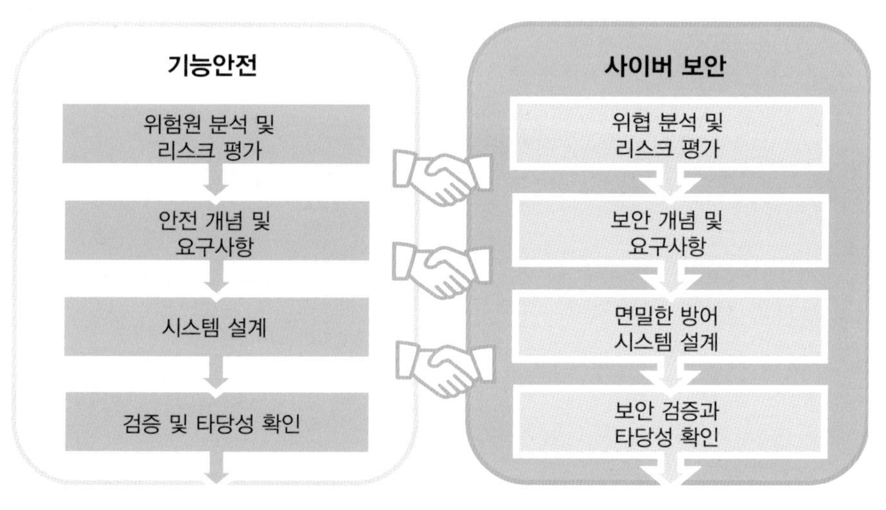

▶ 〈그림 2-8〉 기능안전 단계와 사이버 보안 단계의 관계

개념 단계: 위험원 분석 단계에서 해커의 침입에 의해 일어날 수 있는 위험원도 식별하여 사이버 보안 정보를 제공한다. 필요시는 사이버 보안 전략이나 대응 대책을 수립한다.

제품 개발 단계: 해커의 공격에 의한 고장은 랜덤 고장이 아닌 시스템적 고장에 해당하므로 각 단계별로 사이버 보안을 고려하여 설계 제약 사항을 고려하여 진행한다.

생산 및 운용 단계: 사이버 보안 사고에 대응하기 위한 설계 변경이 기능안전에 미치는 영향을 고려한다.

제 3 장 개념 단계

Concept Phase

개념 단계에서 가장 먼저 수행하는 안전 활동은 아이템 정의로 아이템의 인터페이스, 동작 환경 및 차량과 다른 아이템과의 상호 작용 등에 대하여 상세히 작성하는 것이다. 이는 향후의 안전 활동의 기반이 된다. 그다음은 아이템 정의를 기반으로 아이템의 고장에 따른 위험원을 식별하고 위험원에 의해 야기되는 리스크를 평가하여 자동차 기능안전 등급인 ASIL을 할당하고, 리스크가 발생하지 않도록 하기 위한 안전 목표를 설정한다. 최종적으로는 안전 목표를 침해하지 않도록 안전 대책을 수립하는 기능안전 개념 단계이다.

〈그림 3-1〉은 개념 단계에서 수행할 안전 활동과 산출물의 흐름을 나타낸다.

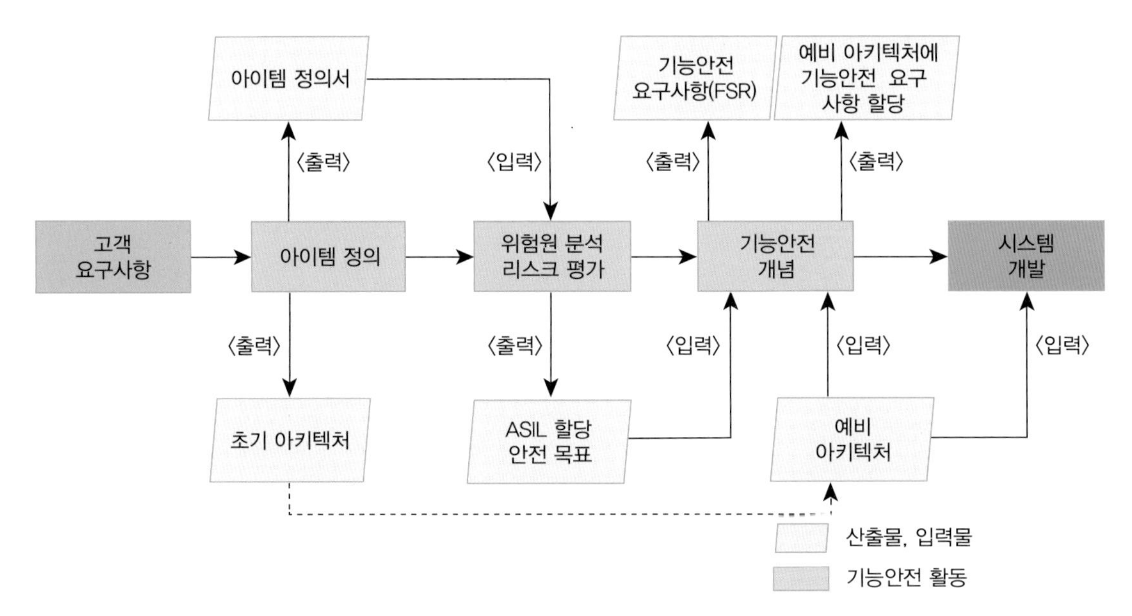

▶ 〈그림 3-1〉 개념 단계의 흐름도

제1절 아이템 정의

아이템(Item)은 ISO 26262 Part 1의 용어 정의에도 나와 있듯이, 차량 레벨에서 기능을 구현하기 위한 시스템 또는 시스템 어레이(Array)를 말한다. 아이템의 정의는 아이템의 기능과 기타 요구사항을 충분히 이해할 수 있도록 작성하여 추후에 수행할 안전 활동이 원활히 진행되도록 하는 것이다. 즉, 아이템에 대한 정의가 확실하지 않으면 향후에 진행될 안전 활동 중에 계속적으로 아이템 정의를 업데이트해야 하므로 설계 부문에서 에러가 발생하고 일정이 지연될 가능성이 커지게 된다. 〈그림 3-2〉는 아이템 정의에서 필요한 항목을 나타낸 것으로, 많은 항목을 고려하여야 한다.

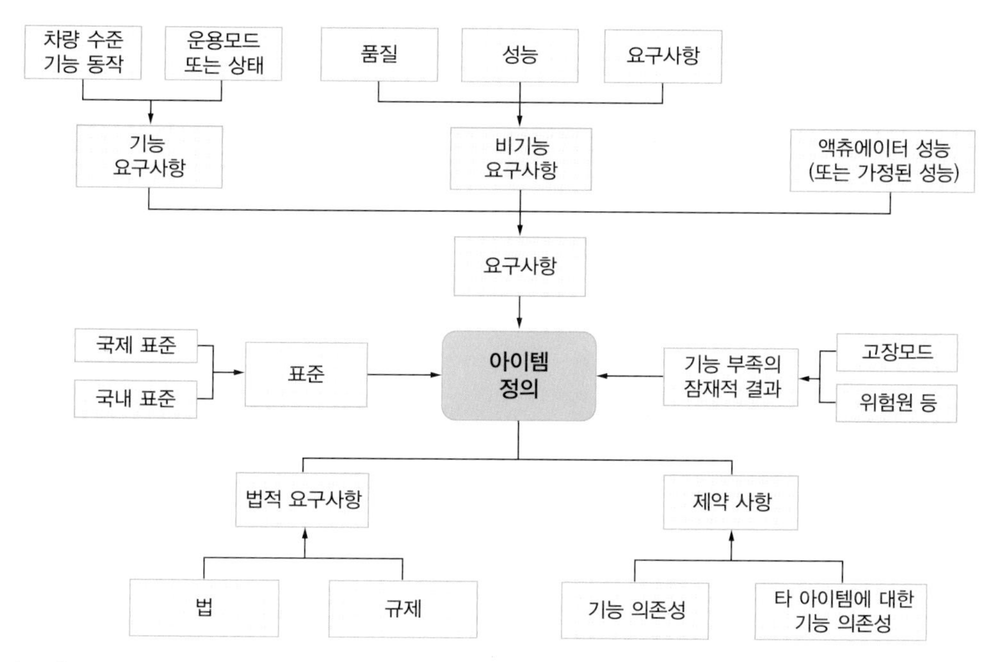

▶ 〈그림 3-2〉 아이템 정의에 포함되어야 할 항목

아이템 정의를 할 경우에 고려되어야 할 사항들은 〈그림 3-3〉에 나타낸 것과 같이 아이템 내부의 구성과 기능 할당, 타 아이템과의 인터페이스 및 관계, 운용 시나리오 및 차량에 미치는 영향 등이다.

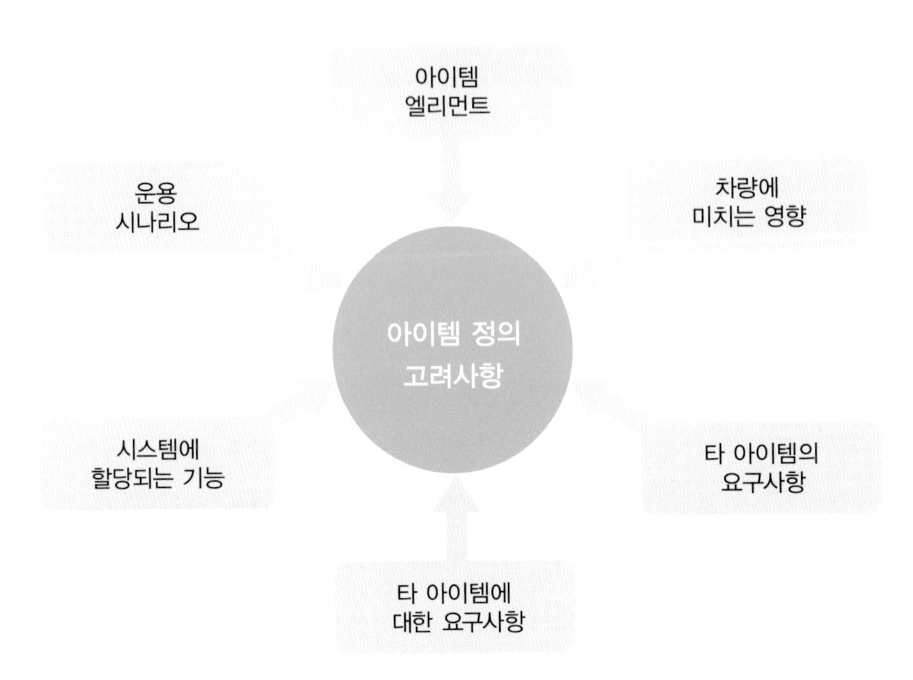

▶ 〈그림 3-3〉 아이템 정의에 고려되어야 할 사항

자동차 트렁크 개폐 시스템을 예로 들면, 기능은 운전자 혹은 짐 싣는 사람의 요청 또는 CAN 신호에 의해 트렁크가 개폐되는 시스템이다. 〈그림 3-4〉 참조.

▶ 〈그림 3-4〉 차량 트렁크 사진

아이템 정의에서는 운용 모드 또는 기능 동작은 앞에서 언급한 것과 같이 운전자의 요청에 의해 트렁크가 개폐되도록 하는 것이다. 법적 요구사항은 트렁크 내부에서도 열리도록 하는 것이 있을 수 있으며, 성능과 가용성은 자동차 메이커의 규정 또는 합의에 따라야 할 것이다. 제약 사항으로는 운전 중에는 열리지 않게 하여 문제가 발생하지 않도록 할 것과 트렁크가 닫히는 속도에 대한 것이 있다. 또한, 인터페이스로는 공급되는 전압과 최대 소모 전류, 통신을 위한 통신 규격 및 데이터 포맷 등이 있을 수 있다.

제2절 위험원 분석과 리스크 평가

(HARA: Hazard Analysis and Risk Assessment)

아이템 정의를 기반으로 위험원 분석과 리스크 평가를 수행하는데 아이템의 고장으로 인해 사람(운전자 또는 보행자)에게 미치는 영향을 분석하고 리스크를 평가하는 것으로 내부에 안전 장치가 내재하지 않은 아이템 자체가 대상이다. 자동차가 정상적으로 사용되거나 예측할 수 있는 오용에 대해서도 위험원 분석을 한다.

위험원 분석의 시작은 위험원을 식별해 내는 것으로 〈그림 3-5〉와 같이 차량 레벨에서 아이템의 기능을 식별하고, 식별된 기능이 고장을 일으키는 경우를 가정하여 가정된 상황이 차량 레벨에서 리스크를 일으키는지를 확인한다.

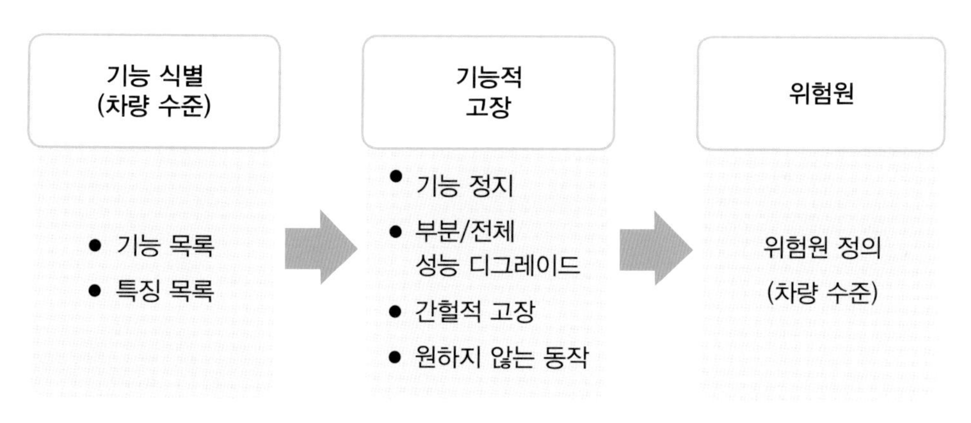

▶ 〈그림 3-5〉 위험원 식별순서

예) 에너지 저장 장치 조정기

◎ **아이템 기능:** 차량 속도 15km/h 이상에서만 에너지를 방출, 15km/h 미만에서 에너지의 방출 시는 과열로 저장 장치 폭발 가능.

◎ **아이템 고장:** 원하지 않는 에너지의 방출.

◎ **위험원:** 폭발을 일으키는 원하지 않는 에너지 방출.

◎ **위험 사고:** 위험 사고(Event)는 차량의 속도가 15km/h 미만에서 아이템의 고장으로 인해 원하지 않는 에너지가 방출되는 경우로, 위험원이 발생하면 차량에 탑승한 사람과 주위 사

람들에게 위해(Harm)를 가하게 되어 리스크에 대한 평가가 필요하다. 위험 사고가 식별되면 이 경우에 대하여 심각도(Severity), 노출 확률(Probability of Exposure) 및 제어 가능성(Controllability)에 따라 ASIL 등급을 할당한다.

ASIL 결정

ASIL은 심각도, 노출 확률과 제어 가능성에 따라 결정되는데 각각의 분류 방법에 대해 알아본다.

심각도는 S0부터 S3까지 분류한다. S0는 사람에게 위해가 없고 물질에만 손상이 있을 때를 말하며 〈표 3-1〉과 같이 사람의 부상 정도에 따라 분류한다.

	등급			
	S0	S1	S2	S3
설명	부상 없음	경상 및 가벼운 부상	심각하고 생명 위협 부상	생명 위협 부상, 치명적 부상

▶ 〈표 3-1〉 심각도(S: Severity) 분류(ISO 26262-3: 2018 Table 1)

노출 가능성은 노출될 가능성이 전혀 없을 때를 E0로 하는데 E0의 의미는 '전혀 일어날 수 없는 것'이므로 이러한 경우에는 ASIL을 할당하지 않는다. 가장 낮은 노출 확률이 E1이고 점차 확률이 높아짐에 따라 등급도 올라가는데 〈표 3-2〉와 같이 분류한다. 노출 가능성을 판정할 때 차량의 운행 중 위험 사고가 발생할 가능성만을 고려하며, 아이템의 고장률에 대한 것은 고려하지 않는다.

	등급				
	E0	E1	E2	E3	E4
설명	불가능	가능성 매우 낮음	가능성 낮음	가능성 중간	가능성 높음

▶ 〈표 3-2〉 동작 환경에 관한 노출(E: Exposure) 가능성 분류(ISO 26262-3: 2018 Table 2)

제어 가능성이란 차량의 운전자나 차량의 위험 상황에 의해 위해를 당할 수 있는 사람이 위험 상황을 회피할 수 있는 가능성을 말하는 것으로, 쉽게 회피할 수 있는 경우에 C0를 할당하는데 제어 가능성의 분류는 〈표 3-3〉과 같다.

	등급			
	C0	C1	C2	C3
설명	일반적 제어 가능	간단한 제어 가능	정상적 제어 가능	제어 어려움 또는 제어 불가능

▶ 〈표 3-3〉 제어(C: Controllability) 가능성 분류(ISO 26262-3: 2018 Table 3)

마지막으로 분류된 위험 이벤트의 심각도, 노출 가능성 및 제어 가능성에 따라 리스크를 평가하여 ASIL을 부여하게 된다. ASIL이란 불합리한 리스크를 피하는데 필요한 리스크 감소 요구사항을 나타내는 것으로 분류된 심각도, 노출 가능성 및 제어 가능성에 따라 〈표 3-4〉를 참조하여 결정한다.

심각도 등급	노출 등급	제어 가능성 등급		
		C1	C2	C3
S1	E1	QM	QM	QM
	E2	QM	QM	QM
	E3	QM	QM	A
	E4	QM	A	B
S2	E1	QM	QM	QM
	E2	QM	QM	A
	E3	QM	A	B
	E4	A	B	C
S3	E1	QM	QM	A[a] (1판, 2판 차이점)
	E2	QM	A	B
	E3	A	B	C
	E4	B	C	D

▶ 〈표 3-4〉 ASIL 결정(ISO 26262-3:2018 Table 4)

ASIL을 결정하기 위해 추가 보충 설명으로 ASIL이 높은 등급으로 설명한다. ACU로 설명한다. 〈표 3-5〉는 초급 과정에서는 HARA의 설명을 위해 예제를 도입한 것으로 현재는 위험원을 HAZOP(HAZard OPeration)의 기법을 사용하여 식별하고, 위험원의 기본 단위가 되는 S, E, C의 근거 증빙 내용을 구체적으로 표에 삽입한다.

기능	위험원		잠재영향	ASIL
	ID	설명		
ACC	ACC 1	원하지 않는 급 가속에 의해 운전자의 차량 제어 불가능. 차선 이탈은 보행자/물체에 충돌 사고 유발	가속〉 2 m/s²	B
ACC	ACC 2	생명 위협 부상. 앞 차량의 뒷부분 추돌 위험	운전자 개입 없으면 최대 속도 도달	B
ACC	ACC 3	앞 차량의 뒷부분 추돌 리스크	목표 속도까지 도달 지연	QM
ACC	ACC 4	다른 차량이 뒤따를 시는 다른 차량에 의한 뒷부분 추돌	최악: 브레이크의 간섭으로 정지 시까지 감속	C
ACC	ACC 5	접근 차량 또는 측면 장애물이 있으면서 곡선도로를 최대 속도로 주행 시 불안전에 가까움. 불완전한 상태의 차선 이탈은 추돌 위험	원하지 않는 급속 감속	B
ACC	ACC 6	길을 건너는 보행자에 극 저속으로 접근할 때 운전자는 브레이크나 클러치 페달을 밟지 않음	원하지 않는 가속	A

▶ 〈표 3-5〉 위험원 분석 결과 예

위에서 예로 들은 에너지 저장 장치 조정기에 대한 심각도를 분류해 보면 차량 속도 15km/h 이하에서 에너지가 방출되면 최악의 경우는 폭발될 수 있어 운전자나 주위에 있는 사람들의 생명에 치명적인 영향을 미치게 되므로 S3로 분류된다. 노출 가능성은 차량의 속도가 15km/h 이하인 경우는 전체 운전시간 중에 통계를 조사해 보면 1%~10% 정도로 노출 가능성은 중간 정도인 E3에 해당한다. 제어 가능성은 운전자나 주위의 사람들이 전혀 예상하지 못한 상태에서 발생하므로 제어가 가능하지 않아 C3가 된다. 심각도, 노출 가능성 및 제어 가능성을 고려하여 위험 사고에 대한 ASIL 등급은 C에 해당하므로 ASIL C 등급을 부여한다.

하나의 위험원에 대해서도 운용 시나리오가 다르면 별도로 분석을 하여 각각의 시나리오에 따른 분석을 통해 ASIL을 할당하게 된다. 예를 들면, 〈표 3-6〉과 같이 하나의 위험원에 대하여 동작 환경이 달라지면 노출 가능성, 제어 가능성, 심각도가 달라지게 되고, 이에 따른 ASIL 등급 부여가 다르게 된다. 모든 시나리오의 위험 사고에 식별 ID를 부여하고 위험 사고에 대한 ASIL을 결정한다.

위험원	시나리오	노출 확률	제어 가능성	심각도	ASIL
방향 전환 기능 상실	모든 운전 상황(SC1)	E4	C3	S3	ASIL D
	고속 운전 중(SC2)	E4	C3	S3	ASIL D
	폭우 시 고속 운전(SC3)	E3	C3	S3	ASIL C
	... (SCn)				

▶ 〈표 3-6〉 시나리오에 따른 ASIL 할당 예

안전 목표의 결정

ASIL이 할당된 모든 위험 경우(시나리오)에 대하여 ASIL 등급과 함께 안전 목표를 결정하는데, 안전 목표가 유사한 경우는 결합하여 하나의 안전 목표로 결정할 수 있다. 하나의 안전 목표로 결합하는 경우에 하나의 안전 목표에 할당하는 ASIL 등급은 최상위 등급이 된다.

예1) 안전 목표의 결정: 위에서 설명한 에너지 저장 장치의 위험 사고는 "차량 속도 15km/h 이하일 때 에너지의 방출"로 식별되고, 안전 목표는 "차량 속도 15km/h 이하일 때 에너지 방출 금지"이다.

예2) 안전 목표의 결정: 전자식 파워 스티어링(EPS) 지원 기능을 위한 HARA의 예를 SAE J2980 부록 C3에서 차량 수준 리스크에 매핑된 EPS 기능의 오작동 동작을 식별하기 위한 HAZOP 분석을 위해 〈표 3-7〉을 참조 제공한다. 일부 EPS 오작동, 결과적인 차량 수준 리스크 및 관련 ASIL은 부록 C4 〈표 3-8〉에 예시되어 있다. 조향 기능의 완전한 HARA가 아니라, 지침의 EPS 기능에 대한 기능안전 리스크의 하위 집합을 나타낸다는 점에 주목해야 하며, EPS 기능은 운전자가 차량을 조향하는데 필요한 노력을 줄이면서 차량 방향을 제어할 수 있도록 도와준다. 이 시스템은 스티어링휠에서 운전자의 의도를 측정하고 다른 차량 입력을 사용하여 스티어링 토크 보조 기능을 제공한다. 이 분석 범위를 위해, EPS 시스템에는 전자식 파워스티어링 보조 기능이 없을 때 운전자가 차량을 조종할 수 있도록 도와주는 기계적 스티어링 연결부가 있는 것으로 가정한다.

시스템 기능 vs. HAZOP 가이드워드	기능상실	잘못된 활성화 (요청 이상)			의도하지 않은 활성화 (아무것도 요청되지 않은 경우)	출력 값이 고착 (필요한대로 업데이트하지 못함)
		잘못된 활성화 (요청 이상)	잘못된 활성화 (요청된 것보다 작음)	잘못된 활성화 (반대 방향으로 활성화)		
스티어링 어시스트	스티어링 어시스트 기능상실	과도한 스티어링 보조장치	스티어링 보조 기능 감소	후진 스티어링 보조 (요청된 방향보다 반대 방향으로 회전)	의도하지 않은 스티어링 어시스트	잠긴 스티어링

▶ 〈표 3-7〉 전자식 파워 스티어링 보조 기능을 위한 HAZOP 분석(SAE J 2980 Table C-1)

Hazard ID	기능	오작동	차량 레벨 리스크	추정 (가정)	리스크 상세설명	최악의 사고 가능성을 고려한 잠재적 사고 시나리오	ASIL 평가							의견 또는 고려사항 (해당하는 경우)
							S	Rationale	E	Rationale	C	Rationale	ASIL	
Hazard #1 스티어링	스티어링 어시스트	의도하지 않은 스티어링 어시스트	의도하지 않은 차량 횡 방향 동작/ 의도하지 않은 기울임	No	운전자 요청이 없을 때 스티어링 시스템이 토크 작동을 예상치 못하게 한다.	운전자가 상황을 제어하기 전에 차량이 예정된 경로/차선을 출발하여 다가오는 트래픽 또는 인접 트래픽 또는 노변 물체와 충돌할 수 있다. 스티어링에서 의도치 않은 기울어진 시점이 발생할 경우 차량의 제어력 상실이 발생할 수 있다.	3	고속도로 속도 차량충돌 또는 물체와의 충돌	4	매일 도시 도로, 고속도로, 자유로에 노출	3	대부분의 운전자는 이 상황을 제어할 수 없다.	D	이 리스크는 조향 토크 또는 각도 제어 기능에 적용될 수 있다. ASIL은 차량 및 교정과 제어 장애 예약의 크기에 따라 낮아질 수 있다.
		후진 스티어링 보조			스티어링 시스템은 운전자의 요청에 반대 방향으로 토크 작동을 제공한다.									
Hazard #2 스티어링	스티어링 어시스트	과도한 스티어링 보조장치 (어시스트)	의도하지 않은 차량 횡 방향 동작/ 의도하지 않은 기울임	None	스티어링 시스템은 설계 의도보다 더 많은 스티어링 지원을 제공한다. 스티어링 시스템은 정상보다 가벼운 느낌이 들지만 운전자 요청과 같은 방향으로 반응한다.	고속 주행 시 고속도로 차선 변경 시 보조 기능이 증가하면 운전자가 스티어링 오버 슈트를 일으킬 수 있다. 운전자가 상황을 제어하기 전에 차량이 예정된 경로/차선을 출발하여 다가오는 트래픽 또는 인접 트래픽 또는 노변 물체와 충돌할 수 있다.	3	고속도로 속도 차량충돌 또는 물체와의 충돌	4	매일 도시 도로, 고속도로, 자유로에 노출	1	단순하게 지배 가능	B	이 리스크는 스티어링 보조 컨트롤 기능에만 적용된다. ASIL은 차량 및 교정과 제어 장애의 크기에 따라 낮아질 수 있다.

▶ 〈표 3-8〉 전자식 파워스티어링 보조 기능의 HARA 분석 예(SAE J 2980 Table C-3)

예3) 안전 목표의 결합: EPB(Electric Parking Brake)를 장착한 차량

위험원: 의도하지 않은 파킹 브레이크의 활성화.

위험원 분석과 리스크 평가를 통한 결과는 〈표 3-9〉와 같다. 고장 모드나 위험원이 같다고 할지라도 상황에 따라 위험 사건 및 예상 결과가 다르고 부여된 ASIL 등급도 다르다. 그러나 안전 목표는 '차량 이동 시 운전자 요구 없는 파킹 기능 활성화 방지'로 동일하다. 이 경우 안전 목표는 결합하고 안전 목표에 부여하는 ASIL 은 높은 ASIL이 된다.

고장 모드	위험원	상황	위험 사건	예상 결과	ASIL	안전 목표	안전상태
의도하지 않는 주차 브레이크 활성	예상치 못한 감속	고속 또는 회전 또는 저마찰 도로	고속 또는 회전 또는 저마찰 도로에서 예상치 못한 감속	차량 안전성 상실	높은 ASIL	차량 이동 시 운전자 요구 없이 파킹 기능 활성화 방지	EPB 불능화
의도하지 않는 주차 브레이크 활성	예상치 못한 감속	중속이며 고 마찰 도로	중속, 고 마찰도로에서 예상치 못한 감속	후속 차량의 뒤쪽 충돌	낮은 ASIL	차량 이동 시 운전자 요구 없이 파킹 기능 활성화 방지	EPB 불능화

▶ 〈표 3-9〉 같은 위험원에 다른 상황에 대한 안전 목표(ISO 26262-10:2018 Table 1)

ISO 26262:2018는 트럭과 버스와 같은 상용차에도 적용하게 되어 있다. 특히 HARA를 트럭과 버스에 적용할 때는 일반 승용차와 다른데 특히 심각도, 노출 가능성, 제어성 등에서 차이가 있다. 이러한 차이에 대한 정의는 Annex에서 정의하고 있는데 뒷부분에서 각 항목의 분류에 대해 기술한다.

검증

ISO 26262의 요구는 모든 안전 활동이 수행된 후에는 검증 과정을 ISO 26262-8:2018, 9절에 따라 수행하는 것이다. 위험원 분석과 리스크 평가를 완료하고 안전 목표가 결정되면 분석 및 평가와 안전 목표를 검증한다.

검증할 때 다음과 같은 점을 중점적으로 확인한다.

◎ 동작 환경과 위험원 식별이 적절한가?

◎ 아이템 정의에 부합하는가?

◎ 다른 아이템의 위험원 분석 및 리스크 평가와 일치하는가?

◎ 모든 리스크 시나리오가 식별되었는가?

◎ 부여된 ASIL과 해당 리스크 시나리오와 안전 목표가 일치하는가?

제3절 기능안전 개념

(Functional Safety Concept)

기능안전 개념 단계에서는 3장 2절(위험원 분석 및 리스크 평가)에서 설정한 안전 목표가 침해되지 않도록 하는 안전 대책을 포함한 기능안전 요구사항을 작성하여 아이템의 아키텍처에 할당한다. 물론 모든 활동에 대해서는 검증 활동을 ISO26262-8:2018, 9절에 따라 시행하여야 한다. 본 활동에서는 아이템의 정의, HARA 결과보고서와 안전 활동이 아닌 기능 설계의 결과물인 개괄적 아키텍처 설계서가 필요하다.(〈그림 3-6〉 참조)

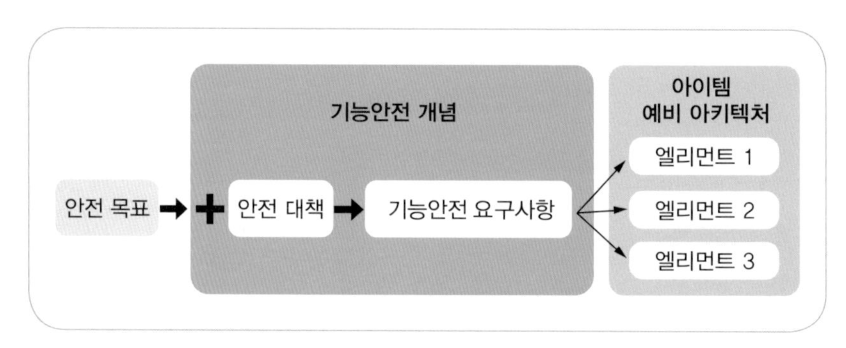

▶ 〈그림 3-6〉 기능안전 개념 활동

이 단계에서 가장 중점을 두는 것은 안전 목표가 침해되지 않도록 안전 대책을 수립하여 기능안전 요구사항을 작성하는 것으로, 기능안전 요구사항을 작성할 때 고려하는 안전 대책으로는 〈그림 3-7〉에 나타낸 것과 같이 기술적 안전 대책과 성능 디그레이드 및 경고 대책이 있으며, 아이템 외부 대책과 타 기술 엘리먼트 활용 대책이 있다.

도출된 기능안전 요구사항은 아이템의 아키텍처의 엘리먼트에 할당하게 되는데 아이템의 예비 아키텍처는 〈그림 3-8〉과 같이 기능적인 엘리먼트로 구성된 것이다. 기능안전 요구사항을 할당하기 위해서는 아이템 아키텍처에 필요한 안전 대책을 추가해 아키텍처를 구성하여 기능안전 요구사항을 할당해야 한다. 즉 계속적인 업데이트를 통해 모든 기능안전 요구사항이 구현되어 안전 목표를 침해하지 않도록 하여야 한다. 필요한 경우는 정성적 안전 분석을 통해 안전 목표가 침해되지 않는다는 증거를 확보하여야 한다.

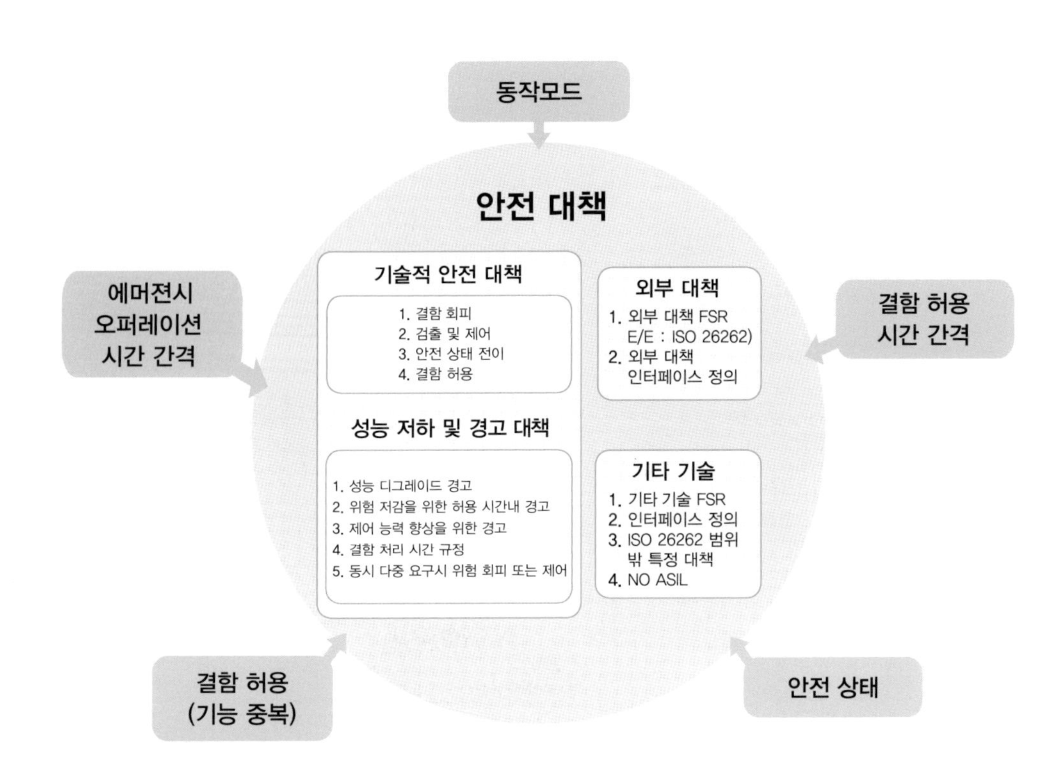

▶ 〈그림 3-7〉 기능안전 요구사항의 안전 대책

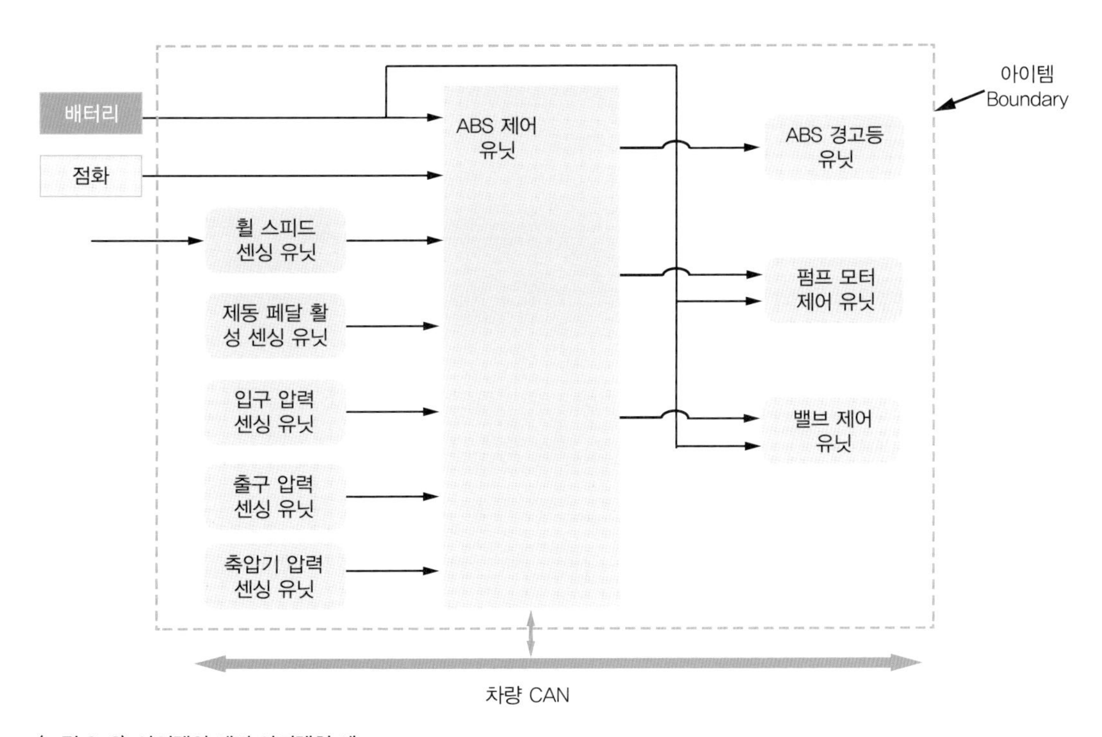

▶ 〈그림 3-8〉 아이템의 예비 아키텍처 예

안전 목표와 기능안전 요구사항의 관계는 〈그림 3-9〉와 같은 계층적 구조를 갖는데, 그림에 나타낸 것과 같이 하나의 안전 목표에 대해 다수의 기능안전 요구사항이 있을 수 있고 하나의 기능안전 요구사항이 여러 안전 목표를 커버할 수 있다. 그러나 하나의 안전 목표에 대해서는 최소한 하나의 기능안전 요구사항이 도출되어야 한다.

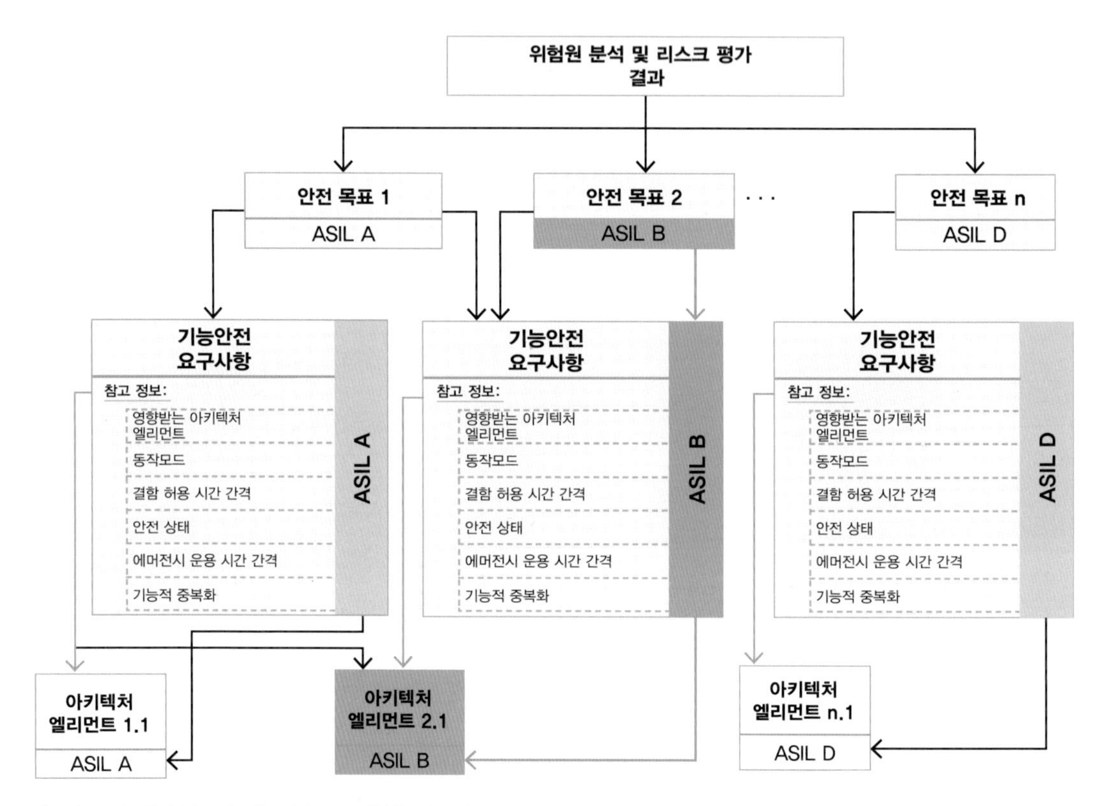

▶ 〈그림 3-9〉 안전 목표와 기능안전 요구사항을 시스템 엘리먼트에 ASIL 할당

기능안전 요구사항의 작성 예는 〈표 3-10〉과 같이 도출된 기능안전 요구사항은 안전 목표에 할당된 ASIL 등급에서 승계한다. 엘리먼트의 ASIL 등급은 할당된 여러 기능안전 요구사항의 ASIL 등급 중 가장 높은 ASIL 등급이 할당된다. 기능안전 요구사항의 작성에서 중요하게 결정되어야 할 것은 차량의 운행 중에 일어나는 결함 허용 시간, 즉 동작 처리 시간을 규정하는 것이다. 여기서 결정된 결함 허용 시간은 할당된 엘리먼트에 허용되는 시간으로 규정되어 기술적 안전 요구 규격이나 하드웨어, 소프트웨어의 기능안전 요구사항에 적절하게 배분되어 할당되어야 한다.

식별자	FSR	관련 안전 목표	허용 결함 시간	할당 엘리먼트	ASIL
FSR 1	외부 CAN에 받은 결함 메시지는 감지되어야 함	모든 목표	100ms	CG	C
…	…	…	…	…	…
FSR n	결정 유닛은 정면 거리 신호 데이터 = CollisionNotImminet 일 경우는 회피 스트어링을 결정하면 안됨 (충돌 리스크 없음일 경우)	SG2	100ms	A4	A(C)
FSR n+1	결정 유닛은 고속도로 신호 = NotOnHighway일 경우는 회피 스티어링을 결정하면 안됨.	SG4	100ms	A4	A(C)
FSR n+2	감속 결정 유닛은 정면 거리 신호데이터 = CollisionNotImminet 일 경우는 회피 스트어링을 결정하면 안됨 (충돌 리스크 없음일 경우)	SG2	100ms	B4	B(C)
…	…	…	…	…	…

▶ 〈표 3-10〉 기능안전 요구사항 작성 예

검증

기능안전 요구사항이 도출되면 이것이 적절한지를 검증하여야 하는데 검증에서 중점을 두어야 하는 부분은 안전 목표와의 일치성과 만족성, 위험원을 회피하고 완화시키는 능력(Capability)이다.

기능안전 요구사항에 대한 반복적 안전 분석을 통해 검증이 되는 것으로 최종적으로 안전이 확인되면 기능안전 개념에 대한 보고서도 안전 목표의 달성과 위험원을 회피하는 능력 두 가지 측면을 중점적으로 고려하여 작성되어야 한다.

제4절 심각성, 노출 가능성, 제어 가능성에 대한 예

(Annex B)

심각도 분류				
설명	S0	S1	S2	S3
	부상자 없음	가벼운 부상, 경상	중상(생명 유지)	치명적 중상
예	- 보호벽과 충돌 - 길가 기둥 밀기 - 주차장 진·출입손상 - 충돌이나 전복 없이 도로 이탈	- 초저속으로 좁은 폭의 고정된 물체와 충돌 - 초저속으로 다른 차량과 앞/뒤 충돌 - 운전자 영역의 변형 없는 앞차와 정면 충돌	- 저속으로 좁은 폭의 고정된 물체와 측면 충돌 - 저속으로 다른 차량과 앞/뒤 충돌 - 저속에서 보행자/자전거사고	- 중속으로 좁은 폭의 고정된 물체와 측면 충돌 - 중속으로 다른 차량과 앞/뒤 충돌 - 운전자 영역의 변형된 앞차와 정면 충돌

▶ 〈표 3-11〉 심각도 분류 예(ISO 26262-3 Table B.1)

노출도 분류				
설명	E1	E2	E3	E4
	매우 낮은 가능성	낮은 가능성	중간 가능성	높은 가능성
도로 배치 예		- 시골길 교차로 - 고속도로 출구	- 일방 통행로	- 고속도로 - 시골길
도로 표면 예		- 도로에 눈과 빙판 - 길에 미끄러운 낙엽	- 젖은 노면	-
차량 정지상태 예	- 점프 스타트 중차량 - 수리점에 있는 차량	- 트레일러 부착됨 - 루프 랙 부착 - 재 급유 중 차량	- 언덕길의 차량	-
운전 예	- 엔진 끈 채 언덕길 내려가기		- 복잡한 교통	- 가속 - 감속 - 교통 신호에 정지(시내) - 차선 변경(고속도로)

▶ 〈표 3-12〉 운용 환경에서 기간에 관한 노출 가능성 분류 예(ISO 26262-3 Table B.2)

노출도 분류				
설명	E1	E2	E3	E4
	매우 낮은 가능성	낮은 가능성	중간 가능성	높은 가능성
상황 주기 예	대부분의 운전자가 일 년에 한 번 마주칠 확률	대부분의 운전자가 일 년에 몇 번 정도 마주 칠 확률	평균 운전자가 월에 한 번 또는 더 자주 마주 칠 확률	평균적으로 모든 운전 중에 만날 확률
도로 레이아웃 예	–	안전하지 않은 가파른 경사의 산길	–	–
노면 예	–	눈길과 빙판길	– 젖은 도로	–
차량 정지상태 예	– 정지되고, 재시동 필요(철길건널목) – 견인되는 차량	– 루프 랙 부착	– 재 급유 중 차량 – 언덕에서의 차량 (hill hold)	–
운전 예	–	– 원하는 길에서 떠나는 회피 운전	– 추월	– 기어변경 – 회전(운전대) – 표시등 사용 – 운전 준비 중

▶ 〈표 3-13〉 운용 환경 중에서 주기에 관한 노출 가능성 분류의 예(ISO 26262-3 Table B.3)

트럭 및 버스에 대한 심각성, 노출 가능성, 제어 가능성 예

T&B(버스 트럭)의 분류 및 표에서 약자의 설명

- Long Haul(LH): 장거리 상품 이동
- Distribution(DI): 상품의 배달
- Vocational(VO): 특정 작업 기능을 수행 (예, 덤프트럭, 레미콘, 청소차 등)
- City Bus(CB): 시내 및 시외버스
- Interurban Bus(IB): 고속버스
- Coach(CO): 장거리 여행용

		운용 중 노출 가능성 분류			
		E1	E2	E3	E4
설명		매우 낮음	낮음	중간	높음
기간(평균 운용 시간의 %)		규정 없음	〈1%	1% ~ 10%	10% 이상
예	Drive in reverse	–	LH, CB, CO, IB	DI, VO	–
	다른 T&B를 낮은 속도 차로 추월	LH, DI, VO, CO, IB	–	–	–
	트레일러 부착 운전	–	–	DI, CO, IB	LH, VO
	트레일러 부착 안 한 반 트레일러 트랙터		LH, DI, VO	–	–
	건설 현장의 운전	LH	DI		VO
	급경사	LH, CB	DI, CO, IB	VO	–
	버스 정류장 정차	–	–	CO	CB, IB
	버스 정류장 인입, 출차	–	CO	CB, IB	

▶ 〈표 3-14〉 버스와 트럭의 운행 중 노출 가능성 분류(ISO 26262-3 Table B.4)

		운용 중 노출 가능성 분류			
		E1	E2	E3	E4
설명		매우 낮음	낮음	중간	높음
상황의 주		대부분의 운전자가 년 1회 정도	대부분의 운전자가 년 몇 회 정도	평균, 운전자가 한 달에 한 번 이상	평균적으로 모든 운전중에 발생
예	Drive in reverse			CB	LH, DI, VO, CO, IB
	다른 T&B를 낮은 속도 차로 추월			LH, DI, VO, CO, IB	
	트레일러 부착 운전			DI, CO, IB	LH, VO
	트레일러 부착 안 한 반 트레일러 트랙터		DI, VO	LH	
	건설 현장의 운전	LH	DI		VO
	급경사	LH, CB	DI, CO, IB		VO
	버스 정류장 정차/진입/출발				CB, CO, IB

▶ 〈표 3-15〉 버스와 트럭 운전 중 노출 가능성 분류(ISO 26262-3 Table B.5)

	제어도 분류			
	C0	C1	C2	C3
설명	대부분 제어 가능	간단 제어	정상 제어	제어 어려움/불가능
운전 요소와 시나리오	대부분 제어 가능	평균 운전자 또는 교통 참여자의 99%가 회피 가능	평균 운전자 또는 교통 참여자의 90% ~ 99%가 회피 가능	평균 운전자 또는 교통 참여자의 90% 이하가 회피 가능
운전 주의 빼앗김 예	주행 경로 유지			
안전 운전과 관련 없는 ADAS 없음	주행 경로 유지			
운전 중 의도하지 창문 닫힘	–	창문에서 팔 뺌		
정지에서 가속 중 운전대의 잠김		차량의 감속 또는 정지를 위한 브레이크		
긴급 제동에서 ABS 실패			주행 경로 유지	
높은 측면 가속에서 Propulsion 실패			주행 경로 유지	
출입구에 승객이 있는 상태에서 부주의한 버스 문 개방			버스 추락 방지를 위해 손잡이 잡기	
브레이크 고장				주행 경로의 물체 회피 위한 기동
고속 주행 중 에어백 전개				주행 경로 유지, 차량 감소/정지 위해 브레이크
브레이크 중 트레일러의 과도한 요동				운전자의 반대 방향 회전과 브레이크
운전자가 없는 높은 자동화 기능				주행 경로를 위한 시도 없음

▶ 〈표 3-16〉 운전자나 리스크에 처한 사람의 위험 사건 제어 가능성(ISO 26262-3 Table B.6

자율주행 안전성 확보를 위한
ISO 26262 자동차 기능안전 실행 가이드

제 4 장 시스템 레벨 제품 개발

Product Development at the System Level

ISO 26262 Part 4에서 4-5는 일반 사항으로 시스템 레벨에서의 안전 활동 일반에 대하여 기술하고 있고, 4-6은 기술 안전 개념으로 시스템 레벨에서 행해지는 설계와 이에 대한 안전 활동에 대한 것이다. 4-7은 시스템과 아이템의 통합과 시험에 대한 것으로, 엘리먼트가 개발되어 최종적으로 하드웨어 소프트웨어 통합, 시스템 통합, 차량 수준의 통합과 통합 단계마다 시험 및 검증을 규정한다. 4-8은 안전 타당성 확인으로, 개발 완료된 시스템 또는 아이템이 차량에 장착되어 안전 목표를 달성하고 기능안전 요구사항과 기술 안전 요구사항이 적절하다는 것을 확인하기 위한 것이다. 4-5~4-8의 연계성을 그림으로 나타내면 〈그림 4-1〉과 같다.

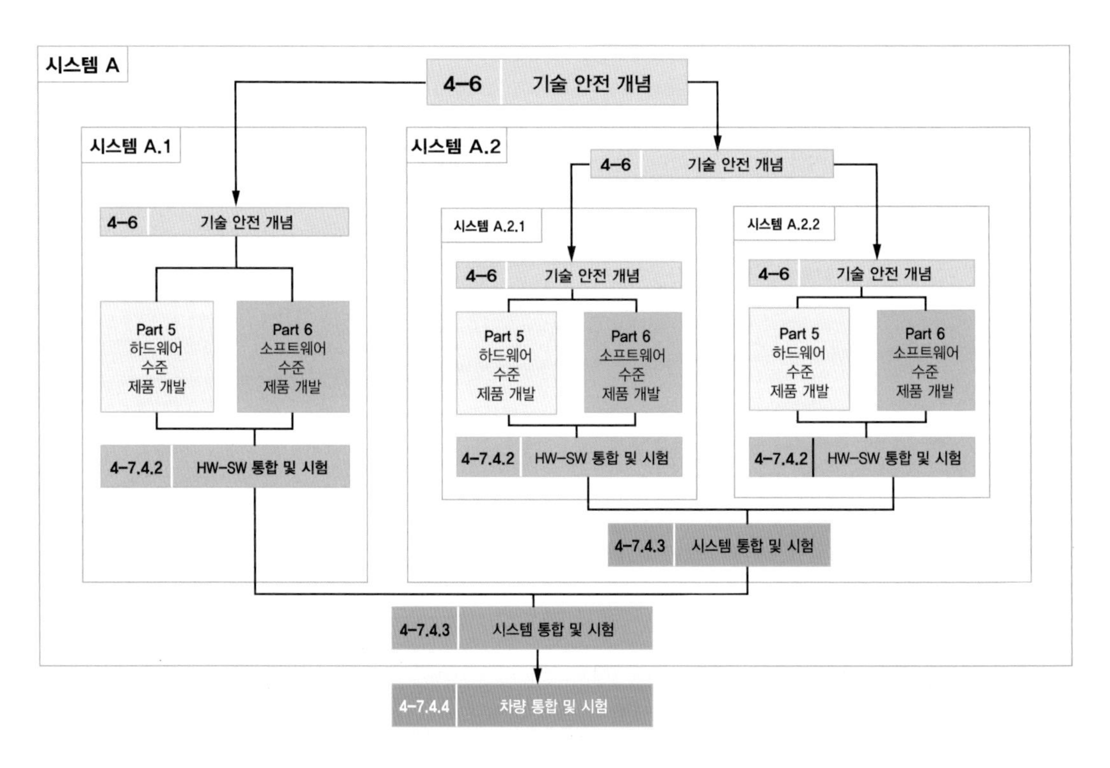

▶ 〈그림 4-1〉 시스템 레벨 제품 개발의 예(ISO 26262-4 Figure 3)

제1절 기술 안전 개념

(TSC: Technical Safety Concept)

기술 안전 개념(TSC)은 기능안전 요구사항(FSR)을 만족하는 기술 안전 요구사항(TSR: Technical Safety Requirements)을 도출하고 이에 합당한 시스템 아키텍처를 설계하는 것이다. 기술 안전 요구사항에 기능안전 요구사항을 만족하게 하기 위해 추가하는 안전 메커니즘은 초기 시스템 아키텍처에 추가되어 시스템 아키텍처를 업데이트한다. 그리고 기술 안전 요구사항을 아키텍처 혹은 엘리먼트에 할당한다.

또한 시스템 아키텍처에 대한 안전 분석을 통해 기능안전 요구사항을 만족시키고 안전 목표를 침해하지 않는지를 확인하여 시스템 아키텍처를 확정한다. 물론 기능안전 요구사항을 만족하지 못하거나 안전 목표를 침해하는 경우에는 시스템 아키텍처를 수정하며, 기술 안전 요구사항도 개선하여야 한다. 이러한 반복적인 과정을 거쳐 기술 안전 요구사항과 시스템 아키텍처를 확정한다.(〈그림 4-2〉 참조)

기술 안전 요구사항에는 안전 요구사항 달성에 영향을 미치는 조건 반응을 규정하고, 기술 안전 요구사항 이외의 기능이나 요구사항이 있으면 이것도 규정한다.

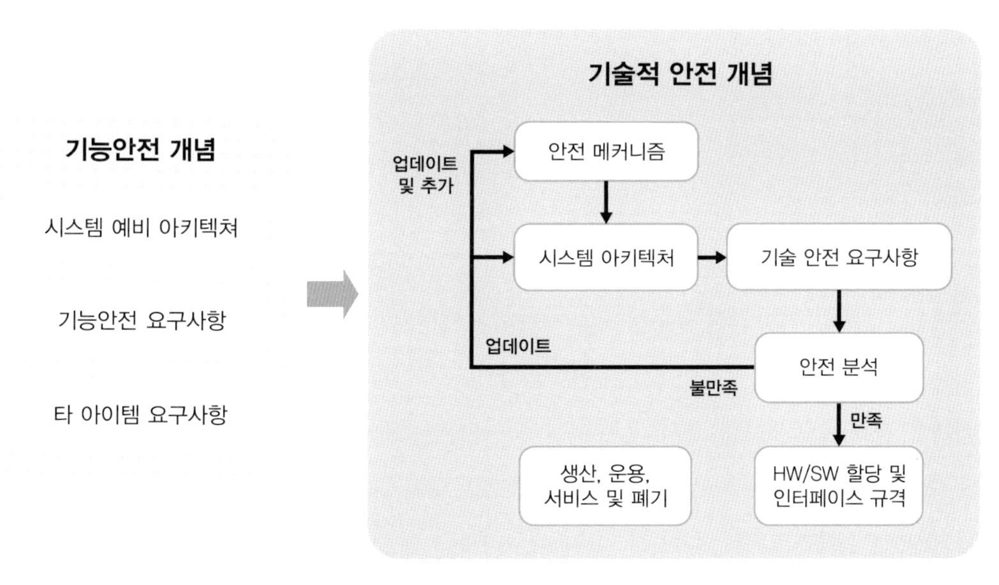

▶ 〈그림 4-2〉 기술 안전 개념 단계의 안전 활동

기술 안전 요구사항을 결정할 때 고려사항으로는 안전 관련되어 타 아이템에 종속되는지와 제약사항, 시스템의 외부 인터페이스 및 시스템 구성 가능성 등이 있다.

이렇게 기술 안전 요구사항을 도출한 예를 〈표 4-1〉에 나타내었는데 표에서 알 수 있듯이 기술 안전 요구사항은 추적성이 보장되어야 하며, 하드웨어 또는 소프트웨어 엘리먼트에 할당되는 것도 표시되어야 한다. 또한 기능안전 요구사항에서 규정한 결함 허용 시간 간격(다음 항 설명 참조)도 전달되어 규정되어야 한다.

식별 번호	기술 안전 요구사항	관련 FSR	처리시간	엘리먼트 할당	ASIL
TSR 1	변수 RAMTestResults를NotSet로 인스턴스화 하여야 한다.	FSR32	100ms	Gateway (SW)	C
TSR 2	변수 ROMTestSesilts를 NotSetfh 인스턴스화 하여야 한다.	FSR32	100ms	Gateway (SW)	C
…	…	…	…	…	…
TSR n	외부의 모든 CAN 메시지는 레지스터 InExternal에 저장하도록 하여야 한다.	FSR32 FSR35 FSR47 …	100ms	마이크로컨트롤러 (HW)	C
…	…	…	…	…	…

▶ 〈표 4-1〉 기술 안전 요구사항(TSR)과 기능안전 요구사항(FSR) 추적성 예

안전 메커니즘

기술 안전 개념에서 사용되는 안전 메커니즘이란 무엇인가?

안전 메커니즘이란 기능안전 요구사항을 침해하는 결함을 감지하거나 시스템의 고장을 회피 또는 완화하는 것을 말하는데, 기술 안전 요구사항에서 규정한다. 〈그림 4-3〉과 같이 기능을 구현하는 시스템에서 결함이 발생하면, 시스템은 고장을 일으키는데 이러한 고장을 방지하기 위해 추가되는 시스템, 하드웨어 혹은 소프트웨어를 말한다. 소프트웨어에서의 고장은 시스템적 고장만 있어 절차에 따른 개발을 통해 방지할 수 있다. 안전 메커니즘은 하드웨어의 랜덤 하드웨어 고장, 즉 운용 중 발생하는 고장에 대한 안전 대책이라 할 수 있다.

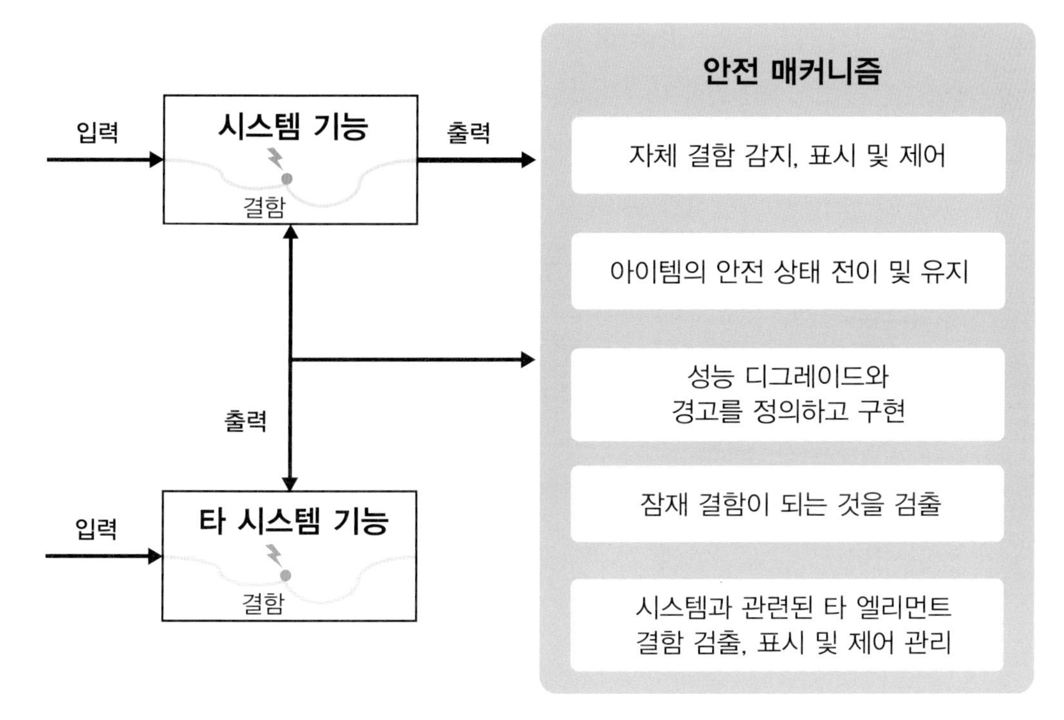

▶ 〈그림 4-3〉 안전 메커니즘의 종류와 역할

안전 상태로 이동하는 안전 메커니즘을 사용하는 경우에는 기술 요구사항에 상태 간의 전이, 할당된 결함 취급시간(FHTI: Fault Handling Time Interval), 필요한 경우에는 비상 운행 시간(EOTT: Emergency Operation Tolerance Time Interval)을 규정한다.

기술 안전 요구사항에 할당된 ASIL 등급에 따라 요구되는 안전 메커니즘의 구현이 다르게 되는데, 상위 등급인 시스템에 발생하는 결함의 종류에 따라 잠재 결함에 대한 대책과 다중 결함에 대한 대책을 수립하여야 한다.

결함 허용 시간(FTTI: Fault Tolerance Time Interval)

자동차에서 사고는 몇 초 순간에 일어나는 경우부터 장시간에 걸쳐 사고로 이어지는 경우가 있으나, 대부분 순간적으로 일어나는 사고가 잦다. 안전 메커니즘이 동작하지 않을 때, 아이템에 결함이 발생하여 위험 사고가 발생하기까지 시간을 정의하여야 그 시간 내에 안전 메커니즘이 동작하도록 하여 사고를 방지한다. 각 시간에 대한 정의는 〈그림 4-4〉와 같으며, 각 시간에 대한 설명은 다음과 같다.

◎ **결함 허용 시간 간격(FTTI: Fault Tolerant Time Interval)**: 안전 메커니즘이 활성화되지 않을 때, 아이템에서 결함의 발생부터 위험 사건의 가능한 발생까지 최소 시간

◎ **결함 반응 시간 간격(FRTI: Fault Reaction Time Interval)**: 결함 검출부터 안전 상태에 도달하거나 에머전시 오퍼레이션에 도달하기까지의 시간

◎ **결함 처리 시간 간격(FHTI: Fault Handling Time Interval)**: 결함 검출 시간 간격과 결함 반응 시간 간격의 합

◎ **결함 검출 시간 간격(FDTI: Fault Detection Time Interval)**: 결함의 발생부터 검출까지의 시간 간격

◎ **에머전시 오퍼레이션 시간 간격(EOTI: Emergency Operation Time Interval)**: 에머전시 오퍼레이션이 유지되는 동안의 시간

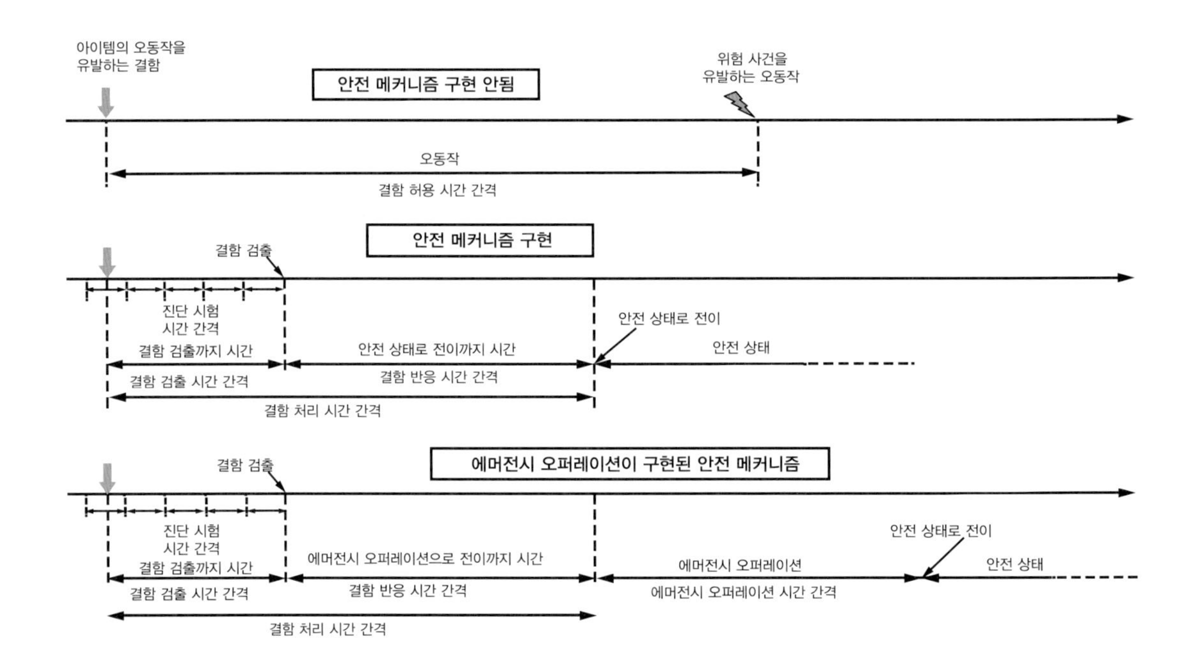

▶ 〈그림 4-4〉 안전 관련 시간 간격(ISO 26262: 2018 Part 1, Figure 5)

시스템 아키텍처와 기술 안전 개념

기술 안전 개념 단계에서의 시스템 아키텍처는 기능안전 개념 단계에서 활용한 예비 시스템 아키텍처와 일관성을 유지하면서 아이템 정의, 기능안전 개념을 기반으로 설계된다. 예비 시스템 아키텍처와 다른 점이 발견되면 기능안전 개념 단계를 반복하여 기능안전 요구사항도 업데이트하여야 한다. 시스템 아키텍처는 기술 안전 요구사항을 구현할 수 있어야 하며, 엘리먼트 간의 내부, 외부 인터페이스를 정의하여 다른 엘리먼트가 안전 관련 엘리먼트에 나쁜 영향을 미치지 않도록 한다.

〈그림 4-5〉는 안전 분석을 통해 안전 목표를 침해하지 않고 ISO 26262에서 정량적으로 규정하는 값을 만족하도록 시스템 아키텍처를 업데이트하는 흐름을 나타낸 것으로, 정성적 분석과 정량적 분석을 통해 요구사항을 만족하여야 한다.

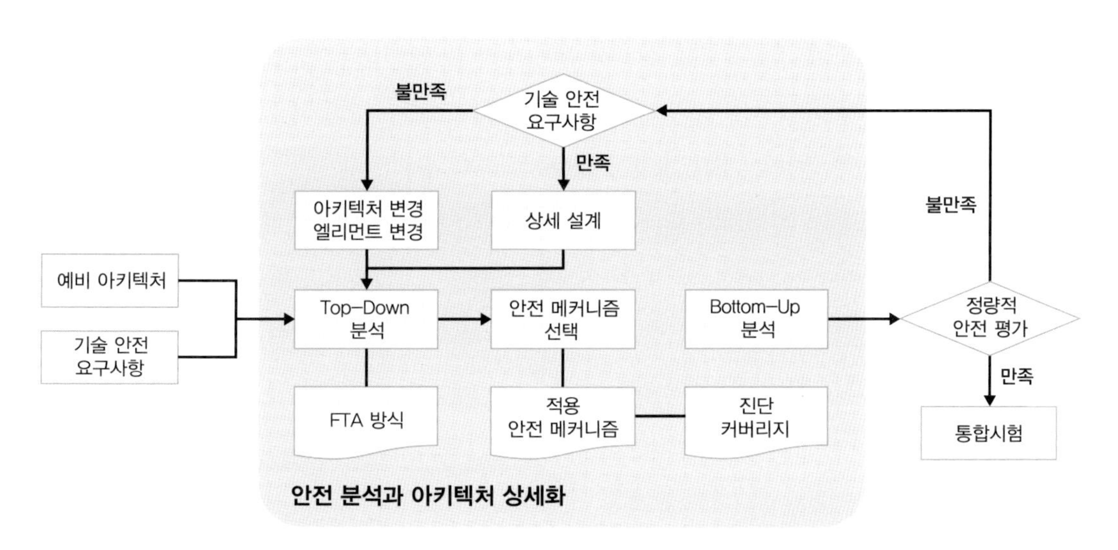

▶ 〈그림 4-5〉 시스템 아키텍처 설계 흐름도

안전 분석 및 랜덤 하드웨어 고장과 대책

시스템 아키텍처의 안전 분석에 사용하는 두 가지 안전 방법은 〈표 4-2〉에 나타낸 것과 같이, 할당된 안전 목표의 ASIL 등급에 따라 분석 방법이 달라진다. ASIL A의 경우는 귀납적 분석법을 적용하고 ASIL B, C 또는 D의 경우는 귀납적 및 연역적 분석 방법을 적용한다.

방법		ASIL			
		A	B	C	D
1	연역적 분석	o	+	++	++
2	귀납적 분석	++	++	++	++

▶ 〈표 4-2〉 시스템 아키텍처 안전 분석 방법 요구사항(ISO 26262-4 Table 1)

안전 분석 방법으로는 FTA나 FMEA가 있는데, 연역적 분석 방법으로는 FTA가 주로 사용되며 Top-Down 방식이고, 귀납적 분석 방법으로는 FMEA가 주로 사용되는데 Bottom-Up 방식이다. 〈그림 4-6〉에 나타낸 것과 같이 FTA는 하나의 위험 사건에서 시작하여 단계별로 원인을 찾아 내려가는 방식으로 안전 분석을 진행하게 되고, FMEA는 원인이 발생할 경우에 일어나는 현상을 상위 단계로 가면서 설명하여 최종적으로 발생할 위험 사건을 찾아내는 방식으로 진행한다. FTA와 FMEA 방법에 대한 상세한 설명은 이 책의 9장 4절에 있다.

시스템 아키텍처 설계에 대한 분석은 정성적 방법만으로도 충분하며, 랜덤 하드웨어 고장 및 시스템적 고장의 원인 및 영향을 확인하기 위해서는 상세한 수준까지 분석을 진행한다.

안전 분석을 통해 식별된 아이템 내부 또는 외부의 고장은 제거되거나, 영향을 완화하여 안전 목표 또는 요구사항을 만족하도록 하여야 한다. 또한 안전 목표에 따라 커버되지 않는 새롭게 식별된 위험원에 대해서는 HARA 분석에 포함하여야 한다.

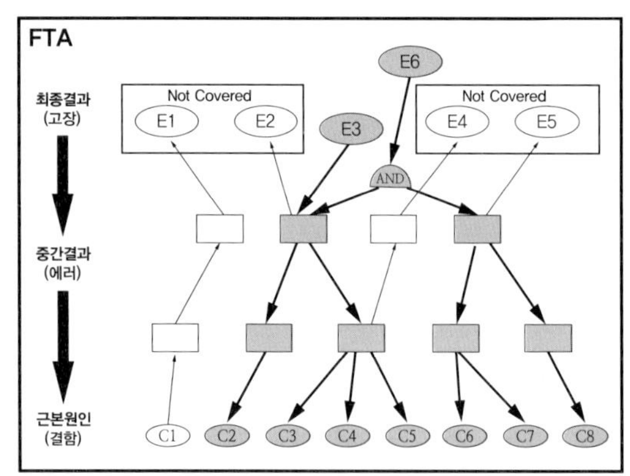

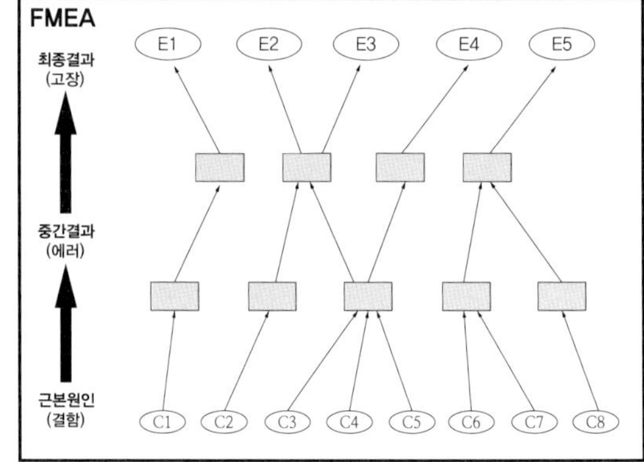

▶ 〈그림 4-6〉 FTA, FMEA 안전 분석 방법

시스템에서 발생할 수 있는 고장의 종류에는 〈그림 4-7〉에 나타낸 것과 같이 개발 프로세스인 설계나 생산 활동 중에 발생하는 시스템적 결함에 의한 시스템적 고장과 사용하는 하드웨어 부품의 열화 및 기타 원인으로 발생하는 랜덤 하드웨어 고장이 있다. 소프트웨어에 의한 고장은 모두 시스템적 고장이며, 랜덤 고장은 하드웨어에서만 발생하므로 랜덤 하드웨어 고장이라 한다. 물론 하드웨어 고장 중에는 시스템적 고장도 있다.

시스템적 고장은 ISO 26262의 프로세스를 준수함으로써 줄일 수 있지만, 하드웨어 랜덤 고장은 별도의 하드웨어 또는 소프트웨어 안전 메커니즘을 통해 안전 목표를 침해하지 않고 기능안전 요구사항을 만족하도록 해야 한다. 랜덤 하드웨어 고장에 대한 안전 대책은 완벽할 수가 없으므로 안전 목표 침해에 대한 산정 방법을 선정하고 이에 대한 목표값을 설정한다. 설정된 목표값을 달성하기 위한 하드웨어 엘리먼트의 고장률이나 안전 메커니즘의 진단 커버리지 등을 규정한다.

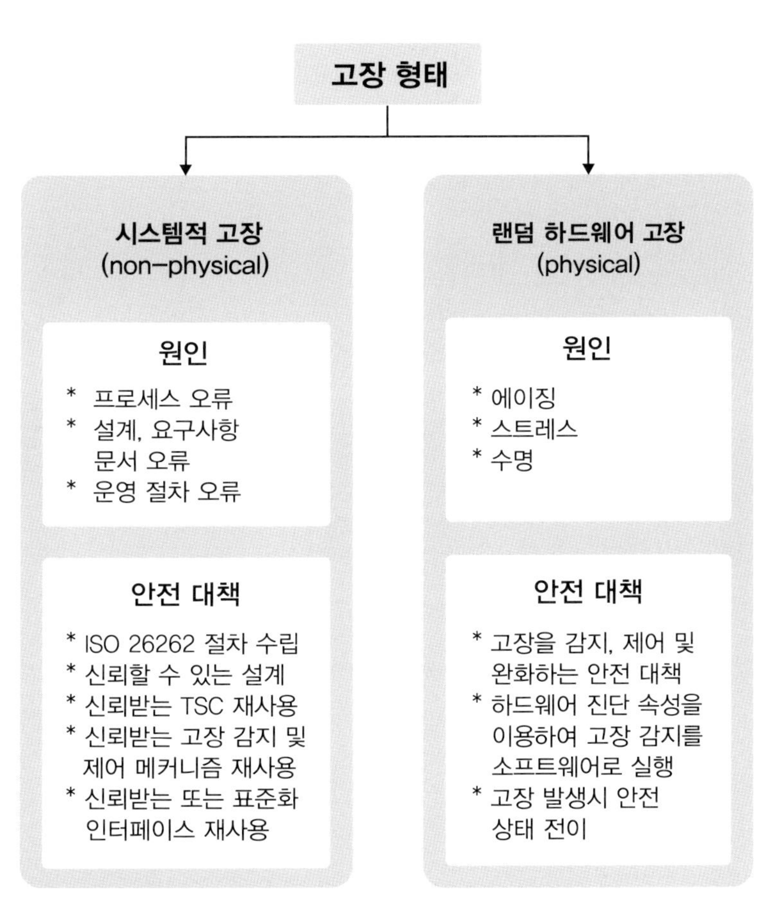

▶ 〈그림 4-7〉 고장의 종류별 원인과 대책

하드웨어와 소프트웨어에 할당(Allocation)

시스템 아키텍처와 기술 안전 요구사항이 확정되면 기술적 구현을 위해 기술 안전 요구사항은 시스템 아키텍처 엘리먼트인 시스템, 하드웨어, 소프트웨어로 나뉘어 할당되는데 각 엘리먼트에 할당하는 ASIL 은 기술 안전 요구사항에 할당된 ASIL을 그대로 상속한다.(<그림 4-8> 참조)

하드웨어를 고객 전용 하드웨어 엘리먼트(ASIC, FPGA 등)로 구현하는 경우는 반도체 개발 프로세스 가이드라인 ISO 26262-11:2018를 준수하여 개발 및 통합한다.

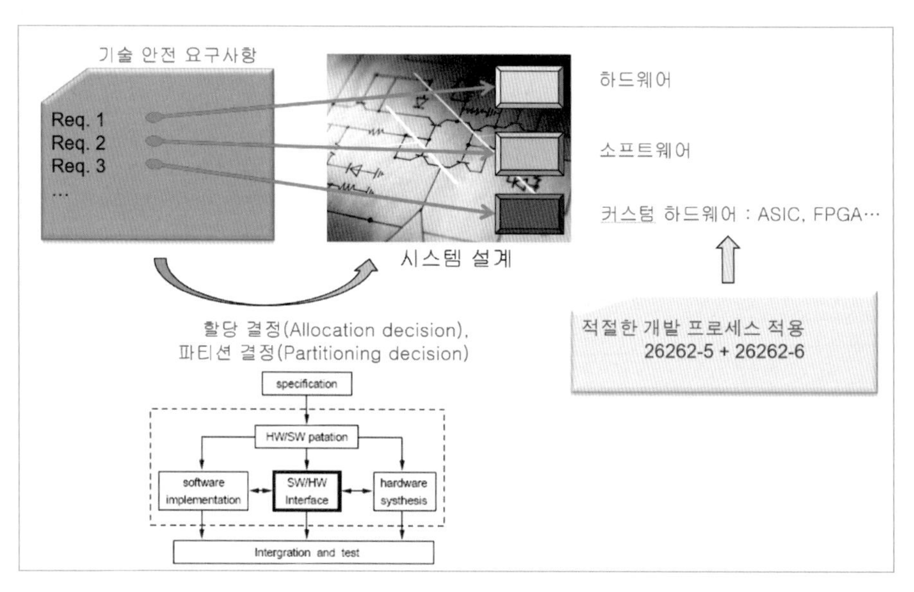

▶ <그림 4-8> 하드웨어 소프트웨어 할당

하드웨어-소프트웨어 인터페이스(HSI) 시방(Specification)

기술 안전 요구개념에 일치하도록 하드웨어와 소프트웨어 간의 상호 동작을 정의하는 것이 HSI(Hardware Software Interface) 시방(Specification)이다. HSI 시방을 처음 규정하는 것은 시스템 개발 단계이지만 Part 5의 하드웨어 개발과 Part 6의 소프트웨어 개발 단계에서 상호 협의를 통해 계속적으로 업데이트가 된다.

<그림 4-9>에 나타낸 것과 같이 HSI를 규정해야 할 것으로는 소프트웨어에 의해 제어되는 하드웨어 파트, 소프트웨어의 실행을 위한 하드웨어 자원 및 하드웨어의 진단 능력과 소프트웨어에 의한 진단 능력 사용이 있다.

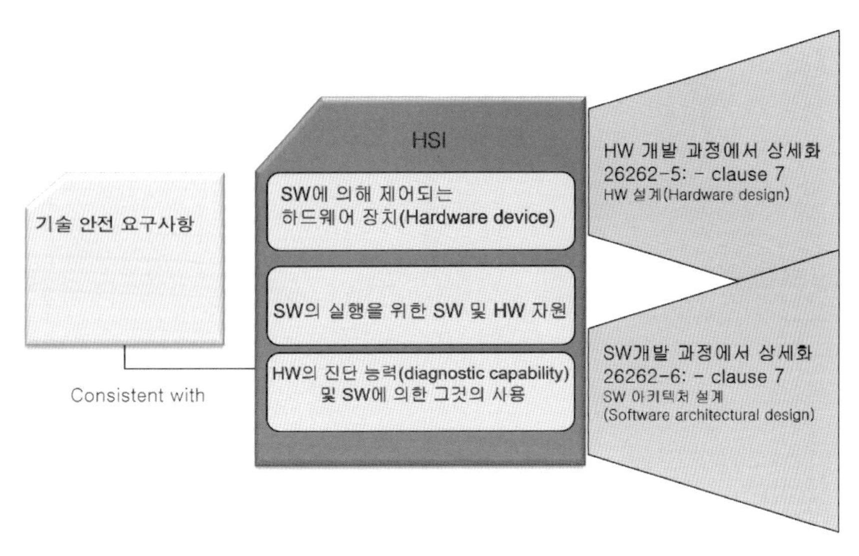

▶ 〈그림 4-9〉 HSI의 상호 작용 개괄도

HSI에 규정할 특성은 다음과 같다

◎ 하드웨어 동작 모드와 구성 파라미터(기본 모드, 초기 모드, 시험 모드 등)

◎ 엘리먼트 간 및 소프트웨어 파티션을 지원하는 하드웨어 기능

◎ 하드웨어 자원의 공유 및 배타적 사용(메모리)

◎ 하드웨어 장치에 대한 접근 방법

◎ 기술 안전 개념에서 도출한 타이밍 제약

◎ 하드웨어 진단 기능 정의(HW 진단 기능이 있을 경우, 예 과전류, 단락 및 과열 감지)

◎ 소프트웨어에서 구현하는 하드웨어 진단 기능(HW 진단 기능이 있을 경우)

생산, 운용, 서비스와 폐기(Production, Operation, Service and Decommissioning)

시스템 개발 단계에서 생산, 운용, 서비스 및 폐기에 대한 시방을 정하는 것은 시스템 아키텍처 설계가 적절하며, 이는 생산과 운용 중에 기능안전이 달성되고 유지된다는 것을 확실히 하기 위한 것이다.

시스템 아키텍처 설계 중에 식별된 생산, 운용, 서비스 및 폐기에 대한 요구사항에 포함되어야 할 것으로는 〈그림 4-10〉에 나타낸 것과 같은 6개 사항이 있다.

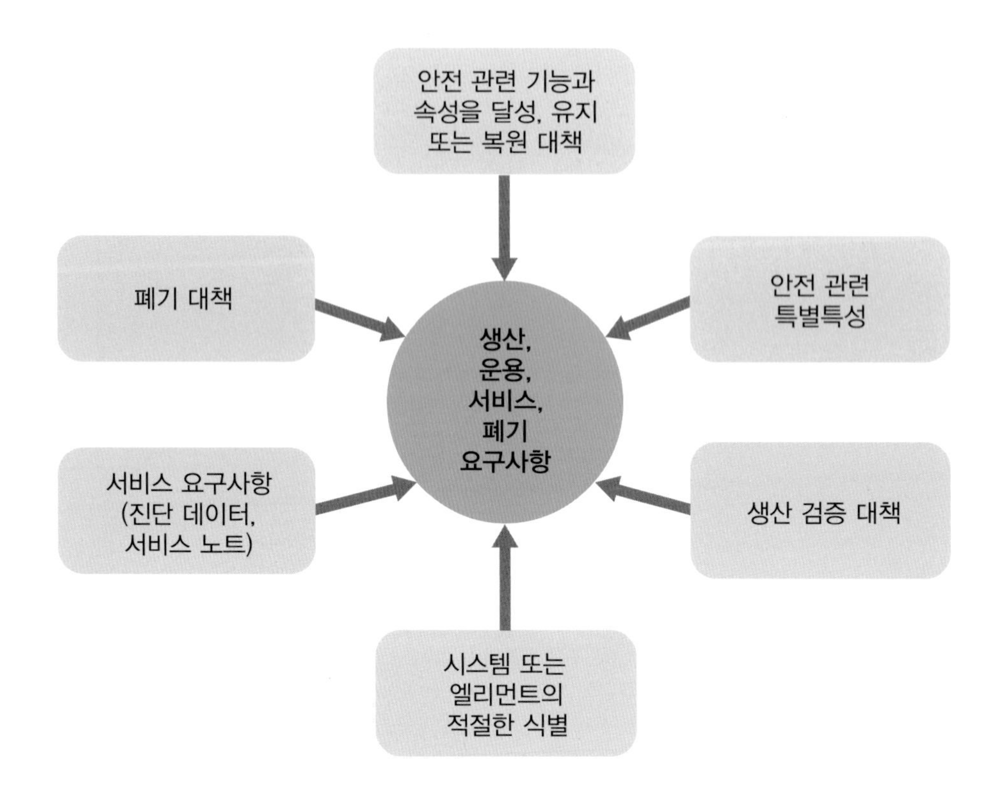

▶ 〈그림 4-10〉 생산, 운용, 서비스 및 폐기 요구사항에 포함될 것

진단 기능은 아이템이나 엘리먼트의 필드 모니터링이 가능하도록 요구되는 데이터를 제공하고, 결함 식별과 서비스 중에 점검할 항목을 통해 기능안전을 복구하거나 유지하기 위해 규정되어야 한다.

검증(Verification)

작성된 기술 안전 요구사항이 정확성, 완전성, 일관성에 대한 증거를 확보하기 위해 ISO 26262-8:2018 6절과 9절에 따라 검증한다. 또한 시스템 아키텍처 설계, HSI 시방(Specification)과 생산, 운영, 서비스 및 폐기에 대한 안전 시방은 〈표 4-3〉에 나타낸 것과 같이 부여된 ASIL 등급에 따라 방법을 선택하여 검증한다. 검증의 목적은 시스템 아키텍처와 기술 안전 요구사항이 일치하는지, 개념 단계에서 수립한 시스템 예비 아키텍처와 일관성을 유지하는지, 부여된 ASIL에 따른 요구사항을 만족하는지 등을 확인하는 것이다.

방법		ASIL			
		A	B	C	D
1a	인스펙션(Inspection)	+	++	++	++
1b	워크 스루(Walkthrough)	++	+	O	O
2a	시뮬레이션	+	+	++	++
2b	시스템 프로토 타입과 차량 시험	+	+	++	++
3	시스템 아키텍처 설계 분석	본 책 〈표 4-2〉 참조			

▶ **〈표 4-3〉 시스템 검증 방법(ISO 26262-4 Table 2)**

제2절 시스템과 아이템 통합 및 시험

(System and Item Integration and Testing)

제1절에서는 시스템 설계에 대해 기술하고 있고 본 절에서는 시스템을 검증하는 V 사이클의 오른쪽에 위치하는 시스템과 아이템 통합 및 시험에 관해 기술한다.

본 안전 활동의 목적은 시스템 통합의 순서를 정하여 그에 따라 시스템 엘리먼트를 통합하고, 시스템 아키텍처의 안전 분석의 결과인 안전 대책을 적절히 구현하며, 통합된 시스템 엘리먼트가 안전 요구사항을 만족한다는 증거를 제공하는 데 있다.

통합의 순서는 〈그림 4-11〉에 나타낸 것과 같이 개발된 하드웨어와 소프트웨어를 결합하여 시험하고 시험이 끝나면 시스템으로 통합하여 시험하고, 마지막으로 차량 수준에서 통합 및 시험을 시행한다.

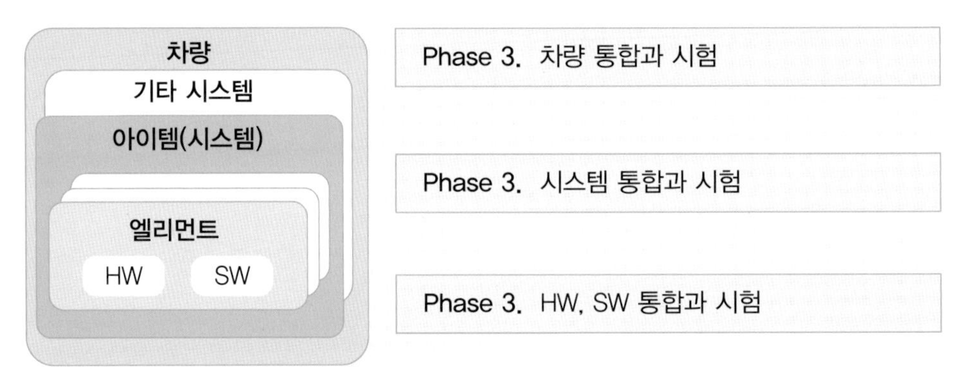

▶ 〈그림 4-11〉 차량, 시스템과 아이템 통합과 시험 흐름도

통합과 시험 전략의 시방(Specification of Integration and Test Strategy)

시스템의 통합과 시험은 시스템 아키텍처가 기능안전 요구사항과 기술 안전 요구사항을 만족하는 증거를 제공하기 위한 목적으로 수행되는데 ISO 26262-8:2018의 9절에 따라 수행한다.

통합과 시험 전략의 시방은 시스템 아키텍처, 기능안전 개념과 기술 안전 개념을 고려하여 정의되는데, 이것은 시험의 목표가 기능안전의 증거를 제공하고, 아이템의 통합과 시험이 안전 개념에 기여한다는 것을 나타내야 한다. 시스템의 구성을 변경할 수 있는 경우에는 실제로 구현되는 구성에 대하여 안전 요구사항을 만족한다는 증거를 제시한다.

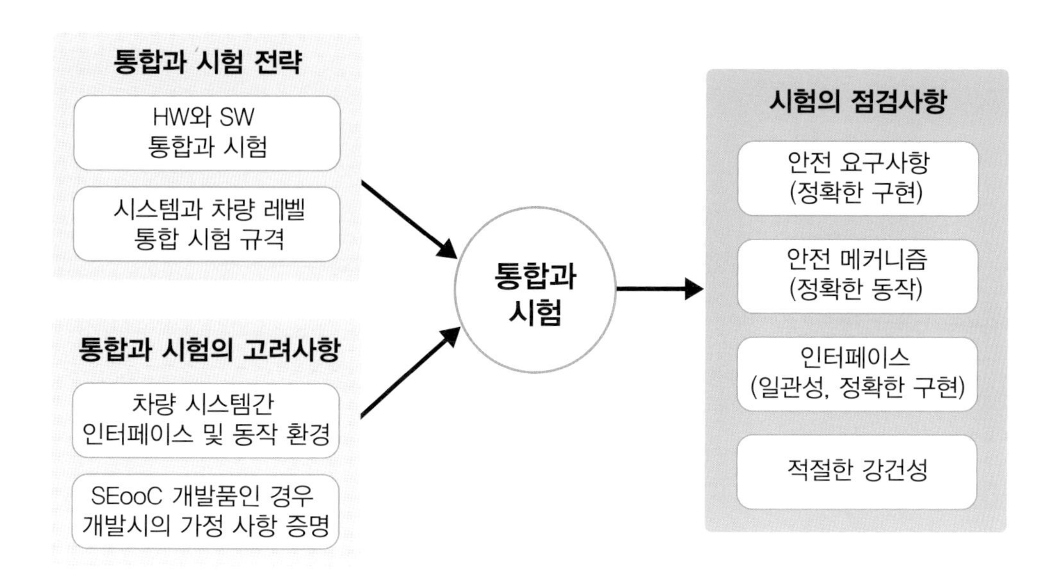

▶ 〈그림 4-12〉 통합과 시험

통합 시험을 위한 테스트 케이스는 ISO 26262-4:2018의 Table 3에 나열된 방법을 조합하여 도출한다.

하드웨어 - 소프트웨어 통합과 시험(Hardware-Software Integration and Testing)

개발된 하드웨어와 소프트웨어는 통합되어 통합 시험의 대상이 되며, 하드웨어 소프트웨어 인터페이스를 포함한 시방을 만족하는지 시험을 통해 검증한다.

통합 시험은 〈그림 4-12〉에 나타낸 검증 사항에 대해 할당된 ASIL 등급에 따라 ISO 26262-4:2018 Table 4~8의 제안된 방법을 사용한다. 하드웨어-소프트웨어 통합 레벨에서는 〈그림 4-12〉에 있는 점검 사항에 안전 메커니즘 효과에 대한 검증을 더해야 한다.

시스템 통합과 시험(System Integration and Testing)

시스템의 각 엘리먼트는 시스템 아키텍처 설계에 따라 통합되고, 시스템 통합 시험 시방에 따라 시험된다. 시스템 레벨에서의 통합 시험은 〈그림 4-12〉의 검증 사항에 대한 것을 할당된 ASIL 등급에 따라 ISO 26262-4:2018, Table 9 ~ 12까지 제안된 방법을 사용한다.

차량 통합과 시험(Vehicle Integration and Testing)

아이템은 차량에 통합되어 차량 통합 시험을 수행하며, 차량 내의 통신 네트워크와 전력 공급 네트워크와 함께 인터페이스 시방 검증 시험을 수행한다. 차량 레벨에서 기능안전 요구사항의 올바른 구현은 ISO 26262-5:2018, Table 13에 나열된 방법을 사용하여 입증한다.

ASIL A, B, C와 D에 대하여 차량 레벨에서 안전 메커니즘의 정확한 기능적 성능과 정확도 및 타이밍, 차량의 내부 및 외부 인터페이스 구현의 일관성 및 정확성, 차량 레벨에서의 견고성 수준은 각각 ISO 26262-4:2018 7절의 Table 14, 15, 16에 나열한 시험 방법을 이용하여 입증한다.

통합 시험 방법

하드웨어-소프트웨어 통합, 시스템 통합, 차량 통합에서의 시험은 다음의 방법들을 활용하여 요구사항이 올바르게 구현되는지, 타이밍 및 내·외부 인터페이스가 올바르게 전달되고 구현되는지 등의 여부를 확인하거나 입증하는 데 사용하는 시험 방법들이다.

아래의 시험 및 검증 방법은 소프트웨어, 하드웨어 단독, 하드웨어-소프트웨어 통합, 시스템 통합, 차량 통합 시험에 사용하는 시험 방법을 개략적으로 설명하고자 한다.

SIL(Software in the Loop)은 설계한 Software/Firmware/Algorithm/Control System에 대해 타깃 프로세서에 배치하기 전에 구현한 코드와 같이 동작하는지 시뮬레이션을 통해 시험하는 방식이다. 실제 하드웨어를 사용하지 않기 때문에 구성하는 데 있어 비용이 크게 필요하지 않으며, 수학적 모델 시뮬레이션을 이용하여 시험을 수행한다. 〈그림 4-13〉과 같이 하드웨어 대신 수학적 모델을 사용하기 때문에, 시험의 높은 정확도를 요구하는 경우에는 모델이 더 복잡할 필요가 있다. SIL는 구현하기 비교적 쉽고 실시간보다 빠르게 검증할 수 있기 때문에 시스템 레벨에서의 결함이나 오류를 발견하는데 손쉬운 방법으로 사용된다.

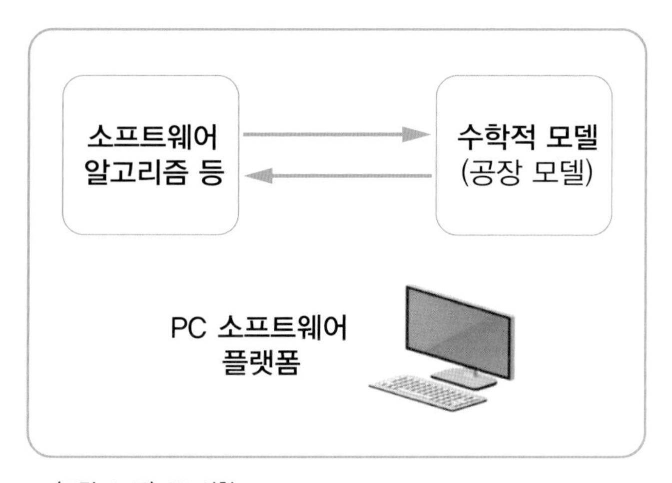

▶ 〈그림 4-13〉 SIL 시험

MIL(Model in the Loop)은 ECU의 어플리케이션 로직 레이어를 시험하는 방법이다. 최근 자동차의 어플리케이션은 모델에 기반해 설계가 되며 설계된 단위 모델 및 통합 모델에 대해 각 입력값의 해상도별 케이스에 2^n 값의 개수만큼 시험 케이스를 적용하여 최종 출력값의 평가를 통해 모델의 정합성을 판별한다.

EIL(ECU in the Loop)은 MIL에서 시험을 통해 검증된 어플리케이션 소프트웨어의 오브젝트 코드를 실제 목표 프로세스에 임베디드하여 컨트롤러 단품으로 시험하는 방법이다. EIL장치는 차량의 전기적인 신호를 모사하도록 구성되어 있으며, 폐쇄 회로로 된 시스템의 경우 최종 액추에이터의 출력값을(전압/전류) 모사하여 ECU에 재전달하는 구성을 이룬다. 이때의 시험 케이스는 MIL 시험을 실행할 때 생성된 시험 케이스를 사용하며 이는 시험의 일관성을 보장하기 위함이다.

HIL(Hardware in the Loop)은 하나 또는 여러 개의 실제 하드웨어 구성품과 실시간으로 동작하는 소프트웨어를 이용하여 설계한 Software/Firmware/Algorithm/Control System이 제대로 동작하는지 시험하는 방식이다. 실제 하드웨어 구성품이 들어가기 때문에 높은 수준의 실시간성을 가져야 한다. 하드웨어 구성품이 들어가지만, 부분적으로만 필요하기 때문에 전체 하드웨어 구성품을 이용하는 시험보다 프로토타입에 손상을 주거나 망가뜨릴 수 있는 시험, 테스트 드라이버에게 위험한 시험 등을 수행하는 데 사용될 수 있다. 시스템의 전기 신호 품질이나 아이템의 동적 행동을 분석하는 데 효과적인 방법으로 사용된다.

HIL 시험은 〈그림 4-14〉와 같이 시뮬레이션이 하나 또는 컴포넌트가 실시간으로 시뮬레이션 되는 컴포넌트들과 상호 작용하는 가운데 제품 개발 사이클에서 사용되는 방법이다.

쉽게 표현하면 완성된 제어기를 실제 환경처럼 테스트하고자 할 때 유용하며 실제 환경에서 테스트하기 불가능(매우 위험하거나 천문학적인 비용이 소요될 때)하거나 어려울 때 손쉽게 테스트 환경을 구축할 수 있다. 예를 들어 센서 신호의 단락이나 액추에이터의 고장 등을 실제 환경에서 테스트하고자 한다면 테스트 엔지니어 혹은 드라이버의 생명을 위협할 수 있다.

HIL시뮬레이션은 자동차 산업에서 전자 장치를 개발하는 과정중에 제어 기능을 시험하는 데 있어 매우 중요하고 핵심적인 부분이 되었으며 제어기를 양산하기 전에 필수적으로 거쳐야 하는 단계이다.

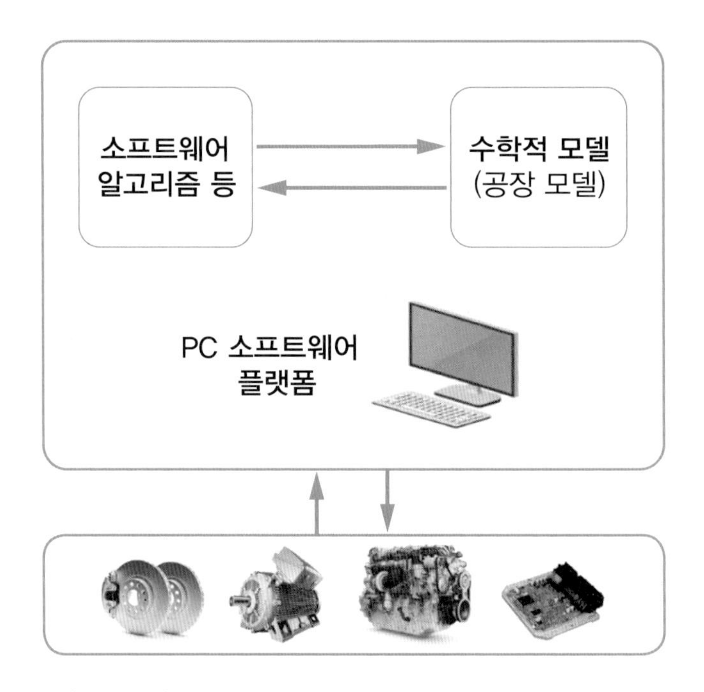

▶ 〈그림 4-14〉 HIL 시험

Lab-rig는 차량의 각종 ECU를 실제 장착하여 각 상황별 ECU들의 동작 상태를 시험하는 실험실 수준의 시뮬레이션 장치이다. 차량이 동적으로 운동하는 상황에 대해서는 100% 시뮬레이션을 할 수는 없으나 호스트 컴퓨터를 통해 각 ECU의 CAN을 통해 차량의 동적 및 정적 상태 값을 전달함으로써 각 ECU가 상황별 동작의 합격 여부 판정을 할 수 있다. 이는 흔히 차량 시험 이전에 실시하는 시험으로 분류할 수 있다.

VIL(Vehicle in the Loop)은 〈그림 4-15〉와 같이 실제 시험 차량과 가상으로 존재하는 외부 환경을 이용하여 설계한 Software/Firmware/Algorithm/Control System에 대해 시험하는 방식이다. 실제 시험 차량과 운전자를 대상으로 시험을 진행하기 때문에 수학적 모델보다 신뢰도가 높다. 또한 가상으로 외부 환경을 구현하기 때문에 실제로 구현하기 어려운 환경에 대해 시험을 할 수 있다는 장점도 가진다. 최근 ADAS(Advanced Driver Assistance System)가 발달함에 따라 이를 검증하기 위한 방법으로 많이 사용되고 있으며, 자율 주행에 대해서도 검증하는데 효과적인 방법으로 사용될 것으로 기대된다.

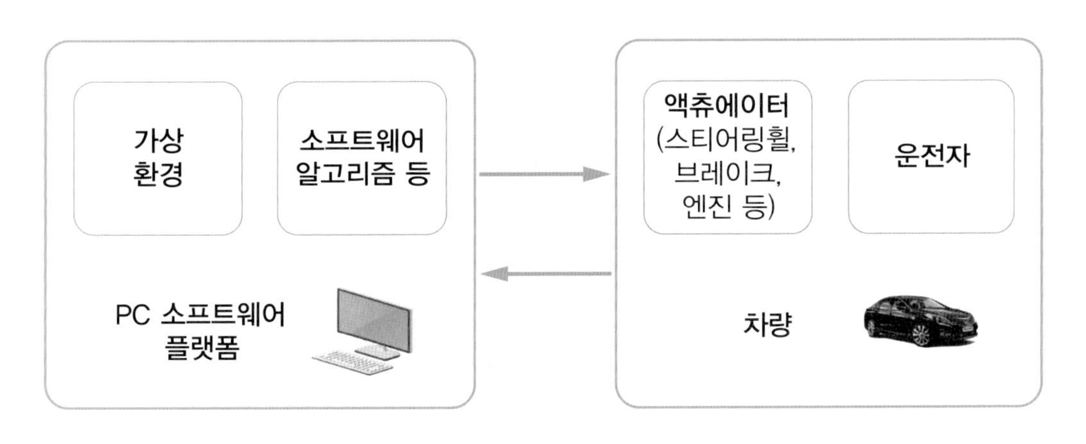

▶ 〈그림 4-15〉 VIL 시험

제3절 안전 타당성 확인

(Safety Validation)

안전 타당성 확인은 구현된 시스템이 올바른 것인지 확인하는 것으로, 검사와 시험에 근거하여 안전 목표를 충분히 달성하고 있다는 것을 확인하는 것이다. 의도된 사용에 대한 적절성의 증거를 제공하고 차량에서 기능안전 목표 달성 여부를 확인하는 것이다.

안전 타당성 확인 환경(Safety Validation Environment)

대표 차량에서의 아이템에 대해 안전 타당성 확인을 하는데 특히 버스와 트럭에서 베이스 차량이 달라지면 별도로 안전 타당성 확인이 진행되어야 한다. 대표 차량이란 차량의 형식과 구성에 기반하여 대표하는 차량을 말한다.

안전 타당성 확인 시방(Specification)

안전 타당성 확인에는 아이템의 구성, 안전 타당성 확인 절차, 시험 케이스, 운전 기동과 승인 기준 및 요구되는 환경 조건을 포함한다.

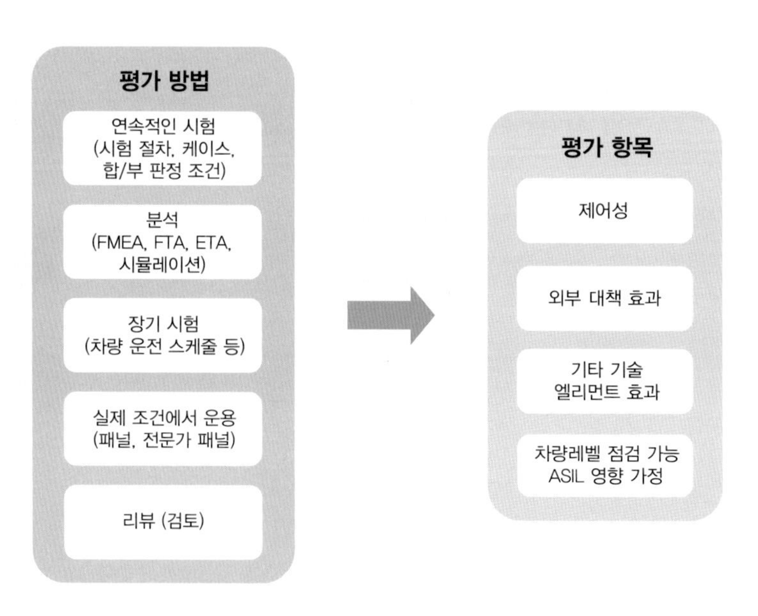

▶ 〈그림 4-16〉 안전 타당성 확인

안전 타당성 확인 실행(Execution of Safety Validation)

차량에 통합된 후 〈그림 4-16〉에 나타낸 것과 같이 왼쪽의 평가 방법을 사용하여 오른쪽의 평가 항목들에 대해 타당성 확인을 수행한다.

평가(Evaluation)

평가의 목적은 구현된 안전 목표가 아이템이 기능안전을 달성한다는 증거를 제공하는 것이므로, 다음의 원칙에 따라서 확인이 되어야 한다.

◎ **일관성(Consistency):** 해당 방법론에서 정한 안전 목표와 요구사항에 대해 일관성 있는 기준 적용. 유사한 제품들에 대해 일관성 있는 기준 적용. 전문가 판단과 시간 경과, 여러 제품에 대한 일관성 있는 기준 적용.

◎ **투명성(Transparency):** 모든 가정을 명확하게 기술하고 문서화 하여야 함. 근거 자료를 명확하게 제시하여야 함. 문서 수정 시 변경 사항을 명확하게 파악하여야 함.

◎ **공정성, 독립성, 이해 상충 방지(Impartiality, Independence and Safeguarding against Conflicts of Interest):** 타당성 확인/검증을 수행하는 인원은 대상 제품과 관련이 없어야 하며, ISO 26262 Part 2에서 요구하는 확인 대책에 따라서 수행되어야 함. 객관적 증빙자료를 토대로 판단을 내려야 함.

◎ **비밀 유지(Confidentiality):** 타당성 확인/검증 수행 시 취득한 모든 정보에 대해 비밀을 유지하여야 함.

제 5 장 하드웨어 수준 제품 개발

Product Development at the Hardware Level

ISO 26262에 따라 제품을 개발할 때 개발자 및 엔지니어들이 혼동하기 쉬운 것은 V 모델에 따른 개발이 일반적인 표준에서 요구하는 프로세스를 규정한다고 생각하는 것이다. 기능안전의 V 모델은 프로세스도 규정하고 있지만, 제품에 대한 요구사항도 정하고 있어 각 활동을 통해 수행된 결과가 산출물로서 실제 제품으로 구현되거나 문서화 되어야 하며, 이에 대한 검토, 검증 및 평가를 통해 제품에 대한 요구사항과 안전성 만족 여부를 확인하게 된다.

하드웨어 레벨의 제품 개발 단계에서 해야 하는 활동으로는 〈그림 5-1〉과 같이 기술 안전 개념(TSC)의 하드웨어적 구현, 잠재 결함과 영향의 분석 및 소프트웨어 개발과의 협력이다.

ISO 26262에서 시스템 레벨 개발은 주로 기술 안전 요구사항의 도출과 세부적인 하위 단계의 개발 및 향후 하위 레벨의 개발이 완료된 후 시스템 레벨에서 진행될 통합과 시험에 대한 요구사항을 기술하고 있다. 그러나 하드웨어 개발에서는 시스템의 기능을 구현하는데 필요한 하드웨어를 직접 물리적으로 개발하는 것으로 시스템 개발 단계의 하드웨어 요구사항 할당과 일부에서는 겹치기도 하지만 개발 단계에서 모든 것을 명확히 하여 혼선이 없도록 기능안전 관리 담당이 업무를 분리해 주어야 한다.

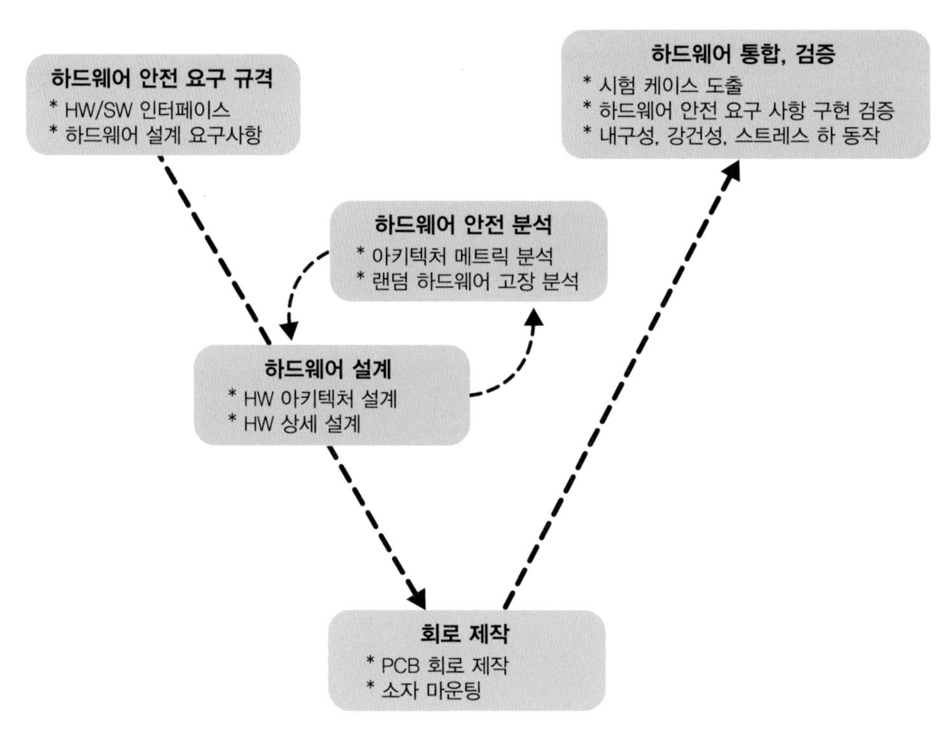

▶ 〈그림 5-1〉 하드웨어 레벨 제품 개발 흐름도

제1절 하드웨어 레벨에서의 제품 개발 개념

ISO 26262:2018 Part 5는 ISO 26262-4:2018에서 도출된 기술 안전 개념(TSC)에서 시작하여 하드웨어 안전 요구사항(HSR: Hardware Safety Requirement)을 도출하고 이것에 따라 하드웨어 제품을 설계하고 설계된 제품을 분석하여 안전 요구사항을 만족하는지를 확인한다. 확인이 완료되고 제품 설계가 안전 요구사항을 만족하면 ISO 26262-7:2018에 따라 제품 생산을 하고 하드웨어의 통합과 검증을 거쳐 상위 단계인 시스템과 아이템 통합과 시험의 단계로 넘어간다.

개념 단계부터 시작한 요구사항 및 설계 검증이 시스템 설계 과정을 거쳐 하드웨어 안전 요구사항이 도출되고, 하드웨어가 설계되어 하드웨어 통합과 검증의 과정을 각 단계별로 연관시킨 것이 〈그림 5-2〉이다. 그림에서 알 수 있듯이 요구사항, 설계 및 검증 단계로 나누어 볼 때 ISO 26262의 Part 3에서 Part 5까지의 흐름을 알 수 있다.

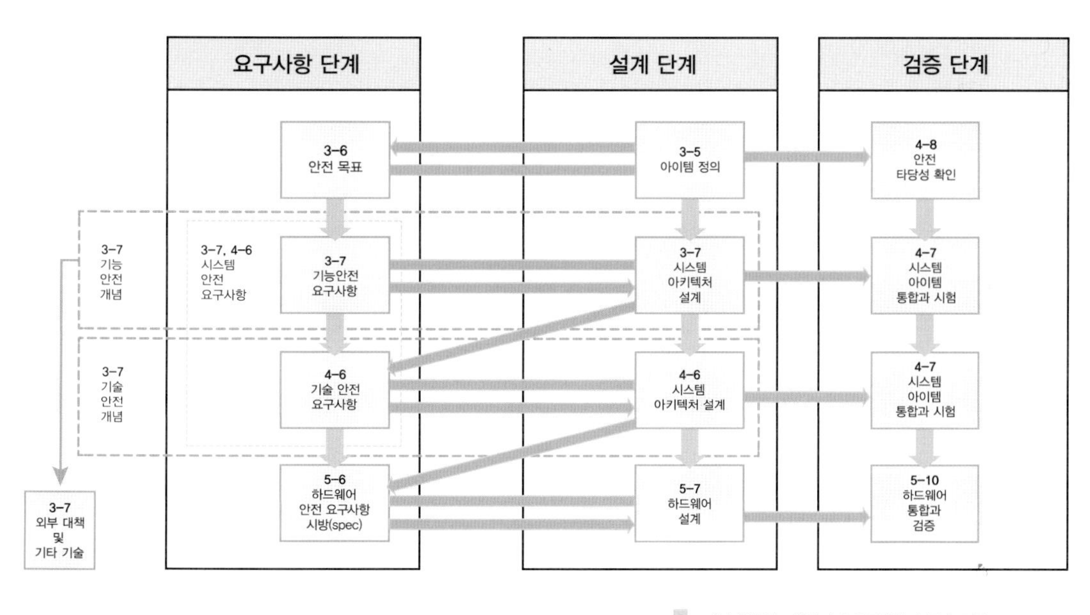

▶ 〈그림 5-2〉 하드웨어에서 안전 요구사항, 제품 개발, 시험 흐름(ISO 26262-10 Figure 8)

제2절 하드웨어 안전 요구사항 시방

(Specification of Hardware Safety Requirements)

하드웨어 안전 요구사항은 ISO 26262-8:2018, 6절(안전 요구사항 관리)의 형식에 따라 규정되어야 하며, 기술 안전 요구사항(TSR)으로부터 할당된 하드웨어는 하드웨어 안전 요구사항(HSR)을 만족하여야 한다.

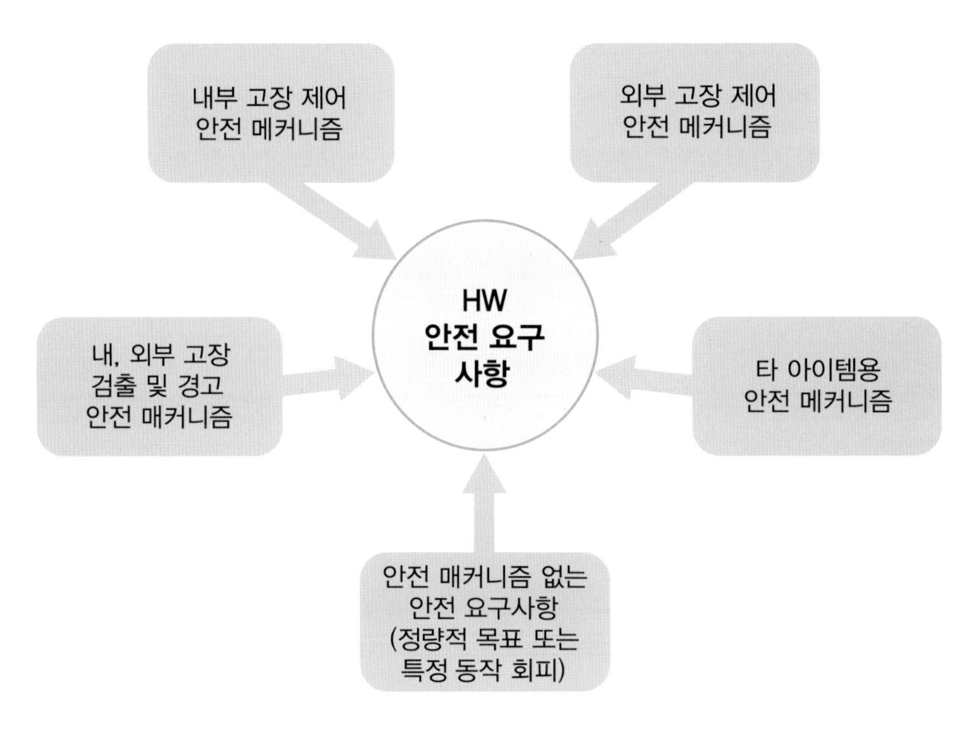

▶ 〈그림 5-3〉 하드웨어 안전 요구사항(HSR)에 포함될 항목

〈그림 5-3〉에 나타낸 것과 같이 하드웨어 안전 요구사항에는 기능안전 요구사항을 만족하기 위해 필요한 것을 규정하게 되는데, 특히 안전 목표를 달성하기 위해 추가되는 안전 메커니즘에 대한 하드웨어 안전 요구사항과 속성을 구체적으로 명시하여야 한다.

시간과 관련하여 규정하여야 할 사항은 결함 허용 시간 간격(FTTI), 결함 검출 시간 간격(FDTI), 결함 취급 시간(FHTI) 등이다. 엘리먼트 내부에 구현되는 안전 메커니즘뿐만 아니라 엘리먼트 외부에 구현되는 안전 메커니즘, 타 엘리먼트의 안전 요구사항을 만족하기 위한 엘리먼트의 안전 메커니즘에 대한 것도 구체적으로 규정한다.

하드웨어 개발에서 중요하게 다루어야 할 부분은 안전 메커니즘과 아키텍처 메트릭 및 랜덤 하드웨어 고장률에 대한 요구사항이다. 특히 ASIL (B), C, D 등급으로 할당된 하드웨어에 대해서는 규정된 값을 만족하여야 한다.(괄호는 권장을 의미함)

하드웨어 안전 요구사항 시방은 ISO 26262-8:2018 9절(검증)에 따라서 검증을 하여 상위 단계의 요구사항인 기술 안전 개념, 시스템 설계 시방, 하드웨어 시방과 일관성 유지를 확인하고, 하드웨어 엘리먼트에 할당된 기술 안전 요구사항의 만족 여부와 관련 소프트웨어 안전 요구사항과 일관성 여부를 확인한다.

하드웨어 안전 요구사항 시방 확정 단계에서 소프트웨어가 정확하게 하드웨어를 제어하도록 HSI(하드웨어-소프트웨어 인터페이스)를 업데이트한다. 소프트웨어와 하드웨어 간의 안전 관련 의존성을 표시하여 어떤 소프트웨어에 의해 하드웨어가 동작하게 되는지를 나타낸다. 물론 이러한 일들은 하드웨어 엔지니어와 소프트웨어 엔지니어의 합심으로 이루어져야 하므로 항상 하드웨어 개발과 소프트웨어 개발이 연결되도록 해야 한다.

제3절 하드웨어 설계

(Hardware Design)

하드웨어 설계에서 다룰 부분은 하드웨어 아키텍처 설계와 상세 설계가 있다. 아키텍처 설계는 모든 하드웨어 엘리먼트, 컴포넌트를 포함한 부품과 상호 연결을 나타내는 것이고, 상세 설계는 하드웨어 소자 간의 연결을 나타내는 전기/전자 계통도이다. 〈그림 5-5 참조〉

하드웨어 아키텍처 설계

하드웨어 아키텍처 설계에서 하드웨어 상세 설계까지 설계 흐름도는 〈그림 5-4〉에 나타낸 것과 같이 시스템 설계 시방과 기술 안전 개념에서 하드웨어에 할당된 하드웨어 안전 요구사항 시방을 기반으로 설계를 하게 된다. 첫 번째 단계에서 구조를 상정하고 이에 대한 고장 데이터를 부여한다. 두 번째는 설계된 구조를 이용하여 정성적 분석을 통해 필요한 안전 메커니즘을 삽입하게 되고, 마지막 단계에서 정량적 분석인 하드웨어 아키텍처 메트릭과 랜덤 하드웨어 고장에 의한 안전 목표 침해를 분석하여 주어진 목표값을 만족하는지 확인한다. 하드웨어 정량적 평가를 만족하면 하드웨어 설계를 확정하지만, 정량적 평가를 만족하지 못하는 경우에는 다시 첫 번째 단계로 돌아가 구조를 변경하여 안전 분석을 수행해 목표값을 만족할 때까지 반복한다. 하드웨어 아키텍처 설계에서 시스템적 에러를 회피하기 위한 방법으로는 아키텍처의 모듈화, 적정한 레벨의 상세함 및 단순함이다.

안전 관련 하드웨어 컴포넌트 고장의 비기능적 원인으로는 온도, 진동, 수분, 먼지, EMI, 잡음 및 타 컴포넌트에서 유기되는 Cross-Talk가 있다. 이러한 영향은 차량 내의 좁은 공간에 탑재되는 아이템에서는 무시할 수 없는 영향을 미치므로 하드웨어 아키텍처 설계에서 고려하여야 한다.

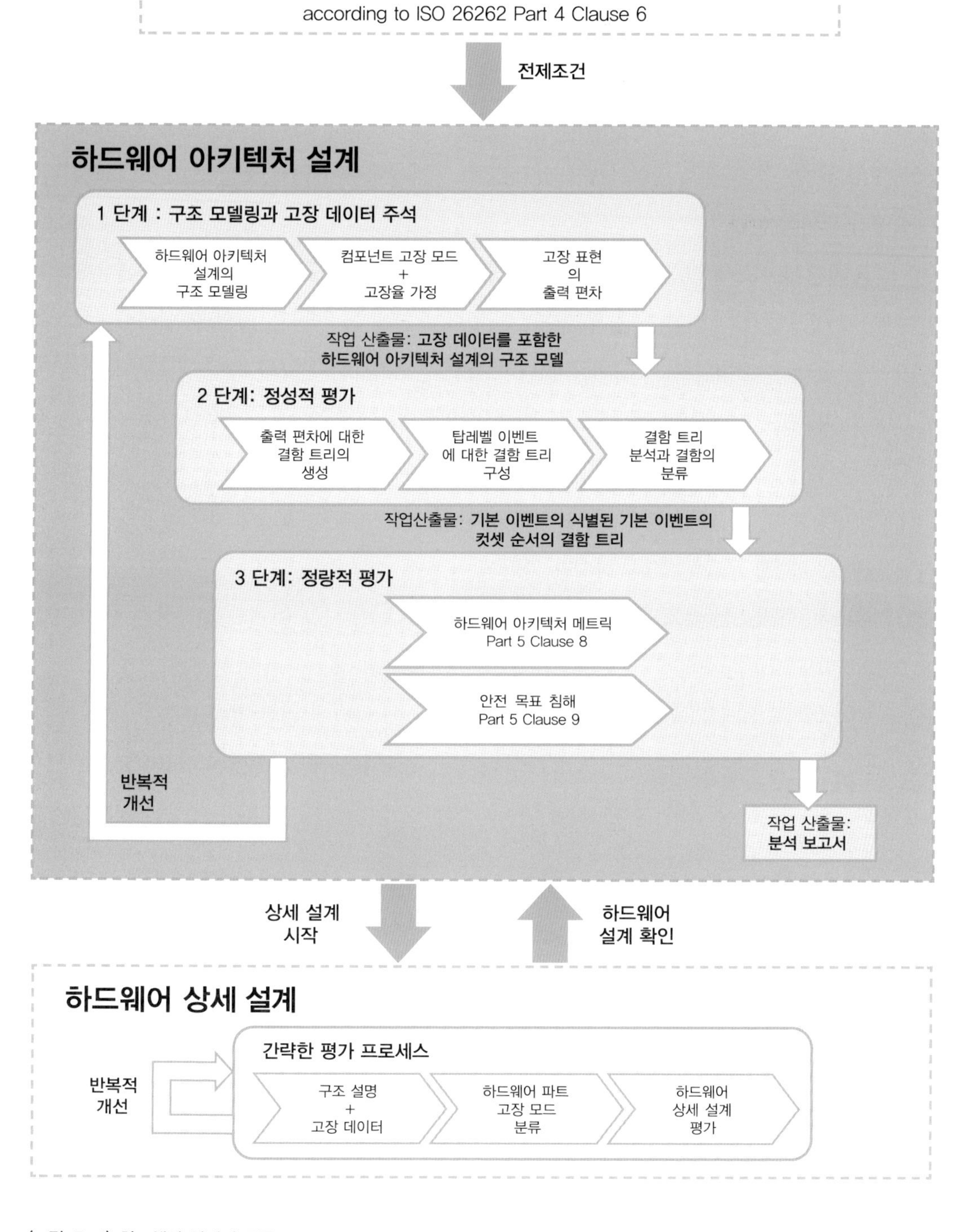

▶ 〈그림 5-4〉 하드웨어 설계의 흐름도

하드웨어 상세 설계

하드웨어 상세 설계에서 중요하게 생각해야 할 것은 아키텍처 설계에서도 언급한 것과 같이 자동차의 동작 온도, 진동 등 외부의 환경 조건이다. 일반 전자 제품의 경우는 동작 온도 범위가 좁지만, 차량용 전자 제품의 경우는 동작 온도 범위가 매우 넓어 이에 따른 기구의 팽창, 반도체의 동작 제한 온도 침해 등 전자 회로 분석과 동등한 정도로 기계적인 사항의 검토를 통해 고장을 견딜 수 있는 설계가 되어야 한다.

예를 들면 차량이 이동할 때는 엔진의 동작에 의해 엔진 룸의 온도는 150도 가까이 혹은 그 이상이며, 차량이 정지 중에는 외부 기온에 그대로 노출되어 겨울 환경에서는 −20도 이하에 놓여질 때가 있으므로 동작 온도 범위는 온도 변화에 대한 팽창도 고려하여야 하며 특히 팽창 수축으로 인한 납땜 부분의 파손도 고려하여야 한다.

진동도 다른 악성 조건 중의 하나로 진동에 의한 하드웨어의 고장은 일반 전자 제품에서는 생각할 수 없는 일이다. 전자 제품의 경우 무게가 적고 공진 주파수가 매우 높아서 차량의 진동에 의한 공진의 영향으로 파괴될 우려는 없다. 하지만 차량의 운행에 의한 진동은 진동 주파수가 낮고 에너지가 크기 때문에, 케이스가 추가되거나 방열판이 추가되거나 하는 등 무게가 증가하기 시작하면 진동에 의한 영향도 고려하여야 한다.

하드웨어 아키텍처 설계와 상세 설계의 예는 〈그림 5-5〉에 나타낸 것과 같이 ISO 26262-5:2018 Annex E의 예에 사용한 회로를 중심으로 나타내었다. 하드웨어 아키텍처에서 블록으로 표시된 것을 실제 회로로 구현하는 것이 상세 설계이며, 최종적으로는 PCB를 이용하여 구현하는 단계까지 이르게 된다.

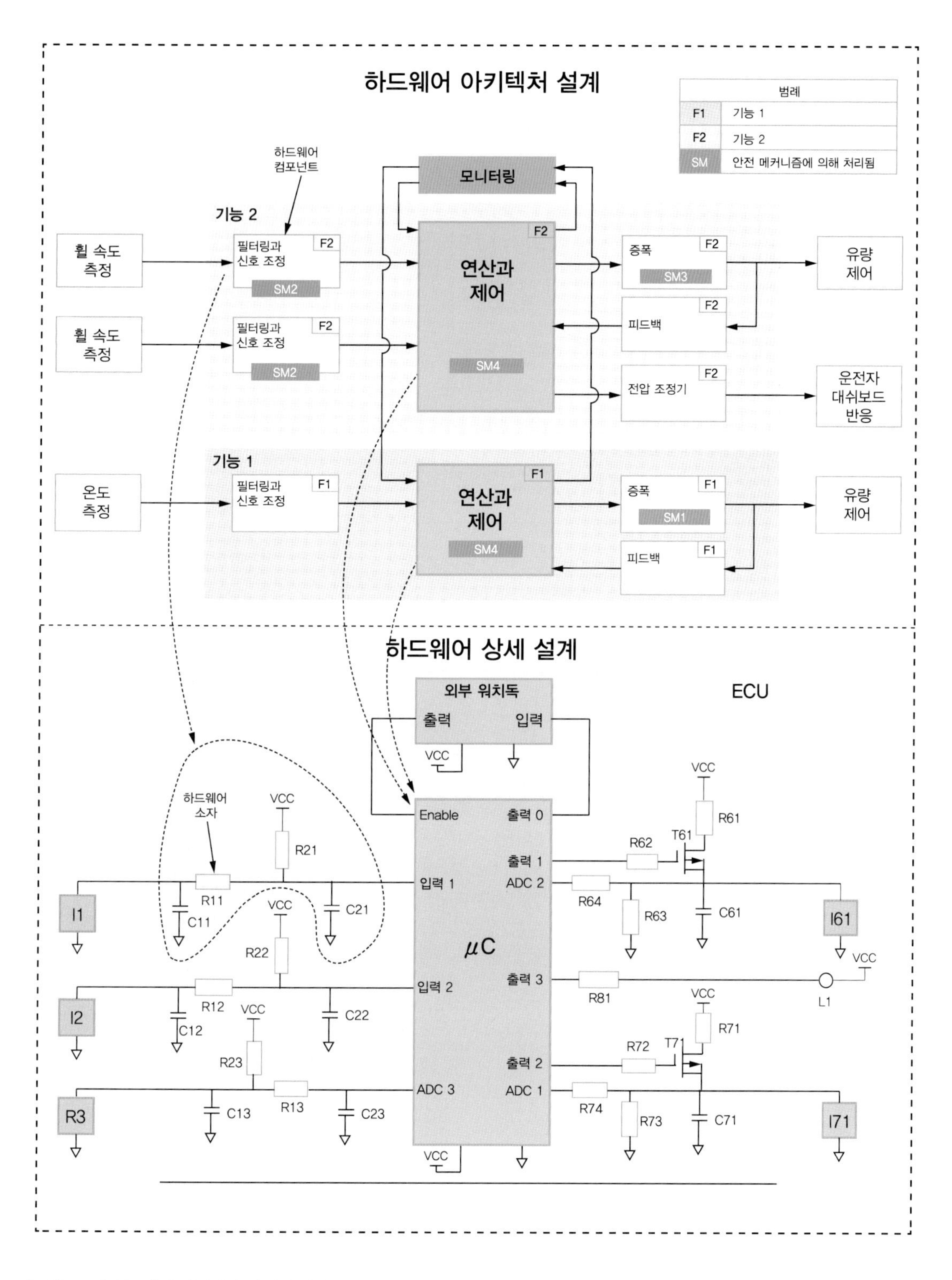

▶ 〈그림 5-5〉 하드웨어 아키텍처 설계와 상세 설계의 예

안전 분석

안전 분석은 하드웨어 설계에서 고장의 원인과 결함의 영향을 파악하기 위해 수행하는데 일반적으로 연역적 분석이나 귀납적 분석을 이용한다. 할당된 ASIL 등급에 따라 요구되는 분석 방법은 〈표 5-1〉과 같다. 하드웨어 설계 시방을 지원하기 위한 안전 분석은 정성적 분석이 적절하고, 정량적 분석을 통하여 하드웨어 아키텍처 메트릭과 PMHF평가를 수행한다. 안전 분석에 대한 기법 및 상세한 사항은 ISO 26262-9의 9절(안전 분석) 및 이 책의 9장의 4절 안전 분석(Safety Analysis)을 참조하면 된다.

방법		ASIL			
		A	B	C	D
1	연역적 분석	o	+	++	++
2	귀납적 분석	++	++	++	++

▶ 〈표 5-1〉 하드웨어 설계 안전 분석(ISO 26262-5 Table 2)

하드웨어 엘리먼트의 고장 모드는 〈그림 5-6〉에 표시한 것과 같이 분류를 할 수 있다. 각 결함에 대해 간략하게 설명한다.

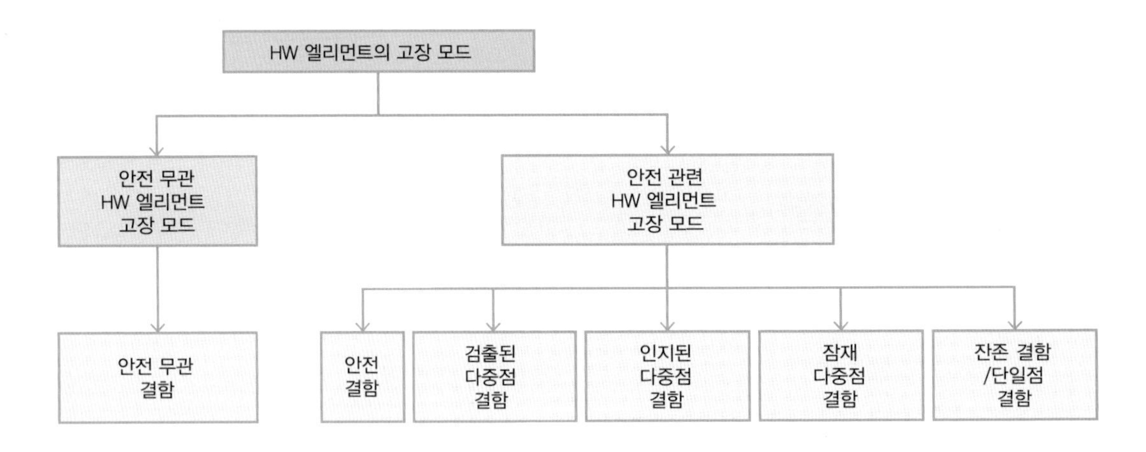

▶ 〈그림 5-6〉 하드웨어 엘리먼트의 고장 모드 분류

◎ **안전 결함(Safe Fault):** 고장을 일으키지 않는 결함으로 〈그림 5-7〉에 나타낸 것과 같이 안전 관련 기능에 결함이 발생하여도 안전 메커니즘 없이 기능은 정상적으로 작동한다.

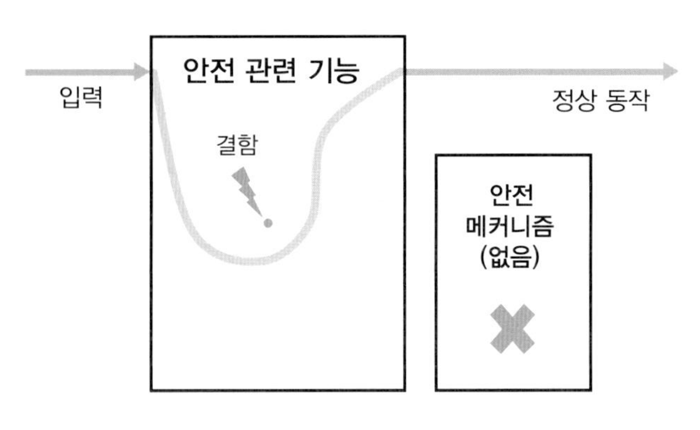

▶ 〈그림 5-7〉 안전 결함

◎ **단일점 결함(Single-Point Fault):** 〈그림 5-8〉과 같이 안전 메커니즘이 없는 상태에서 엘리먼트 내부에서 결함 하나가 발생하여 안전 관련 기능이 정상 동작을 하지 못하고 고장을 일으키는 결함이다.

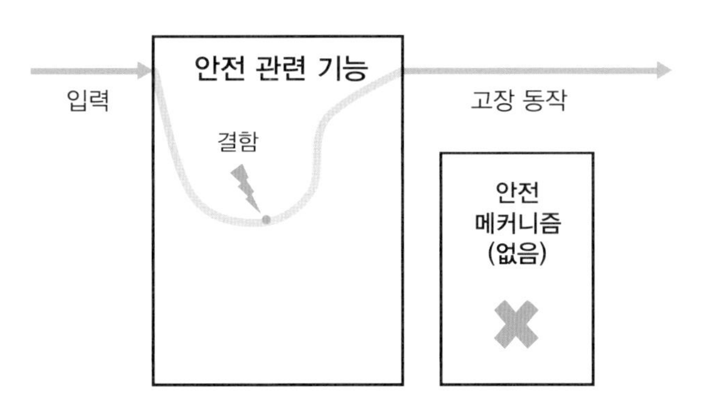

▶ 〈그림 5-8〉 단일점 결함

◎ **잔존 결함(Residual Fault):** 단일점 결함이 발생한 경우 안전 메커니즘에 의해 안전 관련 기능이 정상 동작하지만, 일부 결함에 대해서는 안전 메커니즘이 동작하지 않아 안전 관련 기능이 고장을 일으키는 것으로 〈그림 5-9〉에 나타낸 것과 같다. 안전 메커니즘의 커버리지가 100%가 아니므로 고장이 발생한다.

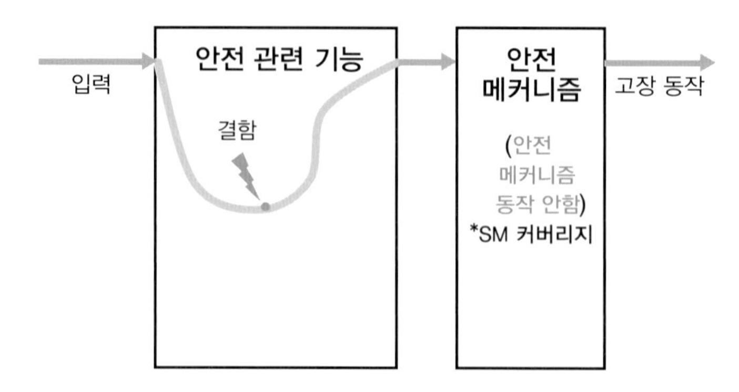

▶ 〈그림 5-9〉 잔존 결함

◎ **다중점 결함(Multiple-Point Fault):** 하나의 결함이 아닌 둘 이상의 결함이 원인이 되어 고장이 발생하는 것을 말하는데 일반적으로 이중점 결함만 고려한다. 다중점 결함은 주로 잠재 결함, 즉, 결함이 발생하였지만 고장을 일으키지 않아 확인이되지 않지만 두 번째 결함이 발생하면 고장을 일으키므로 두 번째 결함을 잠재 결함이라 하며, 이는 안전 평가에서 매우 중요하다. 다중점 결함은 〈그림 5-10〉에 나타낸 것과 같이 안전 관련 기능의 결함이 안전 메커니즘에 의해 커버되어 정상 동작을 하지만 안전 메커니즘에 결함이 발생하면 고장 동작을 일으키는 것과 같은 것을 말한다. 물론 안전 메커니즘이 아닌 안전 관련 기능에서 여러 결함이 발생하여 고장 동작을 하게 되는 것도 다중점 결함 고장이다

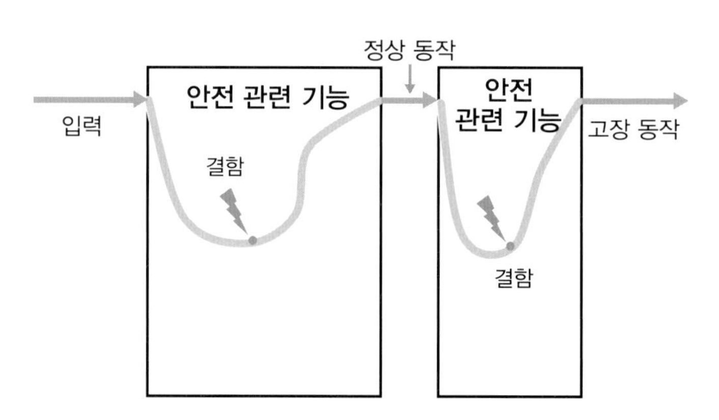

▶ 〈그림 5-10〉 다중점 결함

◎ **잠재 결함(Latent Fault):** 다중점 결함의 특수한 경우이다. 〈그림 5-11〉과 같이 내부에 결함이 발생하여도 안전 메커니즘에 의해 정정되어 출력에는 에러가 없으나, 안전 메커니즘에 결함이 발생하는 경우에는 출력에 에러가 발생하여 고장을 일으키게 된다. 이러한 경우를 잠재 결함이라 하고 일반적으로 안전 메커니즘을 사용하는 경우에는 잠재 결함에 대해 많은 검토를 하여야 한다.

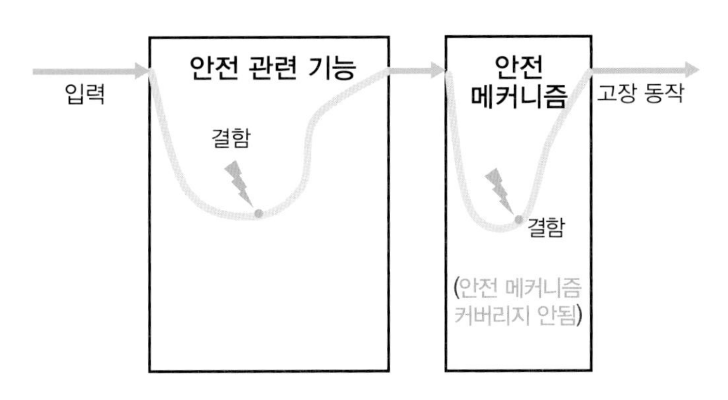

▶ 〈그림 5-11〉 잠재 결함

할당된 ASIL 등급 중 (B), C, D등급은(괄호 안은 권장) 단일점 결함/잔존 결함, 안전 결함, 다중점 결함을 식별하고, 안전 메커니즘이 이러한 결함을 방지하는 데 효과가 있다는 증거가 필요하다. 특히 다중점 결함 발생 시 안전 메커니즘은 발생 된 결함이 잠재 결함으로 되는 것을 방지하는 데 효과가 있다는 증거를 확보하여야 한다.

안전 요구사항에서 하드웨어 엘리먼트의 독립성을 요구하는 경우에는 종속 고장 분석을 ISO 26262-9:2018 7절에 따라 수행하여 독립성이 확보되었다는 증거를 제공하여야 한다.

하드웨어 설계를 분석하여 새로운 위험원이 식별되는 경우에는 ISO 26262-8:2018, 8절의 변경 절차에 따라 변경을 수행한다. 일반적으로 하드웨어 설계에서 새롭게 식별되는 위험원은 비기능 위험원으로서 ISO 26262의 범위 밖이므로 주석만 추가한 채로 진행하게 된다. 위험원에 대한 ASIL이 할당되지 않기 때문에 ISO 26262에 따른 활동에 영향을 주지 않는다.

하드웨어 설계의 검증

하드웨어 설계가 완료되고 안전 분석이 끝나면 ISO 26262-8:2018, 9절에 따라 하드웨어 설계가 하드웨어 안전 요구사항을 만족하는지, 하드웨어-소프트웨어 인터페이스 시방을 만족하는지, 기능안전을 달성하기 위해 생산이나 서비스 중에 안전 관련 특별특성이 적정한지를 검증한다.

검증 방법은 할당된 ASIL에 따라 〈표 5-2〉에 나타낸 방법에 따라 수행하여야 한다.

방법		ASIL			
		A	B	C	D
1a	하드웨어 설계 워크 스루(Walk-through)	++	++	o	o
1b	하드웨어 설계 인스펙션(Inspection)	+	+	++	++
2	안전 분석	전항의 안전 분석에 따라(표 5-1 참조)			
3a	시뮬레이션	o	+	+	+
3b	하드웨어 프로토타입에 의한 개발	o	+	+	+

▶ 〈표 5-2〉 하드웨어 설계 검증(ISO 26262-5 Figure 3)

만약 설계가 안전 요구사항을 만족할 수 없다면 ISO 26262-8:2018 8절에 따라 변경 요청을 하고 프로세스에 따라 진행하여야 한다. SEooC로 개발된 하드웨어를 사용하는 경우는 SEooC를 개발할 때 사용한 가정(Assumption) 조건들이 현재 개발하는 하드웨어의 안전 요구사항과 설계 시방을 만족하는지 검증하여야 한다.

생산, 운용, 서비스 및 폐기(Production, Operation, Service and Decommissioning)

설계 완료까지는 일반적으로 문서작업 위주로 진행이 되므로 제품에 대한 개념이나 형상, 특성 등은 대부분 컴퓨터에 의해 파악이 된다. 물론 개발 단계에서 기능을 확인하기 위해 시제품을 만들고 시험을 통해 검증하지만 안전과 관련된 사항을 시제품 단계에서 모두 확인하는 것은 많은 비용과 시간을 필요로 한다.

설계에 따른 생산을 진행하기 위해서는 제품의 개발 단계에서 식별된 안전 관련 특별특성에 대하여 규정하여야 한다. 안전 관련 특별특성은 용어 정의에 의하면 "충분히 예측 가능한 편차가 기능안전의 잠재적 축소에 영향을 주거나, 기여하거나, 또는 유발하는 아이템, 엘리먼트 또는 생산 프로세스의 특성"을 말한다. 이러한 안전 관련 특별특성은 제품 개발 중 도출되는데, 예로는 온도 범위, 조립 토오크, 생산 오차, 구성 등이 있다. 생산을 위해서는 조립 토오크 등이 정의되어야 생산에서 발생할 수 있는 오차의 범위를 어느 정도는 제한할 수 있다.

안전 관련 특별특성이 식별되면 생산 단계에서 이에 대한 기준이나 요구사항을 규정하는데 허용 파라미터 범위, 허용 기준, 평가나 측정 기술, 제어 방법 등에 대한 것을 포함한다.

안전 관련 특별특성은 생산뿐만 아니라 운용, 서비스, 폐기 단계에서도 부정확한 운용, 서비스, 폐기에 의해 기능안전 달성에 문제를 일으키지 않기 위해 관련 정보를 관계된 사람에게 제공해야 한다. 또한 현장 모니터링, 리콜 등의 관리를 위해서 하드웨어 엘리먼트에 대한 추적이 가능토록 유지되어야 한다.

제4절 하드웨어 아키텍처 메트릭 평가

안전 관련 랜덤 하드웨어 결함을 검출하고 제어하기 위해 설계된 하드웨어 아키텍처가 적합한지를 정량적으로 평가하기 위한 하드웨어 메트릭 평가를 통해 ASIL 등급에 따른 목표치를 만족하지 못하면, 하드웨어 아키텍처를 수정하여 재평가를 수행하고 ASIL 등급의 정량적 목표치를 만족할 때까지 반복한다.

하드웨어 설계의 평가 흐름은 〈그림 5-12〉에 나타낸 것과 같이 첫 번째는 설계를 분석하여 고장 모드를 분류하고, 사용하는 부품의 고장률을 산정하며, 추가된 안전 메커니즘의 진단 커버리지를 평가한다. 두 번째는 이러한 데이터를 이용하여 하드웨어 아키텍처 메트릭을 평가하고, 랜덤 하드웨어 고장에 의한 안전 목표 침해를 평가한다. 최종적으로는 평가의 결과를 안전 목표의 ASIL에 따라 ISO 26262에서 주어지는 목표값과 비교하여 안전 목표의 침해가 충분히 낮은 값인지 증명한다.

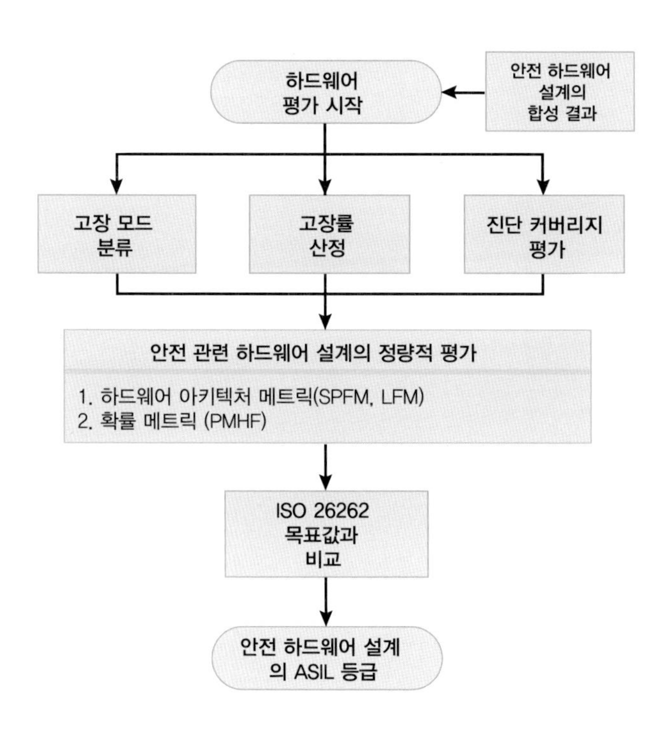

▶ 〈그림 5-12〉 하드웨어 설계의 정량적 평가 흐름도

하드웨어 아키텍처에 대한 평가는 안전 관련 엘리먼트에 한정하여 수행하며, 아키텍처 설계와 상세 설계 중에 반복적으로 분석하여 수정해야 할 부분은 수정하여 ISO 26262 표준에서 제시하는 ASIL 목표값을 만족하여야 한다.

하드웨어 아키텍처 메트릭과 목표값

하드웨어 아키텍처 메트릭은 ISO 26262-5:2018 Annex C에 자세히 설명되어 있으며, Annex C는 normative로 표준의 일부로 취급된다. 하드웨어 아키텍처 메트릭은 용어 정의에 의하면 "안전에 관하여 하드웨어 아키텍처의 효과의 평가를 위한 메트릭"이다. 아키텍처 메트릭은 아이템 레벨에서 아이템의 하드웨어 엘리먼트에 대하여 평가한다. 또한 다음 절의 하드웨어 랜덤 고장에 의한 안전 목표 침해를 보완하는 역할을 한다.

메트릭에는 두 가지가 있는데 하나는 단일점 결함(SPF)에 대한 메트릭이며, 다른 하나는 잠재 결함(LF) 메트릭이다. 각 결함에 대한 정의를 그래픽적으로 표시한 것이 〈그림 5-13〉으로, 종류로는 단일점 결함 또는 잔존 결함, 잠재 다중점 결함, 다중점 결함, 안전 결함이 있다.

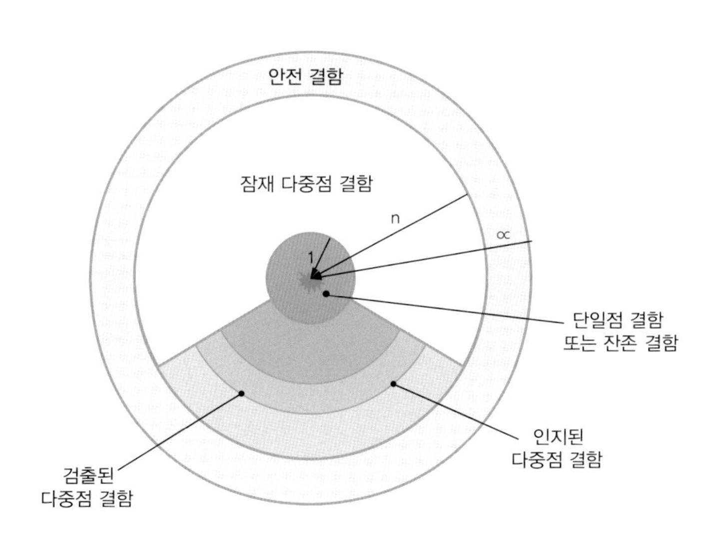

▶ 〈그림 5-13〉 결함의 분류(ISO 26262-5 Figure C.1)

〈그림 5-13〉에서 n은 안전 목표를 침해하며 동시에 존재하는 독립적 결함의 수를 표시하며, 거리 n을 갖는 결함은 원 n과 n=1 사이에 위치하며, n=2 이상의 거리를 갖는 다중점 결함은 기술 안전 개념에서 관련성이 입증되지 않는 한 안전 결함으로 판별한다.

쉽게 말하면 n=1이면 단일점 결함, n=2이며 이중점 결함, n=3이면 삼중점 결함이 된다. 단일점 결함이란 결함이 발생하면 바로 안전 목표를 침해하는 것이고, 이중점 결함이란 한 개의 결함이 발생한 상태에서 다른 결함이 발생하여 안전 목표를 침해하는 것이다. 다중점 결함 중에서 n=3 이상이 되면 발생할 가능성, 즉 확률이 매우 낮아 특별한 연관성이 있다고 판단되지 않는 한 안전 결함으로 판단한다는 것이 Annex C에 규정되어 있다. 즉, 안전에 영향이 없는 결함이라고 판단하는 것이다.

◎ **단일점 결함 메트릭(SPFM: Single-Point Fault Metrics):** 안전 메커니즘에 의한 커버리지 또는 설계에 의해 단일점과 잔존 결함에 대한 아이템의 강건성을 반영하는 것으로 〈그림 5-14〉에 나타낸 것과 같으며, 단일점 결함 계수는 오른쪽 그림과 같이 전체 결함에 대한 단일점 또는 잔존 결함을 제외한 나머지 합의 비율을 나타낸다. 즉, 높은 단일점 결함 계수는 아이템의 하드웨어에서 단일점 결함이나 잔존 결함의 비율이 낮다는 것을 나타낸다.

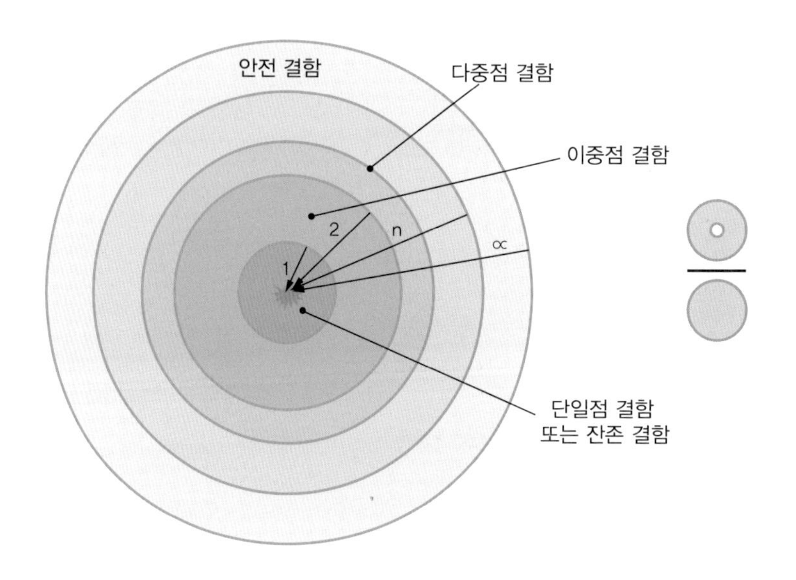

▶ 〈그림 5-14〉 단일점 결함 메트릭의 그래픽적 표현(ISO 26262-5 Figure C.2)

단일점 결함 메트릭에 대한 정량적 목표치는 유사한 설계에 적용한 하드웨어 아키텍처 메트릭 계산에서 도출하거나, 〈표 5-3〉으로부터 도출한다. 이러한 메트릭의 정량적 목표는 설계의 가이드가 되고, 설계가 안전 목표를 만족한다는 증거가 된다.

	ASIL B	ASIL C	ASIL D
단일점 결함 메트릭(SPFM)	≥90%	≥97%	≥99%

▶ 〈표 5-3〉 단일점 결함 메트릭 도출을 위한 가능한 소스(ISO 26262-5 Table 4)

◎ **잠재 결함 메트릭(LFM: Latent Fault Metrics):** 안전 메커니즘의 결함 커버리지나 안전 목표의 훼손 전에 결함의 존재를 운전자가 인식하므로, 또는 잠재 결함에 대한 아이템의 강건성을 설계를 통해 반영한다. 〈그림 5-15〉는 잠재 결함 메트릭을 나타낸 것으로 그림의 오른쪽에 나타낸 것과 같이 잠재 결함 계수는 단일점 및 잔존 결함을 제외한 결함의 합에 대한 단일점 및 잔존 결함과 잠재 결함을 제외한 나머지 합의 비율이다.

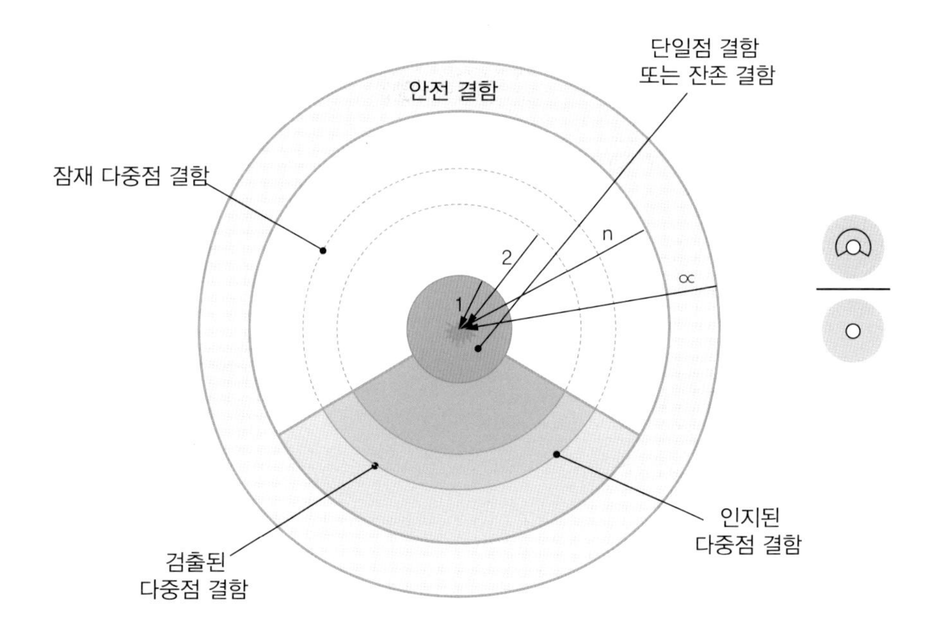

▶ 〈그림 5-15〉 잠재 결함 메트릭의 그래픽적 표현(ISO 26262-5 Figure C.3)

잠재 결함 메트릭에 대한 정량적 목표치는 유사한 신뢰할 만한 설계에 적용했던 하드웨어 아키텍처 계산으로부터 도출된 값이나 〈표 5-4〉에서 도출된 값을 만족하여야 한다. 단일점 결함 메트릭과 같이 주로 설계의 가이드나 설계가 안전 목표를 만족한다는 증거가 된다.

	ASIL B	ASIL C	ASIL D
잠재 결함 메트릭(LFM)	≥60%	≥80%	≥90%

▶ 〈표 5-4〉 잠재 결함 메트릭 도출을 위한 가능한 소스(ISO 26262-5 Table 5)

진단 커버리지(Diagnostic Coverage)는 용어 정의에 의하면 'percentage of the failure rate of a hardware element, or percentage of the failure rate of a failure mode of a hardware element that is detected or controlled by the implemented safety mechanism'으로 정의되며, 구현된 안전 메커니즘에 의해 검출되거나 제어되는 하드웨어 엘리먼트의 고장 비율 또는 고장 형태에 대한 고장 비율을 말한다.

안전 목표가 ASIL (B), C, D인 경우는 안전 메커니즘의 진단 커버리지는 잔존 결함과 관련 잠재 결함에 대하여 산정하며 분석 시 사용되는 부품의 고장률은 MIL 스펙 등의 산업계에서 통용되는 고장률을 기반으로, 차량의 동작 환경을 고려한 derating(디레이팅) 계수를 곱한 값이 된다.

만약에 고장률에 대한 근거가 불충분한 경우는 안전 메커니즘을 추가할 수 있는데, 이때도 안전 메커니즘을 포함하여 아이템에 대한 목표값을 만족하여야 한다.

제5절 랜덤 하드웨어 고장에 의한 안전 목표 훼손 평가

(Evaluation of Safety Goal Violations due to Random Hardware Failures)

랜덤 하드웨어 고장에 의한 안전 목표 훼손을 평가하는 방법에는 두 가지가 제안된다. 하나는 "Probabilistic Metric for random Hardware Failures"(PMHF)로 하드웨어 엘리먼트의 랜덤 고장에 의한 안전 목표의 침해를 정량적으로 평가하는 것이다. 다른 하나는 "Evaluation of Each Cause of safety goal violation"(EEC)으로 잔존, 단일점 또는 가능한 이중점 고장에 대한 안전 목표 침해에 대한 각 하드웨어 부품과 기여도의 개별적 평가에 기반한다. 선정된 방법은 하드웨어 아키텍처 설계와 하드웨어 설계에 반복적으로 적용할 수 있다.

PMHF와 EEC 평가는 엔지니어가 회사 및 협력사의 수준에 따라서 한 개의 방법을 선택하여 평가를 진행하여도 된다.

PMHF 평가(Evaluation of Probabilistic Metric for Random Hardware Failures)

PMHF 평가는 안전 목표 ASIL (B), C, D에 대하여 수행하며, 정량적 목표값은 아이템의 동작 수명에 걸쳐 시간당 평균 확률로 표시된다. 안전 목표 훼손 최대 확률의 정량적 목표값은 〈표 5-5〉에서 도출하거나, 신뢰할 만한 유사 설계의 현장 데이터에서 도출하거나, 신뢰할 만한 유사 설계에 적용한 정량적 분석에서 도출한 고장률 값을 사용하여 정의한다. 도출된 목표값은 절대적인 기준으로 적용하기보다는 기존의 설계와 신규 설계를 비교하는 데 매우 유용하다.

ASIL	랜덤 하드웨어 고장 목표값
D	$< 10^{-8}h^{-1}$
C	$< 10^{-7}h^{-1}$
B	$< 10^{-7}h^{-1}$

▶ 〈표 5-5〉 잠재 결함 메트릭 도출을 위한 가능한 소스(ISO 26262-5 Table 6)

아이템이 다수의 시스템으로 구성된 경우는 도출된 목표값을 각 시스템에 직접 할당하며, 안전 목표를 침해할 가능성이 있고 대응하는 아이템 목표값이 한 자릿수 이상으로 증가하지 않을 때까지 적용한다.

단일점, 잔존, 다중점 결함에 대한 하드웨어 아키텍처의 정량적 분석은 목표값을 달성할 수 있다는 증거를 제공하여야 하며, 정량적 분석은 다음 사항을 고려하여 수행한다.

◎ 아이템의 아키텍처

◎ 단일점 결함 또는 잔존 결함을 일으키는 하드웨어 부품의 고장 모드에 대해 산출한 고장률

◎ 다중점 결함을 일으키는 각 하드웨어 부품의 고장 모드에 대한 산출된 고장률

◎ 안전 메커니즘에 의한 안전 관련 하드웨어 엘리먼트의 진단 커버리지

◎ 다중점 결함의 경우는 노출 시간(노출 시간은 결함이 발생한 시점부터 시작)

안전 목표 훼손의 각 원인의 평가(EEC: Evaluation of Each Cause of Safety Goal Violation)

랜덤 하드웨어 고장에 의한 안전 목표 훼손의 각 원인의 평가에 대한 방법을 흐름도로 〈그림 5-16〉과 〈그림 5-17〉에 나타내었다. 〈그림 5-16〉에서 단일점 결함은 결함의 발생 기준을 사용하여 평가하며, 잔존 결함은 결함 발생과 안전 메커니즘의 효율성을 결합하여 평가한다.

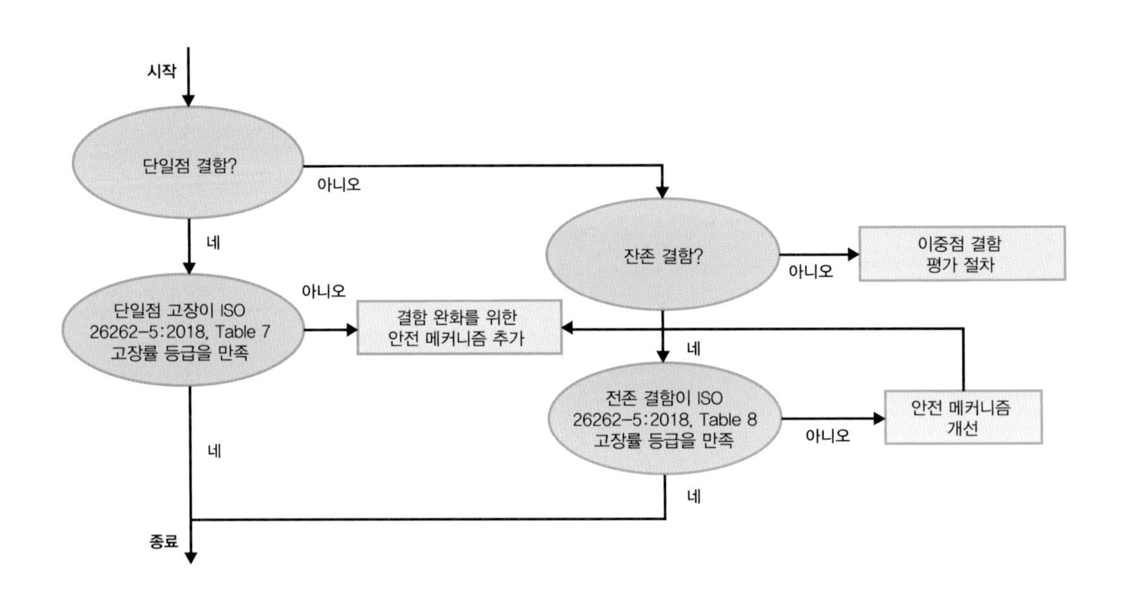

▶ 〈그림 5-16〉 단일점 결함과 잔존 결함에 대한 평가 절차(ISO 26262-5 Figure 3)

〈그림 5-17〉에 나타낸 이중점 고장 분석 흐름도는 첫째로 타당성에 관하여 평가하고, 고장을 일으키는 두 결함이 충분한 커버리지를 가지고 충분히 짧은 시간 내에 검출되거나 인지된다면 이중점 결함은 타당하지 않다고 간주한다. 만약 이중점 고장이 타당하다면 고장을 야기하는 결함은 발생과 안전 메커니즘의 커버리지를 결합한 기준을 이용하여 평가한다. 만약 이중점 고장의 결함 평가가 기준을 만족하지 못하면 해당 고장은 발생 기준에 대해서만 평가할 수 있다. 〈그림 5-16〉의 흐름도는 저항, 캐패시터, CPU 같은 하드웨어 소자 레벨에 대하여 적용한다.

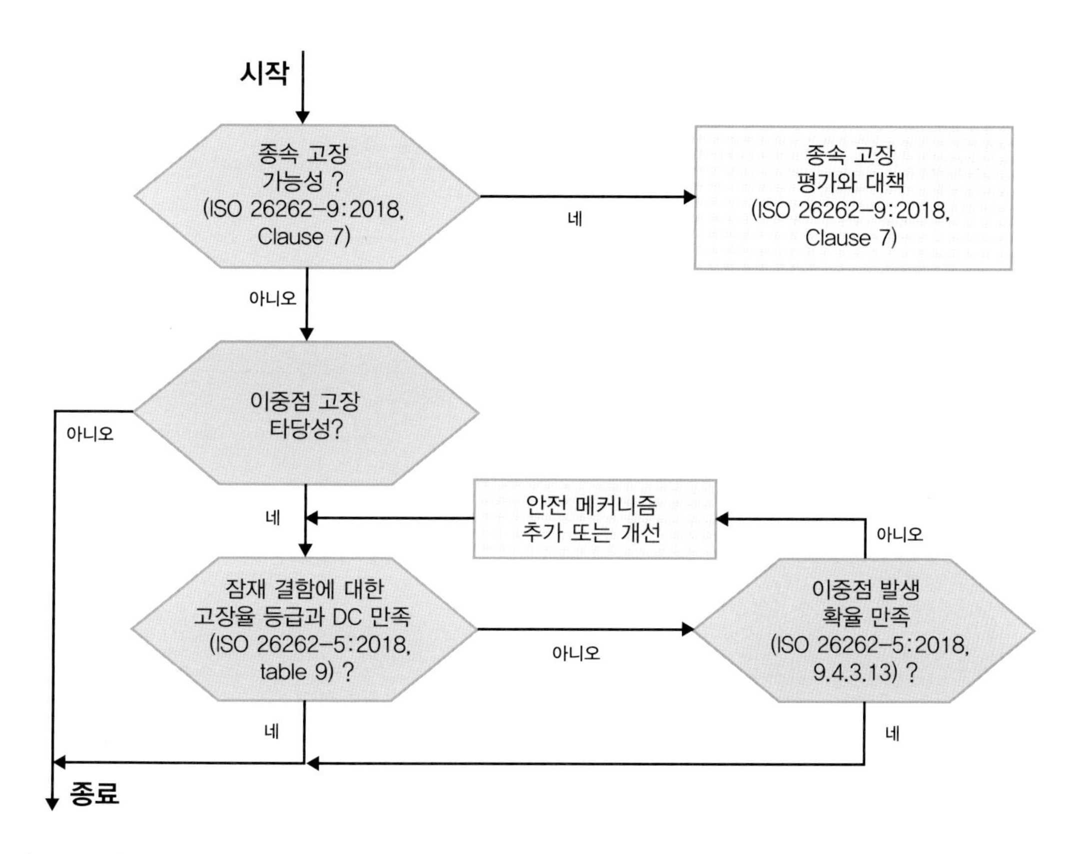

▶ 〈그림 5-17〉 이중점 결함에 대한 평가 절차(ISO 26262-5 Figure 4)

안전 목표가 ASIL (B), C, D인 경우는 안전 목표를 훼손하는 각 단일점 결함, 잔존 결함, 이중점 결함의 개별 평가는 하드웨어 부품 레벨에서 수행되어야 하며, 평가는 각 결함이 요구사항에 대하여 용인할 수 있다는 증거를 제공한다.

하드웨어 부품의 고장률 등급은 다음과 같은 기준으로 결정된다.

◎ 고장률 등급 1(class 1): ASIL D의 목표값의 1/100보다 적다.

◎ 고장률 등급 2(class 2): class 1 값의 10배보다 적다.

◎ 고장률 등급 3(class 3): class 1 값의 100배보다 적다.

◎ 고장률 등급 I(class i): class 1 값의 10^(i–1)보다 적다(i 〉 3).

등급을 100이 아닌 다른 수를 이용하여 나누는 경우는 충분한 이유가 있어야 하며, 단일점 결함이나 잔존 결함이 어느 정도 높은지 Cut-Set을 고려하여 올바른 등급이 유지되도록 한다.

안전 목표 ASIL	고장률 등급
D	1등급 고장률 + 전용 수단
C	2등급 고장률 + 전용 수단 또는 1등급 고장률
B	2등급 고장률 또는 1등급 고장률

▶ 〈표 5-6〉 하드웨어 단일점 결함의 목표 고장 비율 등급(ISO 26262-5 Table 7)

부품에서 일어나는 단일점 결함은 해당 하드웨어 부품 고장률 등급이 〈표 5-6〉에 주어진 목표를 만족할 때 용인할 수 있으며, 잔존 결함에 대해서는 해당 부품의 진단 커버리지가 〈표 5-7〉의 목표값을 만족하면 용인할 수 있다.

안전 목표 ASIL	잔존 결함에 대한 진단 커버리지			
	≥99.9%	≥99%	≥90%	∧90%
D	4등급 고장률	3등급 고장률	2등급 고장률	1등급 고장률 + 전용 수단
C	5등급 고장률	4등급 고장률	3등급 고장률	2등급 고장률 + 전용 수단
B	5등급 고장률	4등급 고장률	3등급 고장률	2등급 고장률

▶ 〈표 5-7〉 하드웨어 잔존 결함의 진단 범위와 목표 고장 비율 등급(ISO 26262-5 Table 8)

고장률 등급 i (i 〉 3)에 대하여 진단 커버리지가 ASIL D에 대해 $(100-10^{(3-i)})$ % 이상이거나 ASIL B와 C에 대해 $(100-10^{(4-i)})$ % 이상이면 잔존 결함은 용인할 수 있다.

안전 목표 ASIL D의 이중점 고장은 최소한 하나의 잠재 결함 진단 커버리지가 90% 미만 이거나, 하나의 결함이 다중점 결함 검출 시간보다 긴 동안 잠재적으로 남아 있는 경우에 타당하다. 즉, 이중점 결함으로 인정한다.

안전 목표 ASIL C의 이중점 고장은 최소한 하나의 잠재 결함 진단 커버리지가 80% 미만이거나, 하나의 결함이 다중점 결함 검출 시간보다 긴 경우에 타당하다. 다시 말하면, 이중점 결함으로 인정한다.

안전 목표의 ASIL C, D의 이중점 고장으로 인정되지 않는 것은 안전 목표 대상과 호환되고 받아들일 수 있으며, 또한 이중점 고장으로 인정되더라도 해당 하드웨어 부품이 〈표 5-8〉에 주어진 진단 커버리지와 고장률 등급을 만족하면 용인될 수 있다.

안전 목표 ASIL	잠재 결함에 대한 진단 커버리지		
	≥99%	≥90%	∧90%
D	4등급 고장률	3등급 고장률	2등급 고장률
C	5등급 고장률	4등급 고장률	3등급 고장률

▶ 〈표 5-8〉 하드웨어 이중 결함의 진단 범위와 목표 고장 비율 등급(ISO 26262-5 Table 9)

또한 고장률 등급 i (i〉 3)에 대하여 진단 커버리지가 ASIL D에 대해 $(100-10^{(4-i)})$ % 이상이며, ASIL C에 대해 $(100-10^{(5-i)})$ % 이상이면 타당한 이중점 고장을 야기하는 이중점 결함은 용인할 수 있다. 이중점 결함에 대한 요구사항을 만족하지 못할 때 아이템의 동작 수명에 걸쳐서 시간당 평균 확률이 안전 목표 ASIL D에 대해서는 고장률 등급 1의 1/10 값 이하이며, 안전 목표 ASIL C에 대해서는 고장률 등급 2의 1/10값 이하를 만족하면 용인할 수 있다.

PMHF와 EEC 평가의 차이

PMHF 평가는 기능별 관련 있는 하드웨어 부품의 고장률 합계와 ASIL 목표값 대비 평가하는 것이고, EEC 평가는 부품 하나 하나별의 고장률에 대하여 ASIL 목표값에 대입하여 평가를 진행하는 것이다.

PMHF와 EEC 평가의 차이점은〈표 5-9〉, 〈그림 5-18〉, 〈그림 5-19〉에 설명하였으며, 엔지니어가 하나의 방법을 선택하여 하드웨어 평가를 수행하여도 된다.

구분	PMHF	EEC
평가 방법	안전 관련 하드웨어 전체 고장률에 대한 합계에 대한 평가	안전 관련 하드웨어 개별 부품의 고장률에 대한 평가
진단 커버리지 반영	고장률 계산시 반영	반영(진단 커버리지에 따라 등급을 차등화)
불합격 시	하드웨어 재설계 및 재평가 실시	하드웨어 재설계 및 재평가 실시

▶ 〈표 5-9〉 PMHF와 EEC 평가의 차이점 비교

〈그림 5-18〉은 PMHF 평가에 대한 합격과 불합격에 대하여 나타내었으며, a)는 ASIL D일 경우 기능별 안전 관련 하드웨어 부품의 전체 고장률 합계가 10^{-8}을 미만일 경우 합격으로 평가되며, b)는 10^{-8}을 초과하는 경우 불합격으로 평가된다. b)의 경우는 하드웨어를 재설계하여 재평가가 실시되어야 한다.

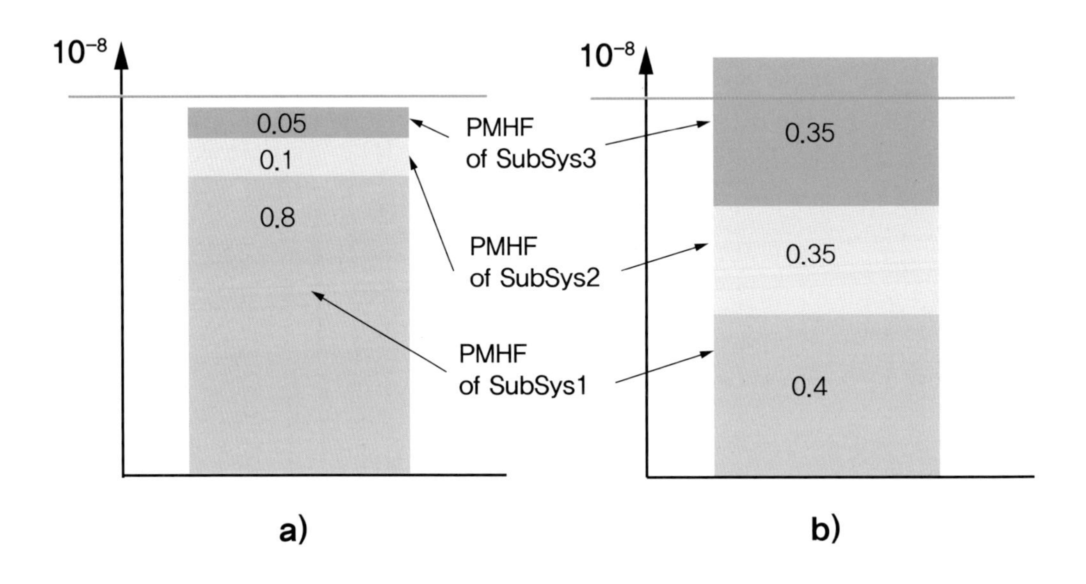

▶ 〈그림 5-18〉 PMHF 평가 방법의 합부 판정

〈그림 5-19 a), b)〉는 EEC 평가에 대한 합격과 불합격에 대하여 나타내었으며, a)는 ASIL D일 경우 안전 관련 하드웨어 개별 부품의 고장률이 10^{-10}을 미만일 경우 합격으로 평가되며, b)는 단 한 개의 하드웨어 부품이라도 10^{-10}을 초과하는 경우 불합격으로 평가된다. b)의 경우 하드웨어를 재설계하여 재평가가 시행되어야 한다.

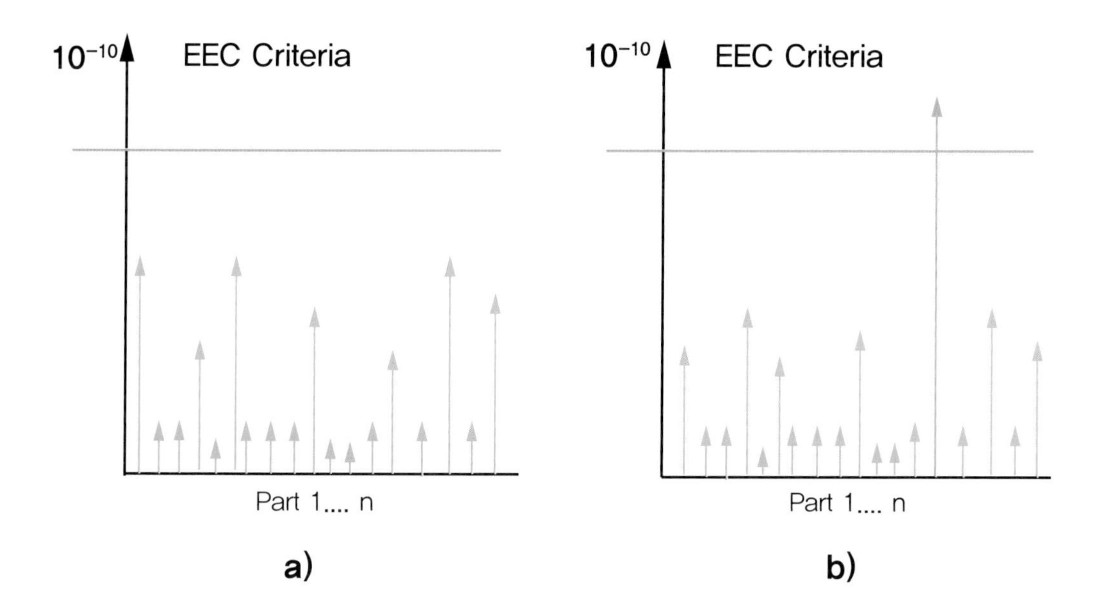

▶ 〈그림 5-19〉 EEC 평가 방법의 합부 판정

검증 검토(Verification Review)

두 방법의 요구사항의 분석 결과에 대한 검증 검토는 기술적 정확성과 완전성의 증거를 제공하기 위해 수행된다.

제6절 하드웨어 통합 및 검증

(Hardware Integration and Verification)

하드웨어 통합과 검증은 ISO 26262-8:2018 9절에 따라 실행하며, ISO 26262-4:2018에서 규정된 통합과 시험 전략에 맞게 진행된다. 안전 관련 하드웨어 부품은 글로벌 품질 표준이나 동등의 회사 표준에 기반해서 잘 확립된 절차에 따라 인증되어야 한다.(전자 부품은 ISO 16750, AEC-Q100, AEC-Q200에 의한 자동차용 전장 부품 인증)

통합 검증 시험은 통합된 하드웨어에 할당된 ASIL 등급에 따라 적절한 조합을 통해 시험 케이스를 도출하고, 최종 목표를 확인하기 위해서는 주어진 시험 방법을 이용하여 증거를 확보한다. ASIL 등급에 따른 시험 케이스(Test Case) 도출 방법 및 시험 방법에 대한 것은 〈그림 5-20〉에 정리하여 나타내었으며, ISO 26262-5:2018 Table 10~12에 자세히 나와 있다.

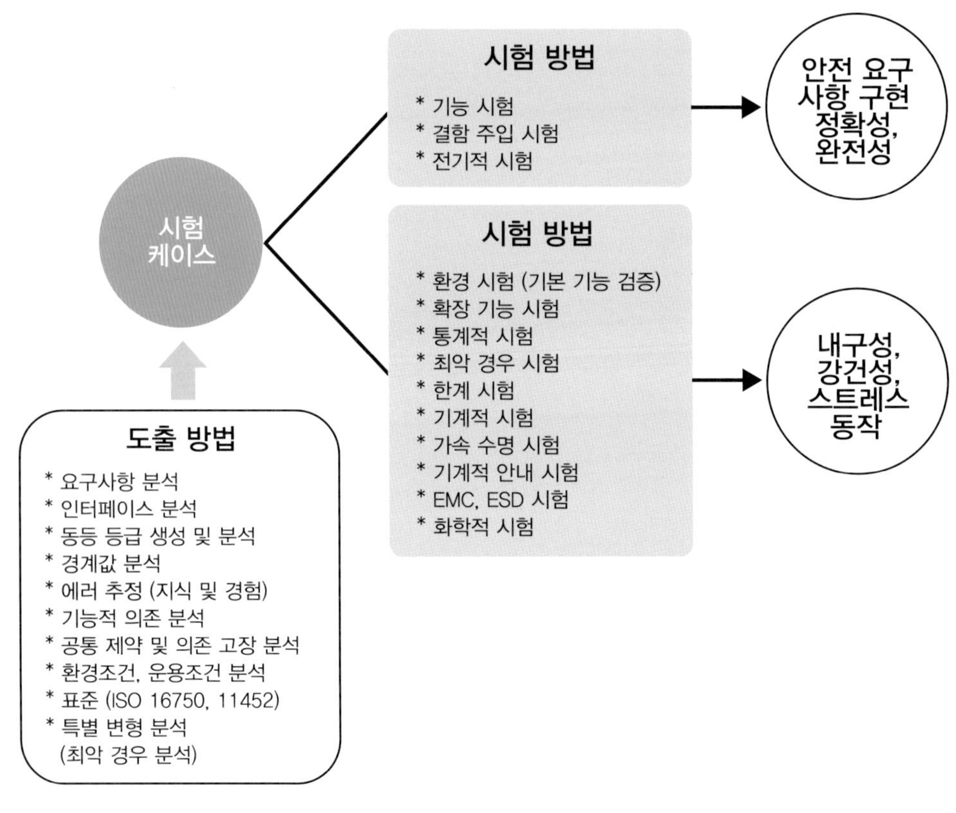

▶ 〈그림 5-20〉 통합 시험 케이스(Test Case) 도출과 시험 방법

제 6 장 소프트웨어 레벨에서 제품 개발

Product Development at the Software Level

소프트웨어의 개발은 하드웨어 개발과는 근본적으로 여러 면에서 많은 차이점이 있지만, 특이한 한가지는 소프트웨어는 하드웨어와 같이 운용 중에 고장이 발생하지 않는다는 것이다. 즉, 하드웨어에서 고려하였던 랜덤 고장은 발생할 수 없고, 소프트웨어에서는 시스템적 에러인 요구사항, 기준, 표준이나 코딩 버그에 의해 고장이 발생하므로 고장률을 숫자로 표시 혹은 나타낼 수 없음으로 정량적 평가를 실시하지 않는다.

또한 소프트웨어는 하드웨어와 같이 중복화(Redundancy) 구조로 에러를 방지할 수 없고, 하드웨어와 같이 모든 것을 시험해볼 수도 없다. 그렇지만 동작 중의 에러에 의한 결함을 검출하고 제어하는 메커니즘을 삽입할 수 있다. 이러한 점을 고려하면 소프트웨어 제품 개발에서 개발 기술과 개발 방법의 선정은 매우 중요하며 시스템적 결함을 방지하는 주요 요소다.

소프트웨어 개발에서 중요하게 생각해야 할 또 다른 점은 소프트웨어 컴포넌트 간의 무간섭(Freedom from Interference)이다. 일반적으로 하나의 ECU에 여러 소프트웨어 컴포넌트가 동작하게 되는데 상호 독립성과 무간섭이 보장되지 않으면 소프트웨어 컴포넌트에 요구되는 ASIL 레벨은 상승하게 된다. 예를 들면 메모리 보호 유닛(Unit)이 필요하고, 소프트웨어 컴포넌트 간의 통신은 End-to-End 보호를 통해 데이터가 에러 없이 전달되는 것을 확실히 해야 한다.

제1절 소프트웨어 레벨에서 제품 개발 일반 사항

일반적으로 소프트웨어 개발에는 ISO 26262로 검증된 소프트웨어 도구를 이용하여 개발을 진행하므로 주로 소프트웨어 요구사항의 도출이나 아키텍처 설계에 대한 것을 중점적으로 설명한다. 소프트웨어 유닛 설계나 구현 및 검증은 ISO 26262에 따라 개발된 소프트웨어 도구들이 많아 이를 이용하여 개발하면 ISO 26262에서 요구하는 많은 사항을 만족하므로, 시스템적 에러를 줄이기 위해서도 많은 사용자가 사용하는 소프트웨어 도구를 이용하는 것이 경제적이라 할 수 있다.

소프트웨어 제품 개발을 단계별로 표시하면 〈그림 6-1〉과 같다. V자(V 사이클, V 모델) 개발 단계에서 왼쪽은 요구사항과 설계 및 구현이 있으며 오른쪽에는 시험 및 검증이 위치한다.

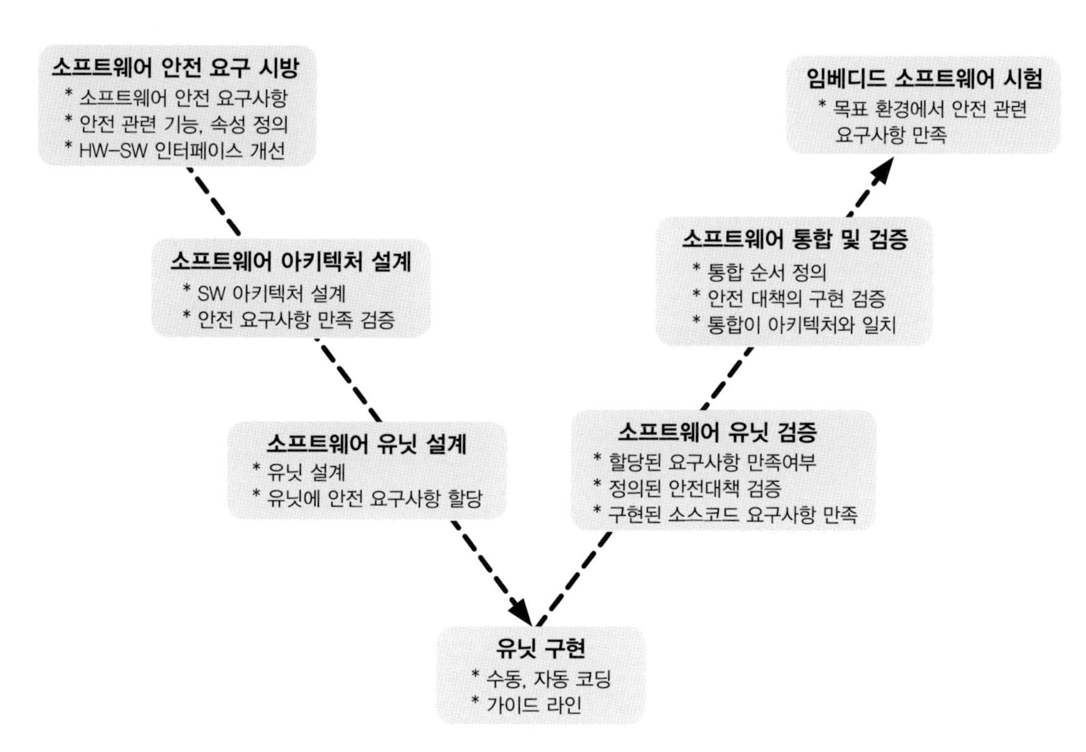

▶ 〈그림 6-1〉 소프트웨어 제품 개발 단계

OEM은 V 사이클의 왼쪽에 있는 설계에 해당하는 요구사항 시방, 시스템 설계와 오른쪽에 있는 검증 분야인 통합과 인수 시험(Acceptance Testing)을 책임진다. 실제로 ECU에서 동작하는 프로그램의 코딩은 공급자가 수행한다. 물론 공급자가 소프트웨어를 OEM에 납품하기 전에 유닛 시험은 실시하지만 최종 통합 시험은 OEM이 실시하여 개발된 소프트웨어가 원하는 기능과 안전 목표를 만족하는지를 확인하게 된다.

ISO 26262에 의한 소프트웨어 개발과 일반적인 소프트웨어 개발의 차이점을 간략하게 정리하면 〈표 6-1〉과 같다. 즉, ISO 26262에서는 기능안전 요구사항이 추가되어 이를 검증하기 위한 안전 분석을 수행한다. 소프트웨어 도구를 사용하여 개발하는 경우는 ISO 26262로 인증된 도구를 사용하여야 한다. 수동으로 소프트웨어 유닛을 개발하는 경우에는 ISO 26262-6: 2018에서 요구하는 절차 및 방법을 적용하여 개발한다.

항목	ISO 26262 개발 방식	일반 개발 방식
기능안전과 관련된 요구사항	기능 요구사항과 함께 기술적 안전 요구사항도 추가	기능적 요구사항만 있음
안전 분석	고장 상태와 영향을 분석하기 위한 안전 분석 및 종속 결함 분석(FMEA, DFA) 실시	FMEA는 실시하나 안전 관련 분석은 하지 않음
아키텍처 및 유닛 설계	소프트웨어 도구를 이용하여 UML 기반 설계	설계는 워드나 엑셀로 생성
소프트웨어 도구	ISO 26262로 인증된 신뢰 받는 툴 사용	보편적인 IDE와 시험 툴 사용

▶ 〈표 6-1〉 ISO 26262 개발 방식과 일반 개발 방식 비교

ISO 26262 1판에서는 소프트웨어 개발 단계에서 적용할 방법이나 가이드에 대한 것을 추천하고 있는데, 2018년 발표된 개정판에서는 이것을 확대하여 제시하고 있다. 이에 대한 제안된 방법이나 가이드의 수를 간략히 정리하면 〈표 6-2〉와 같다.

방법의 분류	방법의 수	설명
모델링과 코딩 가이드라인	9	명확하고 이해 가능한 정의 (예: MISRA C 코딩 가이드라인)
아키텍처 설계 표기법	4	이해도와 일관성 개선
아키텍처 설계 원칙	9	설계의 이해성과 복잡성 개선
아키텍처 설계의 검증	8	안전 요구사항 만족 여부 검증
유닛 설계의 표기법	4	일관성과 이해도 개선
유닛 설계와 구현의 설계 원칙	10	실행 순서의 정확함, 일관성 및 간략화 달성
유닛 설계와 구현의 검증	14	안전 요구사항 만족 여부 확인
유닛 설계 시험 케이스 도출	4	검증을 위한 시험 케이스 도출
유닛 시험의 구조 커버리지 메트릭	3	시험 케이스의 완성도 평가
통합 검증	8	통합 시험 형태
통합 시험 케이스 도출	4	선택된 시험 형태에 의한 시험 케이스 도출
아키텍처 레벨 구조적 커버리지	2	시험 케이스의 아키텍처 커버리지
임베디드 소프트웨어 시험 실행 환경	3	목표 환경에서 안전 요구사항 만족
임베디드 소프트웨어의 시험	2	시험 형태
임베디드 소프트웨어 시험 케이스 도출	6	선택된 시험 형태에 의한 시험 케이스 도출

▶ 〈표 6-2〉 소프트웨어 개발 단계에 적용하는 방법의 수(ISO 26262-6: 2018 기준)

시스템적 결함을 저감하는 대책으로는 〈그림 6-2〉에 나타낸 것과 같이 설계는 가장 잘 훈련된 인원이 수행하여 결함의 발생을 방지하고, 검증을 통해 결함을 식별하여 수정하고, 시험을 거쳐 결함 발생을 검출하여 수정하고, 결함이 고장을 유발하지 않도록 하는 방법이 있다.

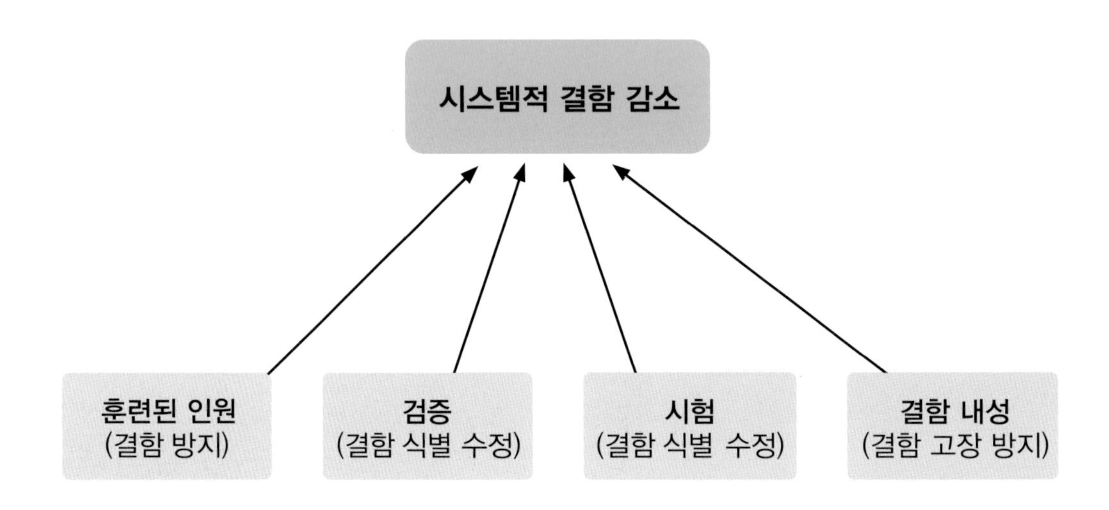

▶ 〈그림 6-2〉 소프트웨어 시스템적 결함 저감 대책

제2절 소프트웨어 안전 요구사항 시방

(Specification of Software Safety Requirements)

소프트웨어 안전 요구사항은 시스템 레벨 개발 단계에서 작성된 기술적 안전 요구사항을 만족하도록 소프트웨어의 안전 관련 기능과 속성을 고려하여 도출된다. 안전에 관련된 기능의 예는 다음과 같다.

◎ 일반 기능의 안전한 실행을 보장하는 기능
◎ 안전 상태 또는 성능 저하 상태에 도달하고 유지하는 기능
◎ 안전 관련 하드웨어의 결함을 검출, 표시 및 완화하는 자체 시험 또는 감시 기능
◎ 생산, 운용, 서비스 및 폐기 단계에서 온보드와 오프보드 시험 관련 기능
◎ 생산과 서비스 단계에서 소프트웨어의 수정을 허용하는 기능
◎ 성능 또는 시간 임계 동작 관련 기능

소프트웨어 안전 요구사항을 작성할 때 고려할 사항으로는 시스템과 하드웨어 구성, 하드웨어와의 인터페이스, 하드웨어 설계 시방의 요구사항, 타이밍 제약(반응 시간 등), 외부 인터페이스 및 차량의 운용에 따른 소프트웨어에 미치는 영향 등이 있다. 이러한 점을 고려하여 소프트웨어 안전 요구사항 시방을 작성하는 흐름의 예를 〈그림 6-3〉에 나타냈다.

하드웨어 안전 요구사항 시방에서도 언급한 것과 같이 소프트웨어의 안전 요구사항 작성에서는 항상 하드웨어 엔지니어와의 대화를 통해 필요한 경우는 HSI(Hardware-Software Interface)를 업데이트하여 개발이 완료되어 통합을 할 때 문제가 발생하지 않도록 하여야 한다.

작성된 소프트웨어 안전 요구사항과 하드웨어-소프트웨어 인터페이스 시방은 ISO 26262-8:2018, 6절과 9절에 따라 검증을 하여야 하는데 검증할 항목으로는 소프트웨어 개발의 적정성, 기술적 안전 요구사항의 만족과 일관성, 시스템 설계와의 만족 및 하드웨어 소프트웨어 인터페이스(HSI)와의 일관성이다.

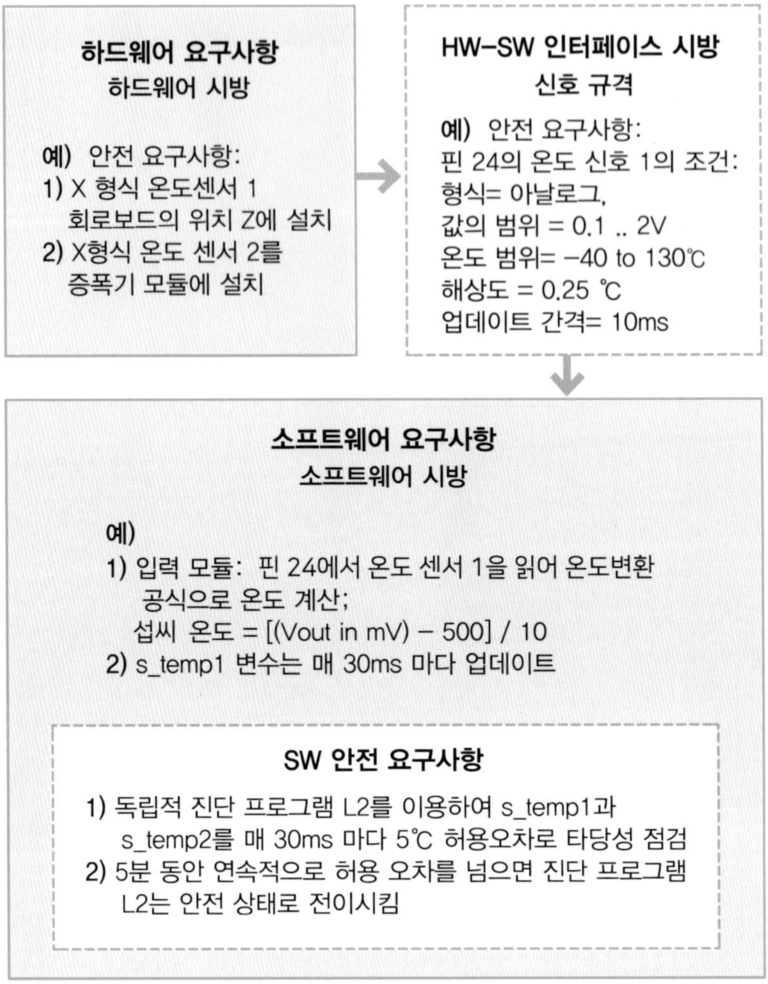

하드웨어 요구사항
하드웨어 시방

예) 안전 요구사항:
1) X 형식 온도센서 1
회로보드의 위치 Z에 설치
2) X형식 온도 센서 2를
증폭기 모듈에 설치

HW-SW 인터페이스 시방
신호 규격

예) 안전 요구사항:
핀 24의 온도 신호 1의 조건:
형식= 아날로그,
값의 범위 = 0.1 .. 2V
온도 범위= −40 to 130℃
해상도 = 0.25 ℃
업데이트 간격= 10ms

소프트웨어 요구사항
소프트웨어 시방

예)
1) 입력 모듈: 핀 24에서 온도 센서 1을 읽어 온도변환
공식으로 온도 계산;
섭씨 온도 = [(Vout in mV) − 500] / 10
2) s_temp1 변수는 매 30ms 마다 업데이트

SW 안전 요구사항

1) 독립적 진단 프로그램 L2를 이용하여 s_temp1과
s_temp2를 매 30ms 마다 5℃ 허용오차로 타당성 점검
2) 5분 동안 연속적으로 허용 오차를 넘으면 진단 프로그램
L2는 안전 상태로 전이시킴

▶ 〈그림 6-3〉 소프트웨어 안전 요구사항 작성 흐름도

제3절 소프트웨어 아키텍처 설계

(Software architectural Design)

소프트웨어 기능안전 요구사항은 비 안전(Non-function) 기능 요구사항과 함께 소프트웨어 아키텍처를 통해서 구현된다. 소프트웨어 아키텍처 설계는 소프트웨어 아키텍처 엘리먼트와 계층 구조에서의 상호 작용을 나타내는 것으로 정적인 것과 동적인 것을 포함한다. 정적인 것으로는 소프트웨어 유닛 간의 인터페이스가 있으며, 동적인 것으로는 프로세스 실행 시간이나 순서와 같은 타이밍이 있다. 이것을 표시하는 방법으로는 자연어, 비정형적(informal), 준 정형적(semi-formal), 정형적(formal) 방법이 있는데 ASIL 등급이 높을수록 정형적(formal) 언어를 사용한다.

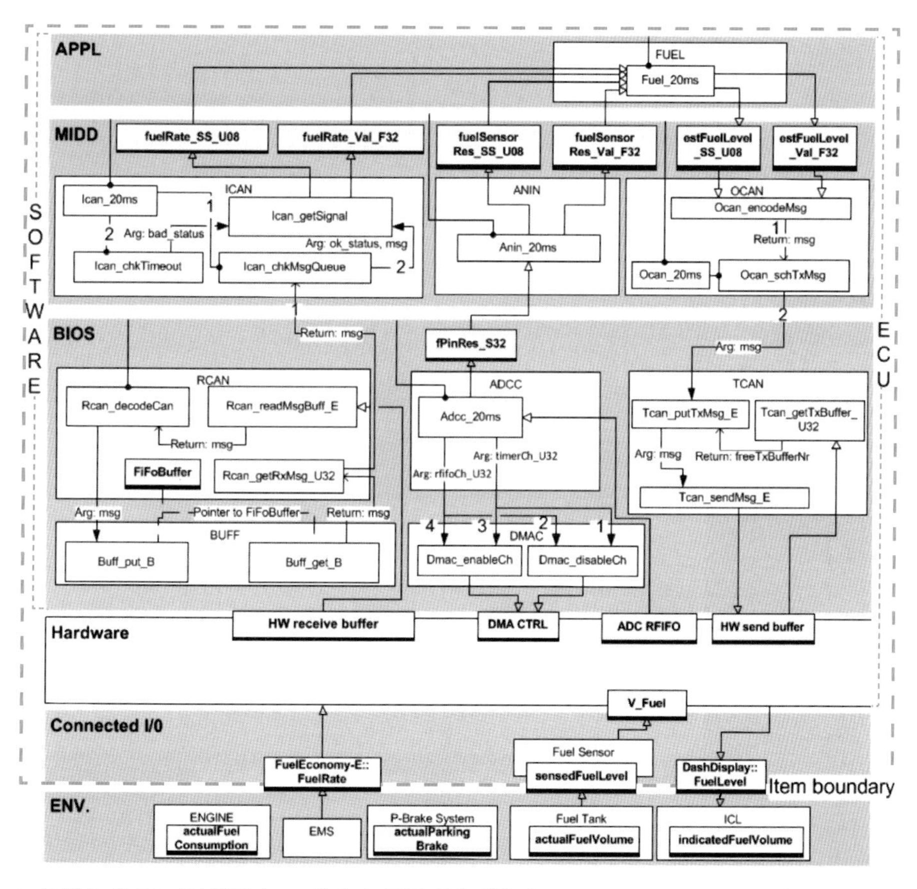

▶ 〈그림 6-4〉 FLD 시스템의 소프트웨어 아키텍처 설계 예(출처: Royal Institute of Technology)

전체 소프트웨어의 아키텍처 구조에 대한 예를 들면 연료 레벨 디스플레이(FLD)에 대하여 표시한 것이 〈그림 6-4〉이다. 추상화 레벨을 보면 하드웨어를 직접적으로 연결하여 제어하는 BIOS 레벨이 있고, 응용 프로그램과 BIOS를 연결해 주는 Middleware 레벨이 있으며, 최종적으로는 이를 이용하여 원하는 기능을 수행하는 응용 프로그램 레벨이 있다. 추상화 레벨 중에서 BIOS 나 Middleware는 사용하는 하드웨어 MCU나 ECU에 따라 결정되고 일반적으로는 MCU나 ECU를 제공하는 업체에서 제공한다. 물론 특별한 경우 하드웨어의 정보를 제공 받아 직접 차량용 소프트웨어를 개발할 수도 있다.

응용 소프트웨어는 필요에 따라 차량용으로 신규 개발을 하기 때문에 ISO 26262에 따라 개발을 하게 되지만 BIOS 나 Middleware는 하드웨어를 개발하며 기존에 개발된 소프트웨어를 사용한다. 사용하고자 하는 안전 관련 소프트웨어 컴포넌트의 형태 즉, 신규 개발 또는 변경 없이 재사용 및 변경 후 재사용에 따라 ISO 26262:2018 Part 8의 12절에 따라 자격 인정(Qualification)을 받아야 한다. 〈표 6-3〉에 각 경우에 대한 자격 인정 방법을 나타냈다.

항목	SW 컴포넌트 자격 인정	실증	ISO 26262 따른 사전 개발	SEooC ISO 26262 개발
신규 개발	X	X	○	○
변경 후 재사용	X	△	○	○
변경 없이 재사용	○	○	X	○

▶ 〈표 6-3〉 소프트웨어 재사용에 대한 적용

일반적으로 차량용 소프트웨어 개발에서 말하는 소프트웨어 아키텍처는 기능을 구현하는 응용 프로그램에 대한 아키텍처 또는 소프트웨어 유닛 간의 연결을 말한다. 기능을 연결하는 것으로서의 아키텍처에 대한 간단한 시스템의 예는 〈그림 6-5〉와 같이 센서 결합 유닛, 메인 기능 유닛, 모니터링 기능 유닛, 비교 유닛으로 구성된 것을 보여주고 있다.

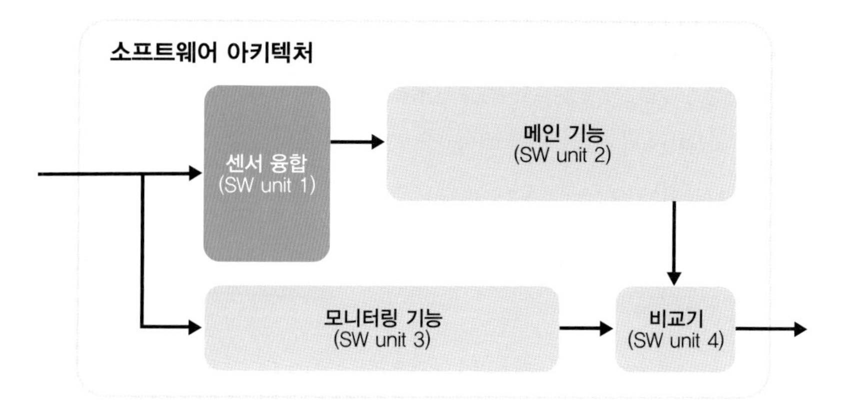

▶ 〈그림 6-5〉 소프트웨어 아키텍처 예

소프트웨어 아키텍처 설계

소프트웨어 아키텍처의 시스템적 결함을 방지하기 위해서는 〈그림 6-6〉에 나타낸 것과 같이 아키텍처를 설명하는 데 요구되는 특성과 아키텍처 자체에 나타내야 하는 특성이 있다.

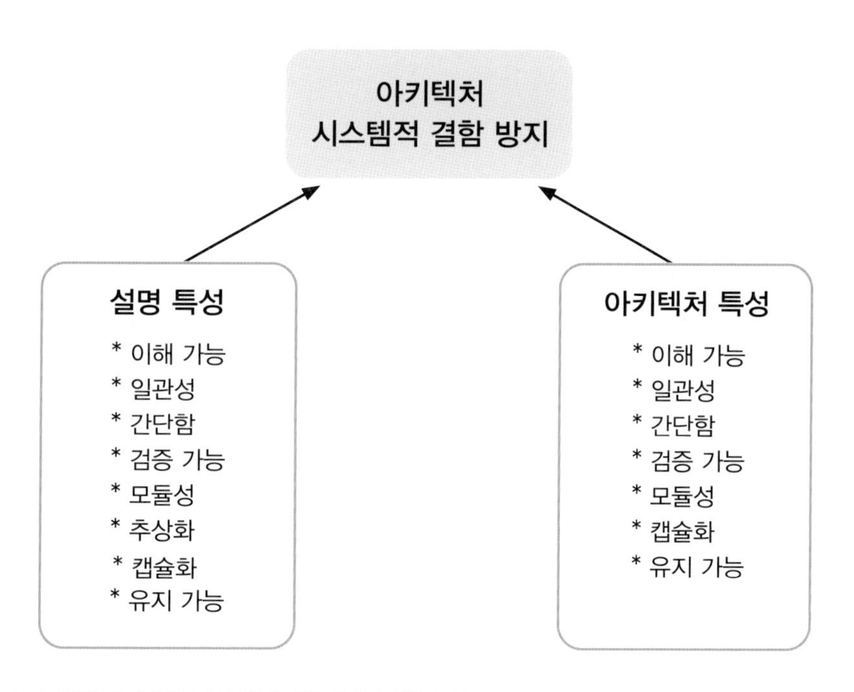

▶ 〈그림 6-6〉 소프트웨어 아키텍처의 시스템적 결함 방지를 위한 특성

ISO 26262:2018에서 소프트웨어 아키텍처를 구성할 때 중요하게 고려할 사항으로는 적합성, 검증 가능성, 실현 가능성, 시험 가능성, 유지 보수성을 언급하고 있으며, 이 중에서도 특히 유지 보수성은 소프트웨어의 수명 주기 동안의 유지 보수가 가능해야 하며, 시험 또한 중요하게 실행을 해야 하므로 시험 가능성은 충분히 고려되어야 한다.

소프트웨어 아키텍처 설계의 원칙은 다음의 9가지를 할당된 ASIL 등급에 따라 적용한다.(ISO 26262-6:2018 Table 3 참조)

◎ 소프트웨어 컴포넌트의 적절한 계층 구조

◎ 소프트웨어 컴포넌트의 제한된 크기와 복잡도

◎ 인터페이스의 제한된 크기

◎ 각 소프트웨어 컴포넌트 내의 강한 응집력

◎ 소프트웨어 컴포넌트 간 느슨한 연결

◎ 적절한 스케줄 속성

◎ 인터럽트의 제한된 사용

◎ 소프트웨어 컴포넌트의 적절한 공간적 분리

◎ 공유 자원의 적절한 관리

아키텍처 설계는 〈그림 6-7〉과 같이 정적인 설계와 동적인 설계 두 부분으로 나뉘어 표현되어야 한다.

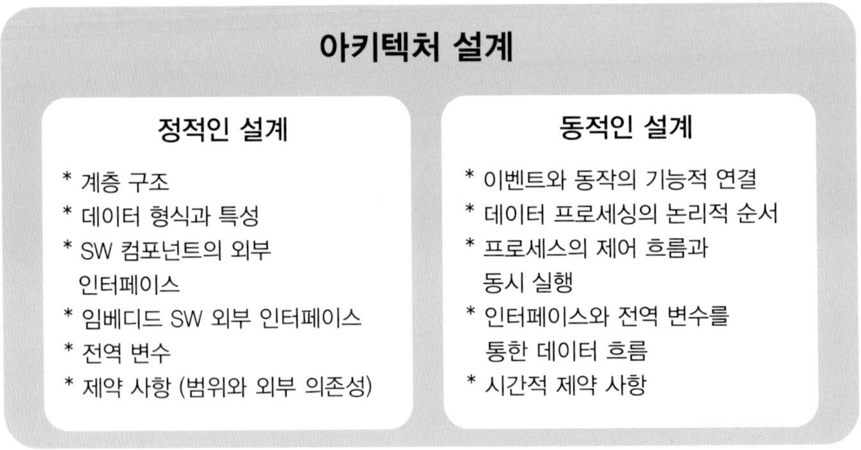

▶ 〈그림 6-7〉 아키텍처 설계 구성

소프트웨어 안전 분석

소프트웨어 아키텍처 구성이 완료되면 기능안전 분석을 통해 개발되는 소프트웨어의 동작이 안전에 영향을 미치는지를 파악한다. 기능안전 분석의 흐름은 〈그림 6-8〉과 같이 모델을 이용하여 소프트웨어 FMEA를 실시하여 안전에 영향에 있을 경우에는 에러 검출이나 에러 핸들링에 대한 안전 메커니즘을 추가하고 안전 분석을 다시 수행하며, 안전에 문제가 없으면 완료한다.

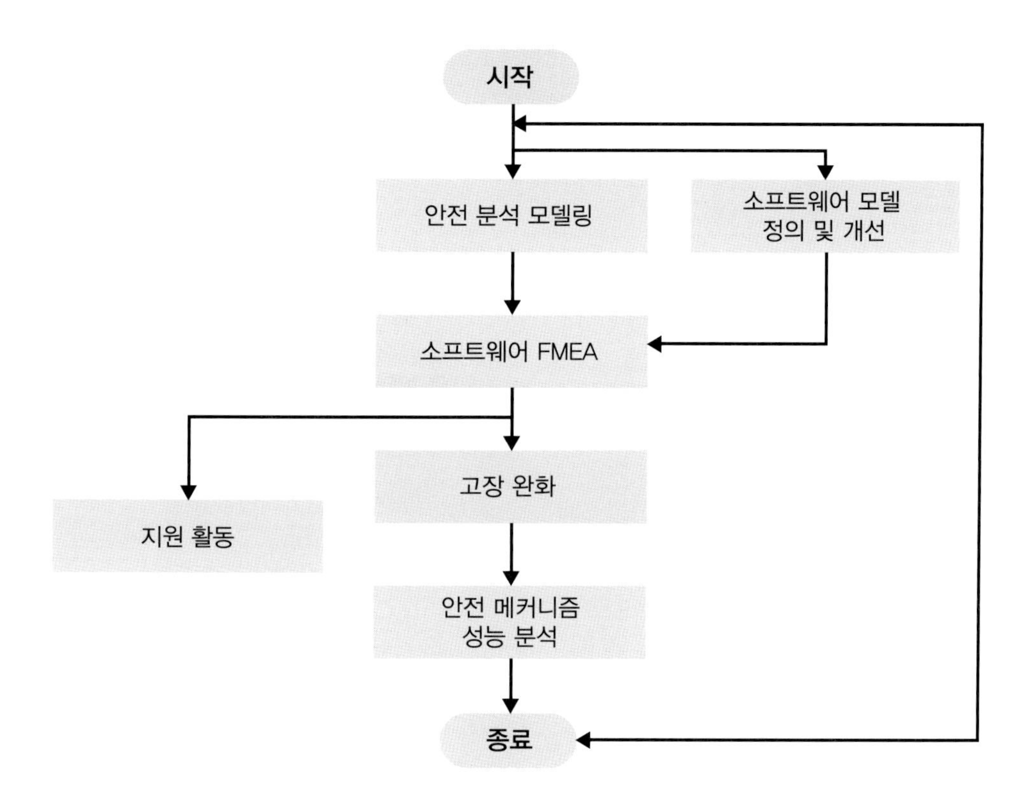

▶ 〈그림 6-8〉 소프트웨어 아키텍처 안전 분석 흐름도

안전 분석에서 소프트웨어가 서로 연결되어 상호 의존적인 경우는 종속 고장에 대한 분석을 해야 하는데 종속 고장 분석에 대한 방법은 ISO 26262:2018 Part 9의 7절에 따라 분석하며 가급적이면 소프트웨어 컴포넌트를 나눌 때 비간섭성과 독립성을 확보하여야 한다. 독립적이어야 각각의 컴포넌트에 요구되는 ASIL 등급을 각각 부여할 수 있으나 상호의존이 되는 경우에는 가장 높은 ASIL 등급을 소프트웨어 컴포넌트에 부여하여야 한다.

소프트웨어의 안전 메커니즘

소프트웨어의 안전 메커니즘에서 에러 검출 메커니즘과 에러 핸들링 메커니즘은 〈그림 6-9〉와 같다. 이러한 안전 메커니즘을 이용하여 소프트웨어 또는 하드웨어에서 발생할 가능성이 있는 에러에 대한 대책을 수립하여 소프트웨어 아키텍처 설계를 완료한다.

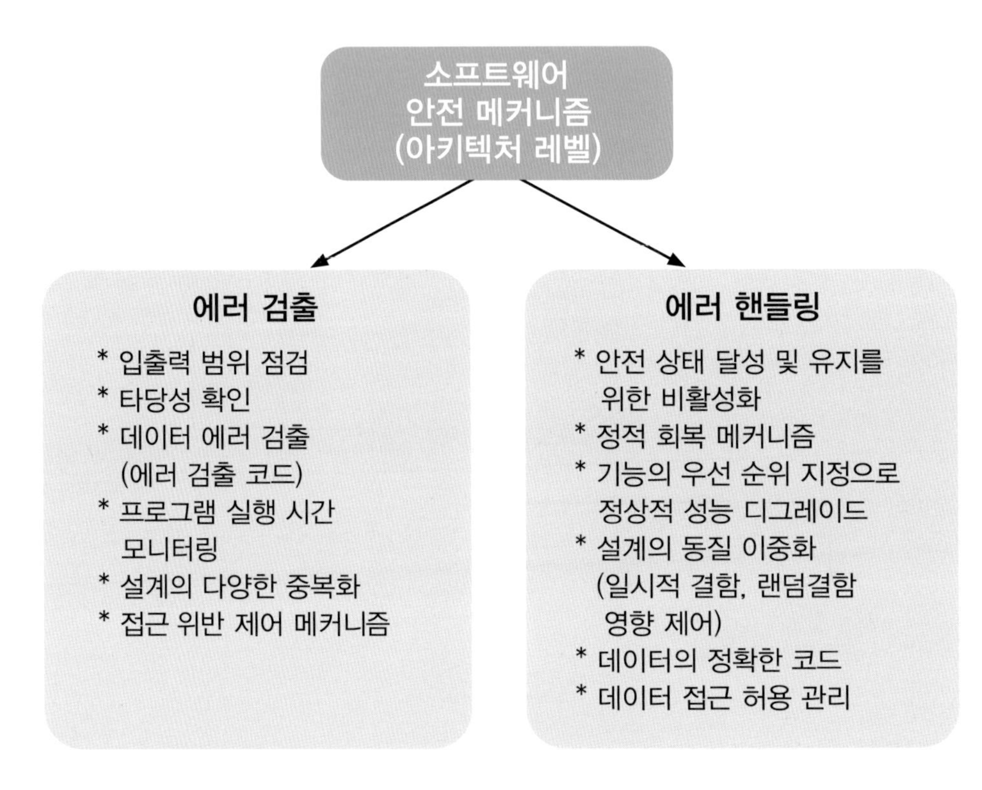

▶ 〈그림 6-9〉 소프트웨어 안전 메커니즘

소프트웨어 아키텍처 설계 검증

소프트웨어 아키텍처 설계가 완료되면 설계를 검증해야 한다. 검증 방법은 할당된 ASIL 등급에 따라 결정되는데 ISO 26262-6:2018에서 제안하고 있는 방법으로는 다음의 8가지가 있다.

◎ 워크 스루(Walk-Through): 설계팀 내에서 설계자가 설명하고 팀원이 검토

◎ 인스펙션(Inspection): 공식적인 점검을 말하는 것으로 계획, 오프라인 점검, 점검 회의 등의 단계로 구성

◎ 시뮬레이션(Simulation): 아키텍처의 동적인 결함 발견에 유효함

◎ 프로토타입 생성(Prototype Generation): 동적인 면에 대한 검증에 유효하나, 실 목표 시스템과의 차이에 유의할 것

◎ 정형 검증(Formal Verification): 자동차 업계에서는 잘 사용하지 않지만, 수학을 이용한 정확성 검증

◎ 제어 흐름 분석(Control Flow Analysis): 정적 코드 분석으로 소프트웨어 실행에서 안전에 지대한 영향을 미치는 경로 확인

◎ 데이터 흐름 분석(Data Flow Analysis): 정적 코드 분석으로 소프트웨어 변수에서 안전에 지대한 영향을 미치는 값을 확인

◎ 스케줄링 분석(Scheduling Analysis): 동적인 면을 검증하는 것으로 소프트웨어 실행 순서 분석

제4절 소프트웨어 유닛 설계와 구현

(Software Unit Design and Implementation)

소프트웨어에 안전 요구사항 시방이 확정되고 유닛까지 소프트웨어 아키텍처 설계가 완료되면 다음 단계는 소프트웨어 유닛 설계를 하고 이를 구현하는 것이다. 유닛에 할당된 요구사항은 안전 관련 요구사항도 있지만 비안전 관련 요구사항도 있어 동시에 감안하여 구현하여야 한다.

소스 코드 레벨의 구현은 수동으로 하거나 자동 코드 생성 프로그램을 이용한다. 수동으로 하는 경우는 ISO 26262-6:2018 8절의 요구사항을 만족하여 소스 코드를 생성하여야 하지만, 자동 코드 생성 프로그램을 이용하는 경우에는 ISO 26262의 요구사항을 만족하는 코드가 자동으로 생성된다. 물론 자동 코드 생성 프로그램은 ISO 26262-8:2018 11절의 소프트웨어 도구에 따라 증명되거나 신뢰 받는 툴을 사용하여야 한다. 소프트웨어 도구의 검증에 대한 상세한 사항은 이 책의 8장 7절 소프트웨어 도구의 실증 신뢰(Confidence in the Use of Software Tools)에 설명하였다.

자동 생성 소프트웨어 도구를 사용하는 것과 수동으로 작업하는 경우를 비교하면 상호 장단점이 있겠지만, 필요에 따라 선택하여 개발한다. 소프트웨어 도구는 고가이므로 간단한 소프트웨어의 개발에 적용하는 것은 무리가 있지만 복잡한 소프트웨어를 개발한다면 소프트웨어 도구를 사용하는 것이 효율적이라 할 수 있다.

제5절 소프트웨어 유닛 검증

(Software Unit Verification)

ISO 26262 1판에서는 소프트웨어 유닛 테스팅으로 검증보다는 테스팅에 중점을 두어 시험이 완료되면 소프트웨어 유닛의 동작에 대한 검증을 완료한 것으로 취급하였으나, ISO 26262:2018 개정판에서는 검증의 다양한 방법(워크 스루, 분석과 테스팅 등)을 제공하여 유닛에 할당된 ASIL 등급에 따라 제안된 검증 방법 중에 조합을 통해 검증하고 유닛의 설계와 구현이 적절하다는 증거를 확보하여야 한다.

ISO 26262 1판에서는 5가지의 시험 방법을 추천하였지만, 2018년에 발표된 개정판에서는 시험이 아닌 검증으로 바꾸고 14개의 검증 방법을 제안하여 할당된 등급에 따라 선택적으로 적용하도록 하였다. 14개 검증 방법을 모두 적용하는 것은 아니고 할당된 ASIL 등급에 따라 추천하는 방법 중에 선정하여 커버해야 할 모든 조건을 만족하여야 한다. 검증 절차는 ISO 26262-8:2018 9절의 요구사항에 따라야 하는데, 이것을 통해 검증되어야 할 사항은 다음에 대한 증거를 확보하는 것이다.

◎ 유닛 설계와 구현이 요구사항을 만족하는지

◎ 소스 코드가 요구사항 시방을 만족하는지

◎ 하드웨어-소프트웨어 인터페이스 시방을 만족하는지

◎ 의도하지 않는 기능과 속성이 존재하는지

◎ 기능과 속성을 보조하는 자원이 충분한지

◎ 안전 분석에 의해 추가된 안전 대책이 구현되었는지

〈그림 6-10〉의 소프트웨어 시험 케이스(Test Case) 도출 방법 및 커버리지에 대해 간략히 설명하면 다음과 같다.

◎ 요구사항 분석(Analysis of Requirements): 기능 요구사항에 대한 분석. 음수의 출력 0인 기능의 함수는 시험 케이스는 -1을 입력해 보는 것이다. 시험 케이스 생성 툴을 사용하는 경우는 요구사항 분석을 통해 생성된다.

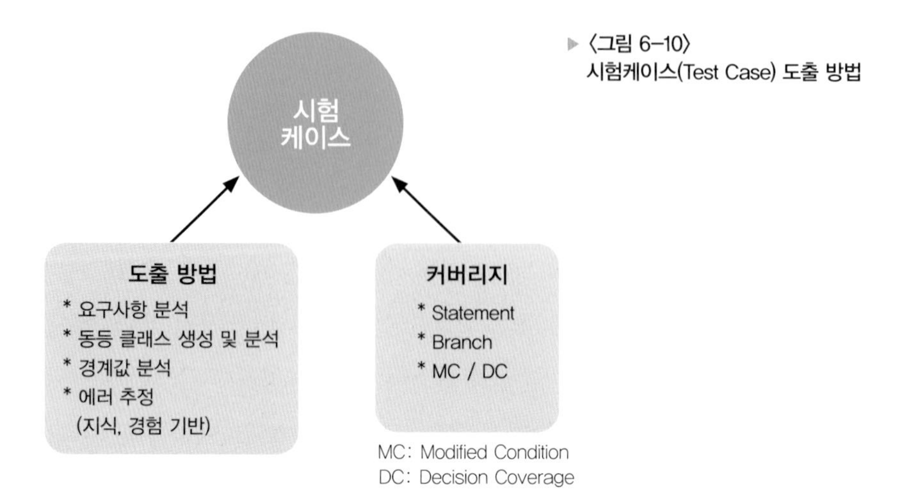

▶ 〈그림 6-10〉
시험케이스(Test Case) 도출 방법

◎ 동등 클래스 생성과 분석(Generation and Analysis of Equivalence Classes): 유사한 기능을 갖는 유닛의 입력 범위를 동등 클래스로 정의하는데, 입력과 출력에 기반하여 식별된다. 식별된 값(범위)이 동등 클래스를 나타내며, 이 값에 근거하여 테스트 클래스를 생성한다.

◎ 경계값 분석(Analysis of Boundary Values): 모든 입력은 가능한 최소값과 최대값을 갖게 되는데 이것을 경계값이라 한다. 경계값을 분석하여 범위 밖의 값과 범위 내에서도 최소 또는 최대값에 근접한 적절한 값을 입력해 보는 시험 케이스를 말한다.

◎ 에러 추정: 지식 기반 또는 전문가의 판단에 따라 시험 케이스를 생성하는 것이다.

◎ 구문 커버리지(Statement Coverage): 시험 케이스에서 한 번이라도 시험하는 라인은 커버된 것이다.

◎ 분기 커버리지(Branch Coverage): 'if…. else'와 같은 조건 결정에 대해 적용하는데, true와 false 경우에 대해 모두 실행해 보아야 한다.

◎ 수정된 조건/결정 커버리지(MC/DC: Modification Condition/Decision Coverage): 'if…. else' 또는 loop 조건인 경우에 모든 조건을 대입해 본다.

물론 이와 같이 시험 케이스를 수동으로 작성할 수 있으며, ISO 26262에 따라 신뢰 받는 소프트웨어 도구를 이용할 수도 있다. 소프트웨어 테스트를 할 때는 개발된 소프트웨어가 사용될 환경과 같은 환경 아래에서 수행해야 하는데 사용하는 MPU나 OS에 맞는 환경을 조성하여야 한다.

제6절 소프트웨어 통합과 검증

(Software Integration and Verification)

소프트웨어 통합은 아키텍처 설계에 따라 계층적으로 안전에 관련된 엘리먼트나 안전과 관련 없는 엘리먼트를 아키텍처의 설계에 따라 통합하여 최종적으로 전체가 통합될 때까지 진행한다.

통합의 단계마다 기능상의 상호의존과 하드웨어와의 통합을 고려하며 진행을 한다.

통합 후 검증에 대해서는 ISO 26262 초판에서는 시험 항목으로 5개의 방법을 제안하였으나, 2018년도 개정판에서는 시험이 아닌 검증이라는 항목으로 변경을 하고 3개의 항목을 더 추가하여 총 8개의 통합 검증 방법에 대해 기술하고 있다. 추가된 검증 방법으로는 제어 흐름과 데이터 흐름에 대한 검증, 정적 코드 분석 및 추상화에 근거한 정적 분석이다. 물론 통합 소프트웨어에 할당된 ASIL 등급에 따라 적절한 검증 방법을 선정하여 진행하면 된다.

소프트웨어 통합 시험 케이스 도출은 유닛 시험 케이스 도출과 같은 방법으로 도출하며, 커버리지 부분만 함수(Function) 커버리지와 콜(Call) 커버리지에 대해 검증한다.

함수와 콜에 대한 커버리지를 평가하여 사용되지 않는 함수나 콜을 삭제하거나 비활성화시킨다. 비활성화된 소프트웨어는 이러한 코드가 있어도 검증하는 소프트웨어를 손상하지 않는다는 것을 확인하여야 한다.

통합 시험 환경은 소프트웨어가 실제로 동작하는 목표 환경을 고려하여 통합 시험 목적을 달성하는 데 적합하여야 하는데 필요한 경우는 다른 환경, 예를 들면, Model-in-the-Loop, Software-in-the-Loop, Processor-in-the-Loop, Hardware-in-the-Loop와 같은 환경에서도 실행할 수 있다.

제7절 임베디드 소프트웨어 시험

(Testing of the embedded Software)

임베디드 소프트웨어가 목표 환경에서 안전 관련 요구사항을 만족하고 기능안전에 관하여 원하지 않는 기능성이나 속성을 포함하지 않는다는 증거를 제공하는 것이 시험의 목적이다.

임베디드 소프트웨어 시험은 목표 환경에서의 동작을 확인하는 것이 중요하므로 시험 환경은 Hardware-in-the-Loop, 전자 제어 유닛 네트워크 환경 및 차량에서 시험한다.

시험 방법으로는 요구사항 기반 시험과 결함 주입 시험(Fault Injection Test), 2가지가 추천되고 있는데 할당된 ASIL에 따라 선정하여 시험한다.

임베디드 소프트웨어 시험 케이스를 도출하는 방법으로는, 소프트웨어 유닛 시험 케이스 도출에 사용된 4가지 방법에 기능적 의존성 분석 및 동작 사용 경우(Operational Use Cases) 분석을 추가한 총 6가지 방법이 추천되고 있다. 앞의 4가지 방법에 대한 설명은 유닛 테스트 방법을 참조하고, 추가된 방법은 방법의 이름에서 그대로 설명된다. 물론 6개 방법의 조합을 통해 목적을 확인하는 증거를 확인하여야 한다. 임베디드 소프트웨어 시험 결과를 분석하여 예상값 만족과 소프트웨어 안전 요구사항 커버리지에 대해 평가하여야 한다.

제8절 소프트웨어 설정

(Annex C: Software Configuration)

어플리케이션에 따라 소프트웨어의 동작을 제어할 수 있도록 설정 데이터(Configuration data)와 교정 데이터(Calibration data)를 이용하는 것으로, 소프트웨어에 할당된 ASIL등급에 대한 요구사항을 만족하여야 한다.

〈그림 6-11〉에 나타낸 것과 같이 설정 가능 소프트웨어와 설정 데이터를 합하여 소프트웨어를 생성하여 설정 가능 소프트웨어가 되고, 여기에 교정 데이터를 합쳐서 특정 어플리케이션에 특화된 소프트웨어를 생산할 수 있다.

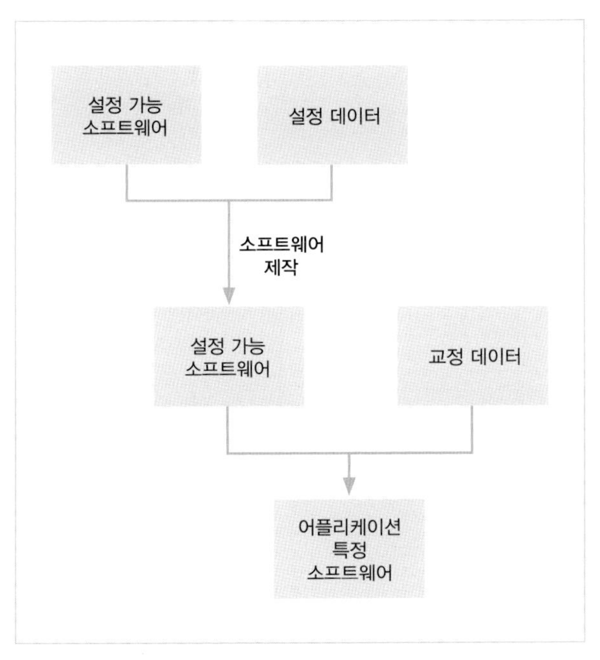

▶ 〈그림 6-11〉 어플리케이션 특정 소프트웨어 (ISO 26262-6: 2018 Figure C.1)

소프트웨어 설정을 위한 기본 개발 절차는 2가지가 있을 수 있는데, 하나는 〈그림 6-12〉에 있는 것과 같이 다른 설정 데이터와 다른 교정 데이터(Calibration Data)를 사용하는 경우와 〈그림 6-13〉에 나타낸 것과 같이 설정 데이터는 같고 교정 데이터만 다른 경우가 있다.

개발된 설정 가능 소프트웨어를 재사용하기 위해서는 어떤 부분까지 검증을 받았는지와 적용된 ASIL 등급에 따라 재사용 여부를 결정할 수 있다. 설정 가능한 소프트웨어만 검증을 받은 경우는 설정 데이터를 포함하여 검증한 후에 교정 데이터를 포함하여 검증한 후에 사용 가능하나, 설정 데이터를 포함하여 소프트웨어를 검증한 경우는 교정 데이터만 포함하여 검증한 후에 사용할 수 있다.

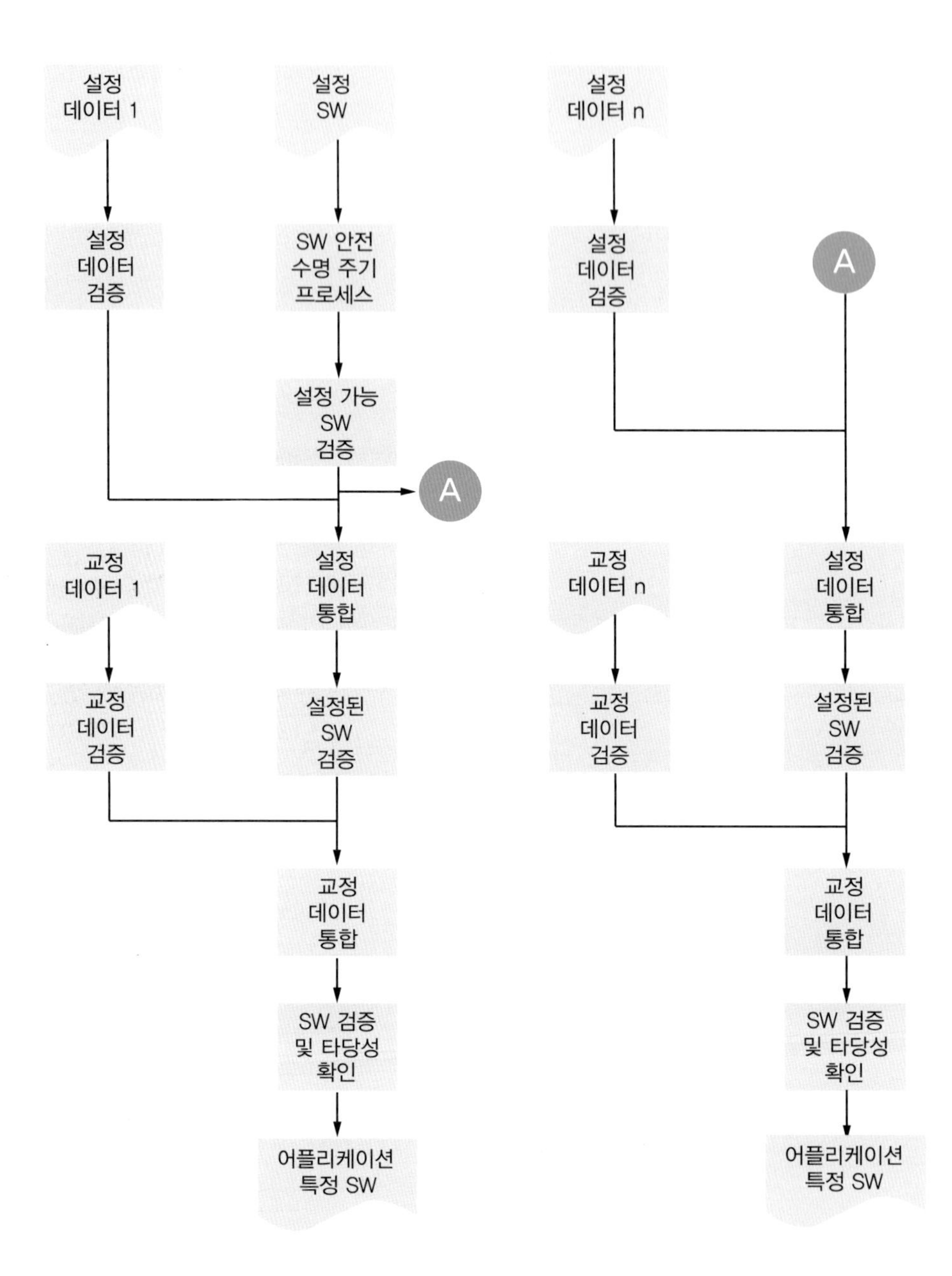

▶ 〈그림 6-12〉 다른 설정 데이터와 다른 교정 데이터를 갖는 소프트웨어 개발 단계(ISO 26262-6: 2018 Figure C.2)

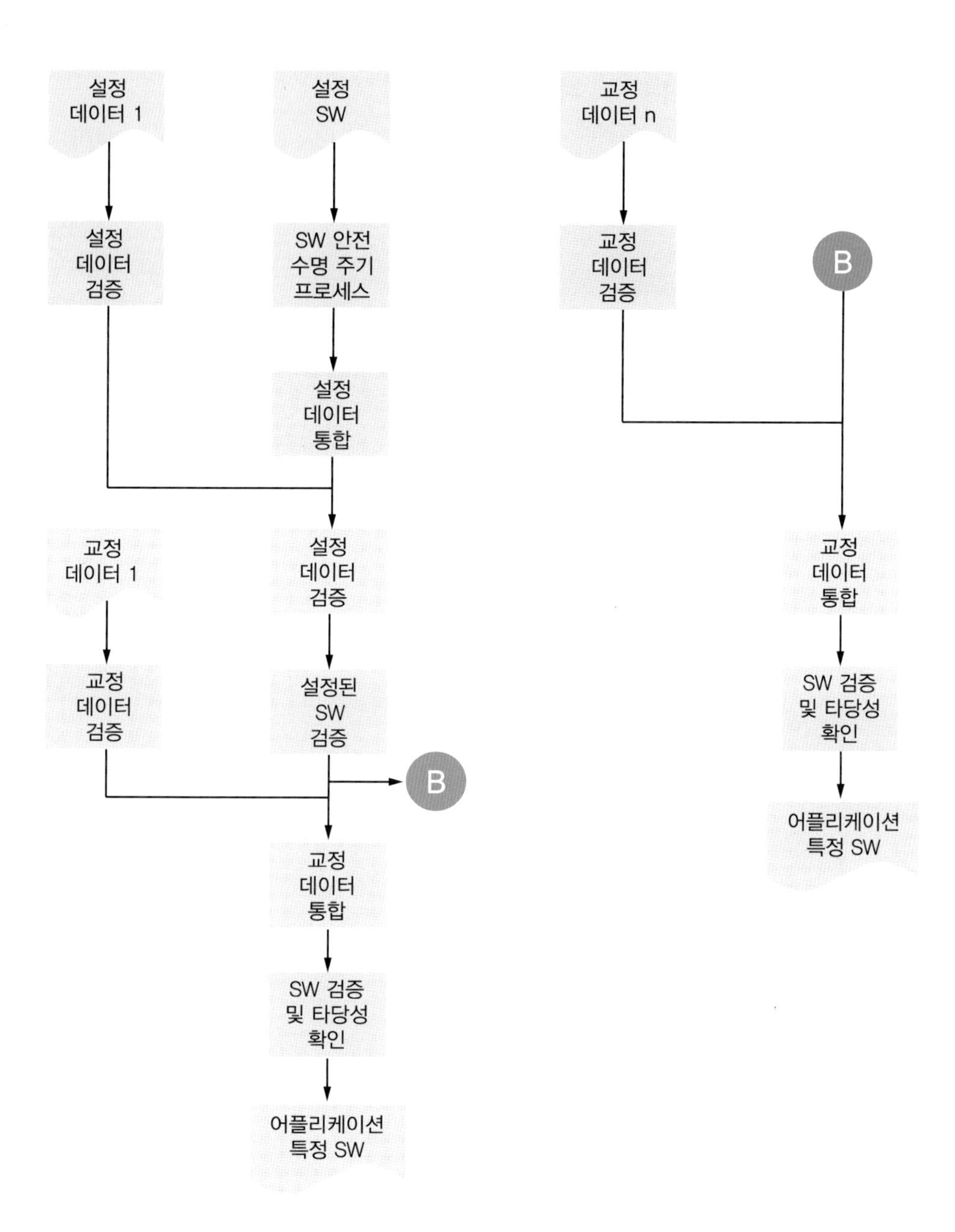

▶ 〈그림 6-13〉 같은 설정 데이터와 다른 교정 데이터를 갖는 소프트웨어 개발 단계(ISO 26262-6: 2018 Figure C.3)

안전 관련 교정 데이터의 의도하지 않는 변경을 검출하는데 사용하는 메커니즘은 할당된 ASIL 등급에 따라 〈표 6-4〉에 나타낸 메커니즘 중에 선택하여 구현한다. 설정 데이터(Configuration Data)는 설정 가능 소프트웨어의 정확한 사용을 보장하는 것이고, 교정 데이터(Calibration data)는 설정된 소프트웨어의 예상 성능과 정확한 동작을 위해 사용된다.

메커니즘		ASIL			
		A	B	C	D
1a	교정 데이터의 타당성 점검	++	++	++	++
1b	교정 데이터의 이중 저장 및 비교	+	+	+	++
1c	에러 검출 코드 이용 교정 데이터 점검	+	+	+	++

▶ 〈표 6-4〉 데이터의 의도하지 않은 변경 검출 메커니즘(ISO 26262-6: 2018 Table C.1)

제 7 장

생산, 운용, 서비스와 폐기

Production, Operation, Service and Decommissioning

ISO 26262 Part 2에서 강조하고 있는 자동차의 안전 수명 주기는 크게 나누어 보면 〈그림 7-1〉과 같이 재구성할 수 있는데, Part 2의 안전 경영, Part 8의 지원 프로세스와 Part 9의 ASIL 및 안전 분석에 대한 것을 제외하고 나머지 Part 및 부분들은 제품의 개발에 관련된 것이 주를 이루고 있다. 개발을 제외한 생산, 운용, 서비스, 폐기의 각 단계마다 적용해야 할 안전 활동에 대한 것을 규정한 것이 Part 7이다.

설계 이후의 단계가 중요하지 않은 것은 아니지만, 제품 설계 활동에 의해 이미 많은 부분이 결정되어서 제품의 생산 및 이후 문제점이 발생하게 되면 비용 면에서 많은 손해가 발생하게 되므로, ISO 26262에서는 개발 단계에 많은 역량을 집중하고 있으며, Part 7은 개발 이후 생산, 운용, 서비스, 폐기 시 안전과 관련되어 문제가 발생하지 않도록 하는 것을 주요 목적으로 삼고 있다.

오래전부터 자동차 부품 업체들이 IATF 16949 혹은 ISO 9001 품질 경영 시스템 체계를 구축하고 실행해왔기에 생산, 운영, 서비스 및 폐기에 관련해서는 나름대로 노하우를 가지고 잘 관리하고 있다고 본다.

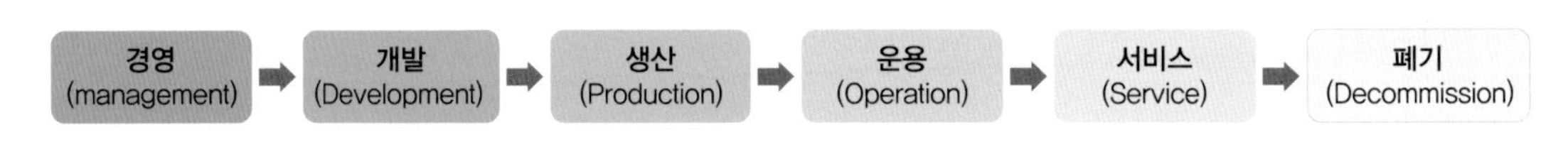

▶ 〈그림 7-1〉 재구성한 자동차의 안전 수명 주기

ISO 26262-7:2018 2판과 ISO 26262-7:2011 1판의 차이점은 계획에 따른 실행을 강조하였으며, 각 Part에 흩어져 있는 생산, 운용, 서비스와 폐기의 계획과 관련된 내용을 2판에서는 통합하여 Part 7에 기술했다. 즉, 안전에 관한 사항은 수행 시에 발생할 수 있는 문제점에 대해서 사전 계획을 통해 점검, 제거하는 것으로 사후조치보다는 사전조치를 확립하는 것이다.

제1절 생산, 운용, 서비스와 폐기 계획
(Planning for Production, Operation, Service and Decommissioning)

차량에 설치될 아이템 또는 안전 관련 엘리먼트의 생산 프로세스를 개발하고 유지하며, 차량의 수명 주기 동안 기능안전이 달성되도록 사용자에게 운용, 서비스(유지 보수)와 폐기에 필요한 정보를 제공하기 위한 계획을 세우는 것이 본 단계의 목적이다.

기능안전을 달성하기 위하여 생산 중 특정 프로세스 파라미터(예: 납땜 온도 범위나 체결 토오크), 재료의 특성, 생산 허용오차 및 엘리먼트의 구성 등은 개발 단계에서 식별된 안전 관련 특별특성으로 관리되어야 한다.

생산 계획(Production Planning)

생산 프로세스 계획은 생산 중에도 기능안전이 달성되도록 〈그림 7-2〉와 같이 고려되어야 하는 항목을 고려하여 작성되어야 한다.

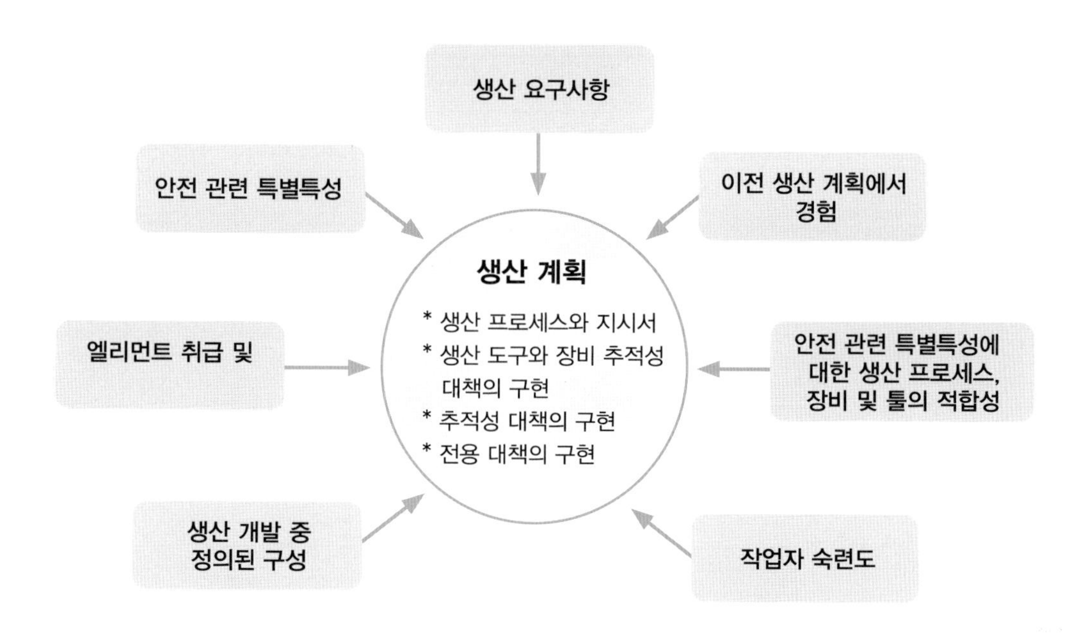

▶ 〈그림 7-2〉 생산 계획 고려 사항과 포함 사항

생산 절차서에는 안전 관련 특별특성과 관련해 정확한 버전 관리가 필요한 엠베디드 소프트웨어와 관련 교정(Calibration) 데이터를 규정하여 생산 프로세스의 일부로서 ECU에 프로그램되도록 한다. 상식적으로 예견되는 생산 프로세스의 실패와 기능안전에 대한 영향은 미리 식별되어야 하며 관련 프로세스의 실패에 대해서는 적절한 대책이 구현되어야 한다.

생산 계획 중에 식별된 안전 요구사항은 시스템, 하드웨어, 소프트웨어 개발 책임자에게 직접 통보하여야 한다. 아이템이나 엘리먼트에 영향을 주는 생산, 운용, 서비스와 폐기에 대한 변경은 ISO 26262-8:2018 6절의 변경 관리에 의해 관리된다.

'관리 계획서(Control Plan)'는 자동차 부품 업체에서 설계 도면 다음으로 중요한 문서로, 설계 시 도면을 기준으로 제품이 만들어지고, 관리 계획서가 만들어진다. 관리 계획서를 기준으로 공정을 관리할 수 있는 검사 기준서, 작업 표준서 등 표준류를 만들 수 있다. 관리 계획서는 보통 연구 개발팀, 설계팀, 개발팀, 생산 기술팀 등에서 진행하며, 부분적으로 어려운 사항은 CFT(상호 기능팀)을 구성하여 재정립한다.

관리 계획서 (Control Plan)

① 업체명(Supplier Name) : 견본산업

단 계(②)		차종(③gram)	NF
	시작단계 (Proto)	부품명/품명 (Pa④me)	END ASS'Y
		부번 / 품번 (P⑤o)	E000100
●	양산단계 (SOP)	상호기능팀원 (Co⑥eam)	생산 이견봉 QC 최하나 / 영업 김철

NO ⑦	개정일자 (Date) ⑧	개정사유 (Revision) ⑨	작성 Prepared ⑩	검토 Reviewed ⑪	승인 Approved ⑫
△0	2006.11.20	최초작성	(서명)	(서명)	(서명)
△1					
△2					
△3					
△4					
△5					

제정일자⑬d Date) : 2006.11.28

⑭ 결재 Approval	작성 Prepared	검토 Reviewed	승인 Approved
	(서명)	(서명)	(서명)
	11/28		11/28

업체CODE⑮0001 | 고객기술 승인/일자(요구시) Technique Approval/Date (If required) ⑯ | 고객품질 승인/일자(요구시) Quality Approval/Date (If required) ⑰ | 기타승인/일자(요구시) Other Approval/Date (If required) ⑱

⑲ 공정 No	공정흐름도⑳ SUB	MAIN	외주 (Out)	공정명 ㉑	설비명 ㉒	관리 항목㉓ NO	제품(Part)	공정(Process)	특별특성 ㉔	관리 기준㉕ 규격(Spec)	확인방법(Method)	주기(Period)	관리방안(Scheme)	관리분담㉖ (Type) 생산(Pro'n)	QA	이상 발생시 조치 사항㉗ (Reaction Plan)	비고 (R㉘k)
1			▽	원재료입고		1	외관			결점없을것	육안	입고시	수입검사성적서		○	반품	
						2	재질			SWCH10A	M/SHEET	입고시	수입검사성적서		○	반품	
						3	선경			Ø12 ±0.03	M/M	입고시	수입검사성적서		○	반품	
2			▽	사급품입고		1	CAP			E000200	부품TAG	입고시	확인		○	선별/반품	
3		○		단조가공	단조가공기	1		설비		설비점검표	육안	작업전	설비점검표	○		수리/교환	
				(1차 내경가공	(250T)	2		AIR압력		100kg/㎠	육안	작업전	확인	○		수리/교환	
				및 외경가공		3		금형		E000300	육안	작업전	확인	○		수정/교환	
				및 절단)		4		절단날		AAA (초경 WC)	육안	작업전	확인	○		수정/교환	
						5		절단날 교환주기		300,000EA	카운터/육안	작업전	확인	○		교환	
						6		내경 PIN		Ø5.0*15 (초경 WC)	육안	작업전	확인	○		수정/교환	
						7		내경PIN 교환주기		30,000EA	카운터/육안	작업전	확인	○		교환	
						8											
						9											
						10											
						11											
						12											

추가로, 설비의 작업전 초기설정시 관리기준을 항목별로 전부 기록한다.
-.압력,스트로크 등등(작업표준 관리 항목).
-.수지,고무,D/C등 사출성형은 작업조건을 전부 기록.
-.공정관리 항목/규격/확인방법/주기/관리방안/관리분담/이상조치사항 등 해당란은 누락없이 전부 기록한다.

▶ 〈그림 7-3〉 관리 계획서 양식 및 작성 요령

관리 계획서는 〈그림 7-3〉과 같이 생산 현장이나 공정에서 설비, 작업등을 관리하기 위하여 공정의 흐름, 공정별 주요 설비, 공정별 관리 항목(제품 특성 및 공정 특성), 관리 기준, 관리 방법, 공정별 검사 주기/항목/기준을 정한 문서이다. 양산시 적용되는 관리 기준을 세운다는 것은 중요한 일이며, IATF 16949에서는 필수 사항으로 요구하고 있다.

관리 계획서는 〈그림 7-3〉의 관리 계획서 양식의 번호에 따라 작성되어야 하며, 각 번호에 작성될 내용은 아래와 같다.

① 업체명: 생산(공급)하는 업체명을 기록한다

② 단계:

1) 시작: 시작 단계(Proto) 문서로서 시작품 제작 기간 동안 관리하는 공정별 치수 측정 항목, 재료 표준 및 성능 시험 등의 내용을 작성하는 시작 관리 계획서.(제출 시기: 시작품 승인 의뢰 시(단, 고객 요청 시))

2) 양산: 양산 단계(Pilot) 문서로서 정상적인 양산 공정에서 관리하는 제품/공정 특성, 공정 관리 기준 등의 포괄적인 문서화 내용으로 작성하는 양산 관리 계획서.(제출 시기: PI 전 검사협정 체결 시)

③ 차종: 부품 도면의 차종란에 기입되어 있는 차종 명을 기록한다.(부품 도면에 차종 명이 기입되어 있지 않거나, 모를 경우 문의 후 기록)

④ 부품명/품명: 부품 도면에 명시된 부품의 명칭을 기입한다.

⑤ 부번 /제품 번호: 부품 도면에 명시된 제품 번호를 기록한다.(부품번호)

⑥ 상호 기능 팀원: 관리 계획서 작성에 참여한 인원의 부서와 이름을 기입하고 서명한다.

⑦ NO.: 개정 시 순서에 따라 표시하여 기록한다. 단, 최초 작성 시에는 '0'부터 시작한다.

⑧ 개정 일자: 도면의 개정일과 같은 일자를 기록한다.(단, 4M 변경 등의 사유로 인한 개정 시에는 변경된 시점을 기준으로 개정 연월일을 기록)

⑨ 개정 사유: 부품 도면에 명시된 개정 이력을 기록한다. 단, 문서 최초 작성 시에는 '최초 작성'으로 기록한다.(4M 변경 등의 사유로 인한 개정 시에는 변경 내용을 기록)

⑩ 작성: 작성(담당)자 서명

⑪ 검토: 검토자(중간 관리자) 서명

⑫ 승인: 최종 승인자(품질 책임자) 서명

⑬ 제정 일자: 문서를 최초로 작성한 일자를 기록한다.(참고: 제정일은 설계 변경되어도 변경되지 않는다.)

⑭ 결재: 문서의 내용을 작성 후 자체 승인을 얻는다.

⑮ 업체 CODE: 공급자 CODE를 기록.

⑯ 고객 기술 승인/일자(요구 시): 기술 승인 일자를 고객 요구 시 기입한다.(기재하지 않아도 무방)

⑰ 고객 품질 승인/일자(요구 시): 품질 승인 일자를 고객이 요구 시 기입한다.(기재하지 않아도 무방)

⑱ 기타 승인/일자(요구 시): 기타 승인 일자를 고객이 요구할 경우 기입한다.(기재하지 않아도 무방)

⑲ 공정 NO.: 공정 흐름도와 연계하여 공정별 순서를 나열하여 기록.

⑳ 공정 흐름도: Sub/Main/외주 여부에 대해 해당 공정에 기호를 표기한다.

1) Sub: 공급자 자체 Main 공정에서 작업하지 않고 별도 부품 가공(혹은 조립) 공정에서 Main 공정을 지원하는 작업으로서, 원활하고 쉽게 Main 공정이 진행되도록 기조립 등 지원작업을 미리 하는 것을 말한다.(예: Ass' y, AOO을 Main 작업 시 구성품 B, C, D를 미리 Sub 공정에서 기조립하여 Main 공정에 투입시킴으로 작업이 빨리 진척되도록 함)

2) Main: 주된 공정 작업으로써 제품을 생산하는 주요 공정을 말한다.

3) 외주: 자체 작업을 통해 공급하지 않고 외부(거래처)에서 공급 작업을 하는 것을 말한다.(원재료, 사급품, 표면처리 등)

㉑ 공 정명: 작업 공정별 주요 작업에 대한 설명을 기록.(수입검사, 사출, 도장 등)

㉒ 설비명: 작업에 대해 제조 기계, 장치, 지그 또는 공구 등과 같은 적절한 공정 장비를 기록.

㉓ 관리 항목: 작업 공정에서 생산을 위한 제품, 공정 관리 사항을 구분하여 기록.

1) No: 공정별 관리 번호를 순서에 따라 기록.

2) 제품: 제품과 관련된 공정별 점검 항목 및 도면에 명시된 고객 지정 특별특성 항목 등을 파악하여 기록.(예: 외관, 치수, 부품명, 성능 항목 등)

3) 공정: 제품 특성과 관련된 공정 관리 사항을 기록.(예: 설비, 금형, 작업 조건, 치공구 등)

㉔ 특별특성: 도면의 고객 지정 특별특성 및 중요 특성을 식별 표기. 법규 및 안전 관련 특성 식별 표기.

㉕ 관리 기준: 제품 또는 공정 관리를 위한 지준 및 방법을 기록.

1) 규격: 부품 도면의 치수, 성능, 재질 및 공정의 점검 항목, 작업 조건 등 관리 규격을 기록.

2) 확인 방법: 부품, 공정, 제조 장비의 측정에 요구되는 측정기기, 게이지, 시험 장비, 검사구 등을 기록.(예: V/C, P/G, UTM, 기능 시험 장비 등)

3) 주기: 측정 및 관리를 위한 주기를 기록.

4) 관리 방안: 작업의 관리 방법을 간략히 기록.(예: Spec, 기록양식, 확인 등)

㉖ 관리 분담: 관리 기준에 대한 주관 부문을 식별 표기.

㉗ 이상 발생 시 조치 사항: 부적합품 발생 시 처리 방법에 대한 내용을 간략히 기록.

㉘ 비고: 기타 관리 정보 사항에 대해 기록.

> **참고:** 공정의 범위는 원재료 입고부터 출하까지 공정별, 흐름 별로 기록하여야 한다.
> 또한 관리 계획서, PFMEA(공정 FMEA)는 공정이 일치되어 관리되어야 한다

양산 전(선행 생산) 단계(Pre-Production)

생산 전 프로세스와 조정 대책은 목표 시리즈 생산 프로세스를 대표하며, 생산 전 프로세스와 목표 시리즈 생산 프로세스 간의 차이는 생산 프로세스의 능력(Capability)이 되는지를 결정하기 위해 분석된다.

분포현상	공정능력 지수	등급	공정능력 유무 판단	시정조치	비고	
					Cp값	σ
하한 s $\bar{x}$ 상한	Cp ≥ 1.67	0	공정능력은 매우 충분.	• 들쭉날쭉이 약간 커져도 걱정할 필요가 없다. • 비용절감이나 관리의 간소화를 생각하도록 한다.	Cp = 1.67	± 5σ
하한 s $\bar{x}$ 상한	1.67 > Cp ≥ 1.33	1	공정능력은 충분.	• 아주 이상적인 공정상황이므로 현재의 상태를 유지한다.	Cp = 1.33	± 4σ
하한 s $\bar{x}$ 상한	1.33 > Cp ≥ 1.00	2	공정능력이 충분하지는 않지만 그 정도면 괜찮다	• 공정관리를 확실하게 하여 관리상태를 유지할 것. • Cp가 1에 가까워지면 불량발생의 가능성이 있으므로 주의해야 한다.	Cp = 1.00	± 3σ
하한 s $\bar{x}$ 상한	1.00 > Cp ≥ 0.67	3	공정능력이 모자란다.	• 불량품이 생기고 있다. • 전체 선별, 공정의 개선, 관리가 필요하다.	Cp = 0.67	± 2σ
하한 s $\bar{x}$ 상한	0.67 > Cp	4	공정능력이 매우 부족하다.	• 품질이 전혀 만족스럽지 않다. 서둘러 현황조사, 원인규명, 품질 개선 같은 긴급 대책을 펴야 한다. • 상한·하한 규격 값의 재검토도 해야 한다.	Cp = 0.33	± 1σ

▶ 〈그림 7-4〉 생산 공정 능력 분석 통계적 품질 관리

〈그림 7-4〉는 통계적 품질 관리를 위해서 생산 공정 능력을 분석하여 관리하는 것으로 품질의 변동은 4M(사람, 설비, 재료, 작업 방법- Man, Machine, Material, Method) 등의 변동에 의해 발생한다. "품질은 공정에서 만들어진다"라는 생각에서 품질 변동 요소인 4M의 상태에 따라 공정에서 만들어지는 품질의 상태가 결정되는데 이 상태를 공정 능력(CP ; Capability of Process)이라 한다. 따라서 공정 능력이란 "관리 상태에 있는 안정된 공정이 만들어낼 수 있는 품질 능력"을 말한다.

공정 능력 지수는 공정 능력의 정도를 평가하기 위해 산출하는데, 주어진 작업 조건에서 나타나는 품질 산포 크기(기본 6 σ)를 규격의 크기와 비교하는 것이다.

양쪽 규격이 있고(규격 상한, 하한) 단지 산포의 크기와 규격의 크기를 비교하고자 할 때 사용하는 지수이며, 공정 능력 지수는 Cp 혹은 Cpk로 나타낸다.

운용, 서비스, 폐기의 계획서(Planning of Operation, Service and Decommissioning)

아이템에 대한 운용, 서비스와 폐기 프로세스 계획서는 유지 보수 요구사항, 폐기 요구사항, 긴급 구난 요구사항 등의 요구사항과 경고와 성능 저하 취급 전략, 필드 모니터링 프로세스, 취급 조건, 구성 및 인력의 숙련도를 고려하여 수립된다.

서비스 계획서는 정비 주기 및 필요 도구를 포함하여 아이템 또는 엘리먼트에 대해 수행되는 정비 활동의 순서와 방법을 기술하며, 서비스 지침서에는 순서, 방법 및 진단 루틴과 필요한 도구와 장비 등과 같은 것을 설명하여야 한다. 사용자 매뉴얼을 포함한 사용자 정보는 아이템 또는 엘리먼트의 적절한 사용에 관한 지침과 경고뿐만 아니라 관련 기능, 경고등 표시와 같은 고장이 난 경우의 소비자 조치 설명 및 알려진 위험원에 대한 경고와 운전자의 오용 방지를 위한 적절한 사용 경고 등도 포함하여야 한다.

폐기 지침은 아이템이나 엘리먼트의 안전한 폐기를 위한 분해 중에 적용되는 활동과 대책을 기술한다.

운용, 서비스와 폐기 계획 중에 식별된 안전 요구사항은 ISO 26262-2:2018 6절에 따라 시스템, 하드웨어와 소프트웨어의 개발 책임자에게 보고되어야 한다. 구난 지침서 또는 응급 구난 가이드를 포함한 구난 서비스에 대한 정보는 구난 활동 중에 위험원을 회피하기 위한 지침과 경고를 제공한다.

제2절 생산

(Production)

생산은 1절에서 수립한 계획서에 따라 생산 프로세스와 제어 대책을 구현하고 유지하며, 안전 관련 특별특성은 편차를 포함하여 분석되어야 한다. 분석 결과를 파악하여 프로세스의 고장을 식별하고, 식별된 고장이 기능안전에 미치는 영향을 분석하고, 이러한 영향을 줄이기 위한 대책을 수립하여 구현하고, 마지막으로 수립된 대책이 효과가 있다는 것을 확인한다.

기능안전과 관련하여 생산 프로세스, 장비와 도구 및 시험 장비의 능력을 평가하여 유지시킨다. 특히 시험 장비는 적용된 품질 경영 시스템(예: IATF 16949)의 모니터링 및 측정 장비 요구사항 제어에 의해 관리된다.

편차가 책임자에 의해 공인(Authorized)되지 않는 한 생산 허가 보고서에 정의된 것과 같이 단지 승인된 것만 생산되어야 한다. 생산 단계에서 시작된 생산 프로세스의 변경은 ISO 26262-8:2018 8절의 변경 관리에 따라 관리되어야 한다.

제3절 운용, 서비스 및 폐기

(Operation, Service and Decommissioning)

잠재적 안전 관련 사건에 대한 현장 모니터링 프로세스는 기능안전 관련 필드 데이터를 제공하고, 필드 데이터를 분석하며, 식별된 기능안전 문제를 해결하는 활동으로 구성된다.

아이템 또는 엘리먼트의 운용, 서비스와 폐기는 서비스 계획서, 서비스 지침과 폐기 지침에 따라 실행되고 문서화 되어야 하며, 아이템 또는 엘리먼트의 변경과 운용, 서비스 또는 폐기에 대한 변경은 ISO 26262-8:2018 8절 변경 관리에 따라 관리되어야 한다.

많은 완성차 및 자동차 관련 부품 업체들이 ISO 26262 기능안전을 적용할 때 등한시 하는 것이 서비스 기간 동안의 필드 데이터, 정보/자료 수집에 대한 내용과 차량 정비소에 대한 기능안전 프로세스 수립 및 실행이다. 특히 AS 요원에 대한 교육 훈련, 정비소에서 사용하거나 활용하는 SW 장비와 계측 장비에 대한 관리, 운전자 매뉴얼, 부품 교환 주기, 정비 매뉴얼, 정비 보수 절차 및 기준서 등에 명확한 관리 방법을 정하여야 한다.

제 8 장 지원 프로세스

Supporting Processes

ISO 26262-8:2018은 공급자가 위탁하여 개발하는 경우, 협력 개발, DIA와 안전 요구사항의 관리, 구성 관리, 변경 관리 등과 같이 ISO 26262-2:2018에서 언급한 안전 관리를 구체적으로 실행할 때 요구되는 사항에 대하여 규정하고 있다.

지원 프로세스는 안전 수명 주기 하나에 존재하는 것이 아니라 전 수명 주기 단계에 걸쳐서 발생하는 것에 대하여 규정하고 있음으로 개발의 각 단계를 수행하기 전에 프로세스를 확립해 놓는 것이 필요하다. 기능안전 경영(FSM) 시스템을 수립하여서 안전 문화를 정착시키는 것이 Part 2에서 요구하는 것이라면, Part 8은 관리에 대한 프로세스와 문서의 형태, 변경 관리, 구성 관리, 검증, SW Tool, SW 컴포넌트, HW 엘리먼트, 재사용 등의 지원 프로세스를 수립하여 요구사항 관리, 기술 문서 관리 등을 요구하고 있으며, 사전에 구체화해서 실행하는 것이 바람직하다.

제1절 협력 개발

(Interface within distributed Development)

협력 개발이란 아이템의 일부 또는 전부를 외부 기업체 또는 외부 기관에 위탁하여 개발/생산하는 것으로 ISO 26262에서 중요하게 여기는 것은 개발의 시작부터 시험, 생산, 운영, 서비스 혹은 폐기까지 업무에 대해 각 분산(협력) 기업(기관)의 역할과 책임을 명확히 하는 것이다. 역할과 책임을 문서화함에 따라 기능안전을 달성하지 못하는 결과를 사전에 방지할 수 있으며, 문제 발생 시에도 책임을 서로 미루어서 일어날 수 있는 개발 기간의 지연 및 비용의 증가를 사전에 막을 수 있다.

사전에 업무와 책임을 규정한 협력 개발의 장점은 업무에 대한 지연이나 문제가 발생하면 이에 따른 처리 절차가 확립되어 있어 기능안전을 침해하거나 개발의 지연이 발생할 요소를 최소화하는 것이다. OEM은 아이템 개발에 적용되는 안전 관련 프로세스가 확립되어 있음으로 협력 개발에도 적용할 수 있다. 물론 이 경우 기능안전에 대해 협력사가 모든 책임을 진다.

협력사가 독자적인 기능안전 프로세스가 있다고 하여도 DIA에 의한 프로세스는 OEM의 안전 관련 프로세스를 적용하게 된다.

R-Responsible, S-Support, A-Approval, I-informed					
Part	**Chapter**	**ISO 26262**			
2	**기능안전 경영(Part 2)**		**OEM**	**협력사 1**	**협력사 2**
2	5.0	조직 수준 안전 관리			
2	5.4.2	안전 문화	R		
2	5.4.3	기능안전 관련 안전 이상 관리	R	S	
2	5.4.4	숙련도 관리	R	S	I
2	5.4.5	품질 경영	R	S	
2	5.4.6	안전 수명 주기 조정(프로젝트 독립적)	R		I
2	6.00	프로젝트 종속 안전 관리			
2	6.4.3	아이템 레벨 영향 분석	R	S	

▶ 〈표 8-1〉 DIA 작성 예

협력 개발 시 OEM과 협력사가 협의하여 작성하는 DIA(Development Interface Agreement)의 예시는 〈표 8-1〉에 나타낸 것과 같다. 〈표 8-1〉에서 알 수 있듯이 ISO 26262의 Part 별, 절 별로 안전 활동을 정의하고, 정의된 안전 활동을 OEM과 공급자에게 활동의 책임자와 지원자 또는 승인자 및 정보를 제공해야 하는 인원을 협의하여 결정한다. 협의된 결과에 따라 상호 서명을 하여 역할과 책임을 명확히 하는 것이다.

협력 개발사의 선정 및 시작

ISO 26262-8:2018에서는 협력 개발사의 선정 기준을 제공하고 있다. 선정 기준으로는 유사한 아이템에 대한 개발 경험이 있는지, 생산과 개발 능력은 되는지 등을 평가한다. 특히 능력이라는 부분은 회사의 품질 관리 시스템 및 이전에 공급했던 제품들의 품질이나 성능은 기본으로 평가를 하게 되고, 기능안전에 관련하여 회사의 능력과 기능안전 평가 결과 등을 고려하여 종합적으로 평가하게 된다.

협력 개발에 참여하고자 하는 업체를 선정하기 위한 RFQ에는 ISO 26262의 준수, 공급 범위, ASIL을 포함한 안전 요구사항, 고장률과 진단 커버리지에 대한 목표값이 포함되어야 한다.

협력 개발할 업체가 선정되면 최우선으로 할 안전 활동은 양측의 안전 관리자 지명이다. 안전 관리자들은 안전 수명 주기에서 수행할 활동을 식별하고 각 식별된 활동에 대하여 OEM과 협력사에게 역할을 할당하고 책임 관계를 명확히 한다.

안전 활동의 결과물인 작업 산출물의 작성 담당자와 이에 대한 평가 담당자도 결정하여 최종적으로는 〈표 8-1〉에 나타낸 것과 같은 DIA(Development Interface Agreement)를 작성하여 상호간에 RASI 혹은 RASIC(R: Responsibility 책임, A: Authority 권한, S: Supporting 지원, I: Information 정보 제공, C: Consulting 기술 지원)을 정하고 상호 서명하여 확정을 하게 된다. 물론 개발을 진행하는 중에 발생하는 변경 사항들은 Part 8의 변경 관리에 의해 진행을 하지만 변경에 관한 모든 사항은 상호 합의에 의해 진행하게 된다.

협력 개발의 실행(Execution of distributed Development)

협력 개발이 시작되면 협력 개발사는 안전 요구사항이 구현 가능한 지를 가장 먼저 검토한다. 구현 불가능한 경우는 OEM이 재검토하여 수정을 하는데 기능안전 달성을 위해 필요한 엘리먼트의 안전 요구사항은 OEM과 협의하여 결정한다.

협력 개발에서 가장 중요한 것은 의사 소통(Communication)으로 안전 관련 정보는 적시에 제공되어야 하며, 문제 발생과 같은 이상에 대해서는 즉시 통보되어야 한다. 이러한 점이 확보되지 않으면 기능안전의 달성에 문제가 발생하거나 개발이 지연되는 등 많은 문제점을 야기하게 된다.

기능안전을 구현하는 데 필요한 정보와 데이터는 OEM이 적절한 시간 내에 협력 개발사에 제공하여야 하며, 협력 개발사는 DIA의 일부 조항을 지키지 못하거나 안전 관련 이상이 발생할 시에는 즉각적으로 OEM에 보고하고 해결을 위한 조치를 취하여야 한다. 필요한 조치에 대한 수행의 주체는 서로 협의하여 결정하게 된다.

OEM이나 협력 개발사나 기능안전을 최우선으로 고려하여야 하므로 협력 개발사에서 기능안전 달성을 위해서는 필요한 엘리먼트가 있는 경우는 개발 비용이 증가, 추가에 대해 OEM과 협의하여 엘리먼트의 추가 여부를 결정한다.

협력 개발사에 대한 기능안전 평가

개발되는 아이템에 할당된 안전 요구사항이 ASIL (B), C, D인(괄호 안은 권장) 경우는 DIA에 협력 개발사가 개발한 엘리먼트나 작업 산출물에 대한 기능안전 평가를 수행할 주체를 결정하여 기입한다. 기능안전 평가자는 협력 개발사, OEM 또는 양측에서 지명한 조직이나 인원이 될 수 있다. 안전 등급이 ASIL B인 경우에는 기능안전 평가 실시를 권장하고 있으나, ASIL A인 경우는 ISO 26262에서 요구사항이 없으며 DIA 작성 시 협의 결정하면 된다.

협력 개발사의 자체적인 기능안전 요구사항의 만족과 프로세스의 만족 여부에 대한 평가 보고서는 협력 개발사가 OEM에 제공하여 공유한다.

개발 후 활동에 대한 합의

개발이 완료되면 협력 개발사의 생산 능력을 검증하고 공급 합의서를 작성하는데 그 내용에는 기능안전의 책임 및 양측의 안전 활동을 정의한다. 또한 안전 관련 특별특성의 생산 시 적용에 대한 기록을 모니터링하는 방법도 정의된다. 개발된 제품의 출시 후에는 교환 또는 반품된 파트의 고장 분석 결과를 감시하기 위한 방법과 교환 방법에 대해 정의한다.

제2절 안전 요구사항의 시방과 관리

(Specification and Management of Safety Requirements)

안전 요구사항은 안전 수명 주기 동안에 안전 목표를 달성하기 위한 최소한의 요구사항이다. 개발의 각 단계에서 생성되는데 Part 3의 위험원 분석 및 리스크 평가(HARA)에서 식별된 위험원에 대한 안전 목표를 달성하기 위한 것이다. 안전 목표가 최상위 목표이고 이를 달성하기 위해 각 단계마다 안전 요구사항을 작성한다. 안전 수명 주기 동안에 각 요구사항의 관계는 〈그림 8-1〉에 나타낸 것과 같으며, 상호 추적성을 갖도록 유지 관리되어야 한다.

개념 단계에서는 안전 목표와 기능안전 요구 개념에서 안전 요구 시방을 작성하고, 이를 근거로 제품 개발 단계에서는 기술적 안전 개념 하위 단계에서 기술적 안전 요구 시방을 작성한다. 기술적 안전 요구 시방에서 하드웨어와 소프트웨어에 대한 안전 요구 시방을 도출한 후 이에 따라 하드웨어와 소프트웨어가 개발된다.

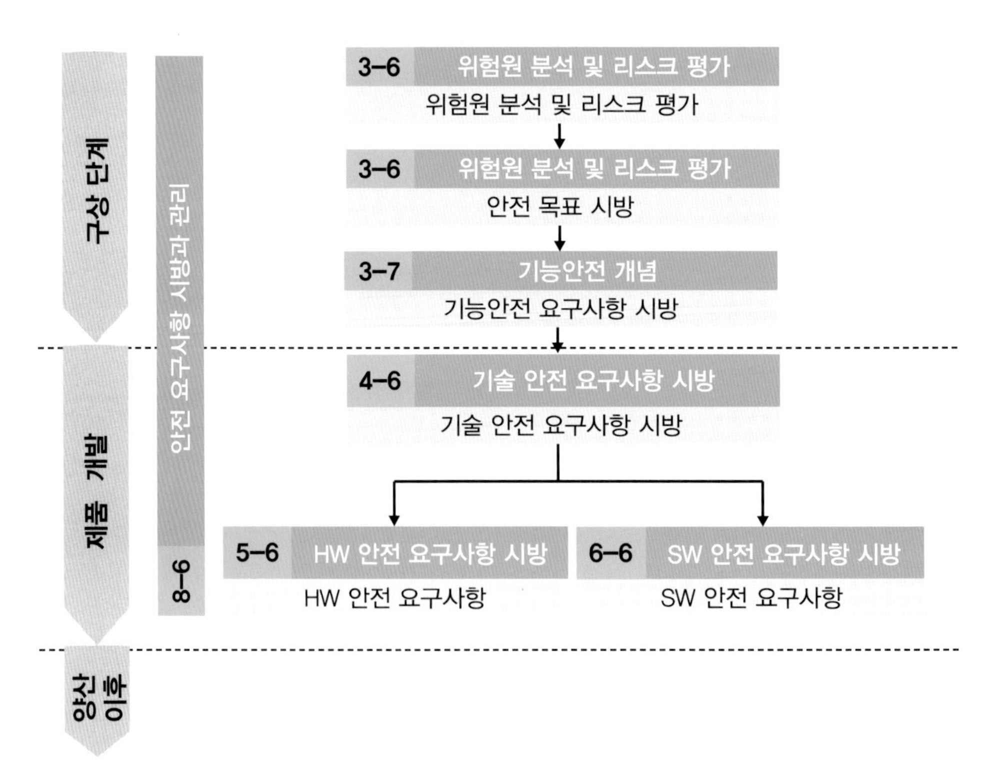

▶ 〈그림 8-1〉 안전 요구사항의 구성과 추적성(ISO 26262-8 Figure 2)

안전 요구사항 특성과 속성

안전 요구사항의 주요 역할은 안전 관련 임계 속성을 식별하는 것으로 〈그림 8-1〉에서 알 수 있듯이 첫 레벨이 안전 목표이고, 기능안전 요구사항, 기술적 안전 요구사항 마지막 레벨이 하드웨어, 소프트웨어 안전 요구사항인 4개의 레벨로 나누어져 있다.

ISO 26262-8:2018에서 요구하는 안전 요구사항 표기법은 자연 언어 이외에도 3가지의 방법의 조합으로 표현하며, 요구되는 특성과 속성을 만족하여야 한다. 각 표기법에 대한 설명은 〈표 8-2〉에 나타내었다.

방법	syntax	semantics	예
비정형 표기법 (informal)	불완전 정의 가능	불완전한 정의 가능	자연어, 그림, 다이어그램
준정형 표기법 (semi-formal)	완전하게 정의	불완전한 정의 가능	UML, SADT
정형 표기법 (formal)	완전하게 정의	완전하게 정의	Z(Zed), NuSMV (symbolic model checker) etc

▶ 〈표 8-2〉 표기법의 종류와 설명

ISO 26262에서는 할당된 ASIL에 따라서 요구하는 표기법이 다른데 ASIL A, B로 할당된 요구사항은 비정형 표기법을 사용하며, ASIL C, D로 할당된 요구사항은 준정형 표기법을 사용하여야 한다.

이러한 표기법을 사용하여 안전 요구사항을 작성할 때는 ISO 26262에서 요구하는 안전 요구사항의 특성과 속성을 만족하여야 한다. 특성이란 안전 요구사항이 되어야 하는 것, 영어로 하면 is의 뒤에 오는 형용사들을 말한다. 속성이란 안전 요구사항이 가져야 할 성질을 말하는데 ISO 26262에서 요구하는 특성과 속성에 대한 설명을 요약하면 〈표 8-3〉, 〈표 8-4〉와 같다.

특성	설명
Unambiguous	하나의 뜻으로만 해석됨
Comprehensible	모든 참여자가 이해할 수 있음
Atomic	요구사항을 더이상 나눌 수 없음
Consistent	자기 모순적이지 않음(일관성이 있어야 함)
Feasible and achievable	조직 또는 프로젝트 내에서 실현 가능 및 기술적으로 달성할 수 있음
Verifiable	요구사항을 만족한다는 검증 방법이 있음
Necessary	필수적인 기능, 특성, 제약 또는 품질 요소 정의
Implementation free	구현에 구애를 받지 않음(요구사항만 기재)
Complete	부연 설명이 필요하지 않음(완성한 상태)
Conforming	법률이나 표준 등 관련된 준수 사항을 만족

▶ 〈표 8-3〉 안전 요구사항의 특성 요약

속성	설명
Unique identifier	안전 수명 주기 동안 고유한 식별
Safety requirement status	안전 요구사항의 상태 (승인된 것인지 제안된 것인지 등)
ASIL	안전 요구사항은 ASIL이 할당됨

▶ 〈표 8-4〉 안전 요구사항의 속성 요약

안전 요구사항의 관리

안전 요구사항은 ISO 26262에서 요구되는 특성을 가지고 있어야 쉽게 요구사항을 연결하여 추적할 수 있고 하위 안전 요구사항에 변경이 발생할 경우 상위 안전 요구사항과 연결하여 변경 사항을 검토할 수 있도록 한다. 이러한 특성을 요약하여 설명하면 〈표8-5〉와 같다.

특성	설명
계층적 구조	수명 주기에 따른 계층적 구조(4층 구조)
그룹핑으로 조직적 구조	각층에서 아키텍처에 따른 그룹핑으로 조직적임.
완전성	하위 단계의 요구사항 집합은 상위 단계의 요구사항을 전부 커버해야 한다.
일관성	요구사항의 집합에서 타 요구사항과 모순 없음
중복 정보 없음	각 단계에서 요구사항의 집합에 중복된 정보가 없음
유지 보수성	새로운 요구사항을 삽입하거나 제거가 가능할 것
추적성	상위 및 하위 요구사항과 연결되어있을 것

▶ 〈표 8-5〉 안전 요구사항의 관리를 위한 요구 특성

안전 요구사항의 검증

작성된 안전 요구사항이 상위의 안전 요구사항을 만족하는지 확인하기 위한 것이 검증이며, 이러한 검증을 수행하는 방법으로는 설명에 의한 검증, 검사에 의한 검증, 준정형 검증과 정형 검증이 있다. 각 검증 방법에 대한 간략한 설명과 예는 〈표8-6〉에 나타낸 것과 같다.

안전 요구사항에 할당된 ASIL에 따라 검증하는 방법에 차이가 있는데 ASIL A인 경우는 설명에 의한 검증으로도 충분하지만, ASIL B인 경우는 검사에 의한 검증을 하여야 하며, ASIL C 또는 D인 경우는 검사 또는 준정형 검증 방법을 이용하여 검증하여야 한다.

방법	설명	비고
워크 스루 검증 (Walk-through)	검토자에게 작업 산출물을 설명하여 검토를 받음	
인스펙션 검증 (Inspection)	공식적 절차에 따른 작업 산출물의 검사 (사전에 정의된 절차나 대조표 등)	
준정형 검증	준정형 표기법에 주어진 설명에 근거한 검증	준정형 모델 방법
정형 검증	정형 표기법의 특성 또는 기능 시방 만족 확인	정형 모델 방법

▶ 〈표 8-6〉 안전 요구사항 검증 방법 요약

제3절 형상 관리
(Configuration Management)

형상 관리란 안전 수명 주기 동안에 작업 산출물, 아이템, 엘리먼트 및 생산 조건 등이 고유하게 식별되어 언제든지 재생산할 수 있도록 하는 것이 형상 관리다. 자동차 업계에서는 잘 확립된 관행으로 ISO 10007, Automotive SPICE, ISO/IEC 33000시리즈 표준, ISO/IEC/IEEE 15288과 ISO/IEC/IEEE 12207의 표준을 적용한다.

ISO 26262의 안전 계획에서 요구되는 안전 관련 모든 문서, 작업 산출물은 형상 관리를 통해 관리되어야 한다. 형상 관리 계획을 수립하여 수행하는데 책임, 자원, 도구, 저장할 곳, 형상 관리 아이템의 식별 및 작명 원칙, 접근 권한 및 일정을 갖는 기준 및 승인 및 배포 절차 등이 명시되어야 한다. 특히 소프트웨어 개발에 대해서는 특정 요구사항인 ISO/IEC/IEEE 12207을 준수하여 계획을 수립하고 형상을 관리한다.

외부에 반출되는 문서는 변경이 쉽지 않은 형식으로 PDF와 같은 형식을 사용한다. 물론 PDF 형식도 변경 할 수 있지만 변경에 대한 추적이 가능하여야 한다. 모든 문서의 현재의 상태와 버전을 한눈에 확인할 수 있어야 한다. 이러한 버전 관리를 위해서는 작성된 문서는 책임자만이 쓰기가 가능한 상태이고, 타인은 읽기만 가능하도록 파일을 관리하여야 한다.

일반적으로 이러한 형상 관리를 위한 소프트웨어 도구가 출시가 되어 있어 많은 업체에서 기존에 사용하고 있다.

제4절 변경 관리

(Change Management)

변경 관리는 안전 수명 주기를 통해 안전 관련 작업 산출물의 변경을 분석하고 관리하는 프로세스이다. 변경 관리를 통해서 작업 산출물의 일관성을 보장하면서도 발생한 변경의 시스템적 계획, 관리, 모니터링, 구현 및 문서를 확실하게 하기 위한 것이다. 변경 관리는 자동차 산업계에서는 잘 확립된 관행으로 ISO 10007, Automotive SPICE, ISO/IEC 33000시리즈 표준, ISO/IEC/IEEE 15288 또는 ISO/IEC/IEEE 12207의 표준을 적용한다.

변경에 의해 기능안전에 미치는 잠재적 영향을 변경 전에 분석하고 결정을 하여야 하므로 프로젝트 시작 전에 계획이 되어 있어야 한다. 계획에는 변경 관리의 대상인 작업 산출물, 아이템, 엘리먼트가 식별되어 있어야 하며, 형상 관리는 안전 계획에서 요구되거나 재생산에 필요한 대상을 포함한다.

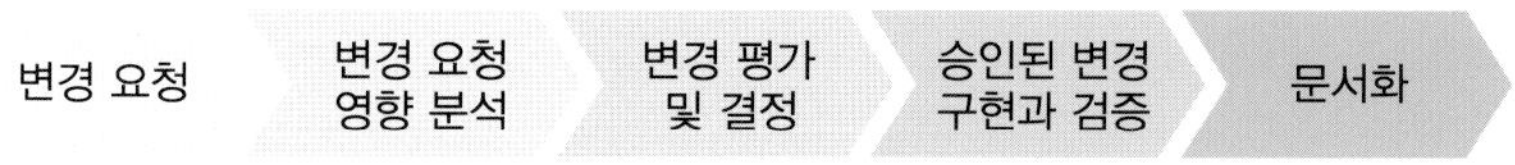

변경 요청 → 변경 요청 영향 분석 → 변경 평가 및 결정 → 승인된 변경 구현과 검증 → 문서화

▶ 〈그림 8-2〉 변경 관리 흐름도

변경 관리의 흐름은 〈그림 8-2〉의 흐름도와 같이 처음에는 변경 요청 사유, 변경 요청 사항, 변경 구성을 포함하고 고유 식별자를 부여하여 요청한다.

변경 요청서가 발행되면 이에 따른 영향을 분석하는 단계에서는 개발 제품의 인터페이스와 연결된 제품에 대한 영향을 분석한다. 분석 시에는 변경 요청의 형태(즉 에러 수정, 방지, 개선, 등), 변경할 작업 산출물과 그에 대한 영향, 변경을 담당할 부서, 기능안전에 미치는 잠재적 영향과 변경의 구현과 검증 일정 등을 명시한다.

분석이 완료된 후에는 분석 결과를 이용하여 변경을 평가하는데 평가는 승인, 반려, 연기 등의 형태로 결정한다. 승인된 변경 요청은 관련된 인터페이스를 고려하여 수행할 인원과 일정을 결정한다.

결정이 완료되면 실제 개발 제품에 적용하여 검증되는데 변경된 시점에 따라서는 전 단계에서 수행한 안전 활동에 영향이 있는 경우는 다시 반복하면서 각 단계에서 작성된 작업 산출물을 안전 관리 프로세스에 따라 업데이트한다.

제5절 검증

(Verification)

검증은 "시스템을 정확하게 구현했는가?" 에 대한 답을 하기 위해 증거를 확보하는 것이다. 물론 ISO 26262에서 언급하고 있는 타당성 확인(Validation)은 "정확한 시스템을 구현했는가?" 에 대한 답을 하기 위한 증거를 확보하는 것으로, 검증과는 차이가 있다.

검증은 안전 수명 주기 동안 각 단계에서 수행된 활동의 결과물인 작업 산출물이 해당 요구사항을 만족한다는 증거를 제공하는 기본적인 방법이다. 도출된 안전 요구사항, 시방, 구현에 대한 검증은 상위 레벨의 안전 요구사항에 대한 완전성과 정확성을 확인하는 것이다. 시험 단계의 검증은 작업 산출물, 시험 환경 하의 아이템이나 엘리먼트가 요구사항을 만족하는지를 평가하는 것이다.

〈그림 8-3〉에 나타낸 것과 같이 V자 모델 개발에서 요구사항을 도출하는 단계에서는 검토나 분석에 의해 검증을 수행하며, 구현과 시험 단계인 V 모델의 오른쪽 단계에서는 시험과 시뮬레이션 또는 프로토타입 제품을 통해 검증한다.

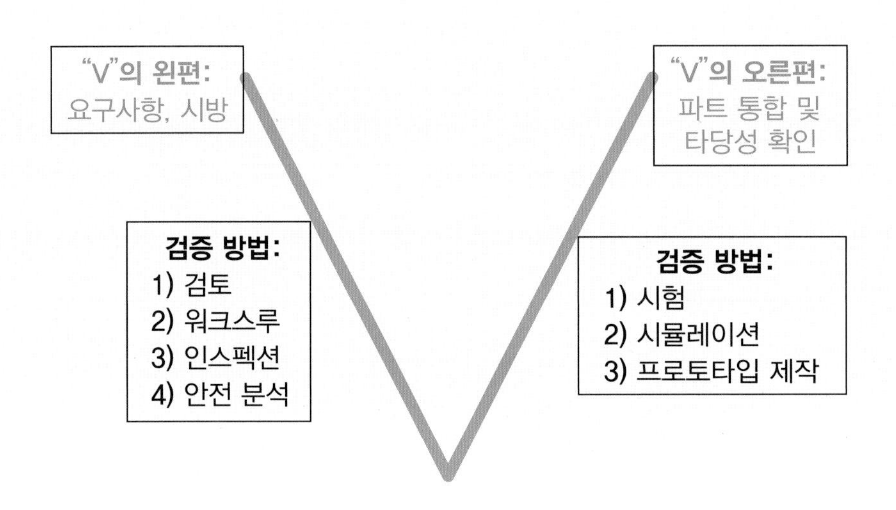

▶ 〈그림 8-3〉 수명 주기 활동 동안의 검증 방법

검토는 작업 산출물이 정확한지와 요구사항을 만족하는지를 확인하여 오류를 찾아내는 것으로 일반적으로 작성자에 의한 검토보다는 작성자와 다른 사람에 의해 진행되는 것이 오류를 찾아내기가 용이하다. 이러한 점을 고려하면 안전 요구사항에 할당된 ASIL의 등급에 따라 요구하는 검증의 방법이 다르다. 〈표 8-7〉에 검증의 방법에 대한 간단한 설명과 요구되는 합격 여부에 대한 판정 기준이 어떤 것인지 나타내었다.

방법	설명	합·불 판정 기준
검토	작성자가 직접 검토	체크 리스트, 공학적 판단
워크 스루 (Walk-through)	검토자에게 작업 산출물을 설명하여 검토를 받음	이해도 질문
인스펙션 (Inspection)	공식적 절차에 따른 작업 산출물의 검사	체크 리스트
모델체크	모델의 특정 요구사항 구현 체크	가정의 정확도, 결과의 타당성
시뮬레이션	기능을 간접적으로 검증	가정의 정확도, 결과의 타당성
공학적 분석	공학적으로 기능을 분석하여 검증	결과의 타당성
실증	사용에 의한 검증	성공적 실증
시험	기능을 동작 시켜 검증	시험 케이스에서 결정

▶ 〈표 8-7〉 검증 방법 요약

제6절 문서 관리

(Document Management)

문서 관리는 자동차 업계에서는 잘 확립된 관행이며 품질 경영 시스템(IATF 16949 또는 ISO 9001) 또는 관련 표준(ISO/IEC/IEEE 12207 또는 ISO/IEC/IEEE 15288)에 따라 적용된다. ISO 26262에서 요구하는 문서는 모양이나 레이아웃이 아닌 내용에 초점을 맞추어야 하며, 프린트된 문서를 만들 필요는 없다.

문서 관리에서 중요한 것은 중복이 되지 않고 버전 관리와 검증 가능하여야 한다는 것이다. 특히 각 안전 활동 단계의 작업 산출물들은 문서로 관리되므로 관련 정보를 쉽게 찾을 수 있는 구조로 구성되어야 한다.

특히 작업 산출물인 문서는 제목, 작성자와 승인자, 버전 식별, 변경 기록, 상태(draft, release, active, expire, invalid) 등을 표시하여 현재 적용 가능한 버전을 식별할 수 있도록 한다.

제7절 소프트웨어 도구의 사용에 의한 신뢰
(Confidence in the Use of Software Tools)

요즘은 시스템, 하드웨어 또는 소프트웨어의 개발에 소프트웨어 도구(tool)를 사용하고 있다. ISO 26262에 따른 제품의 개발에도 소프트웨어 도구를 사용하는 데, 사용하는 도구에 의해 시스템적 결함이 삽입된다면 안전에 많은 영향을 미치게 되므로 사용하는 소프트웨어 도구의 신뢰도를 확인할 필요가 있다.

소프트웨어 도구를 사용하는 데 가장 중요한 것은 도구의 오동작에 의해 출력 오류가 발생하고 이것이 최종적으로는 제품의 시스템적 결함을 발생시키는 경우이다. 도구의 오동작에 의한 제품의 시스템적 결함 발생을 최소화하는 것이 신뢰도 향상의 목표 중 하나이다. 다른 목표는 도구의 정확한 동작에 의해 ISO 26262의 요구 활동과 임무가 달성된다면 ISO 26262를 준수한 개발 프로세스가 되는 것이다.

도구가 목표를 달성하는데 적합 여부를 평가하는 것이 사용 도구의 신뢰도 평가로 〈그림 8-4〉에 나타낸 것과 같이 도구의 오류 검출 능력과 도구의 영향을 분석하여 도구의 신뢰도 정도를 나타낸다.

▶ 〈그림 8-4〉 도구 신뢰도(Tool Confidence Level) 분류

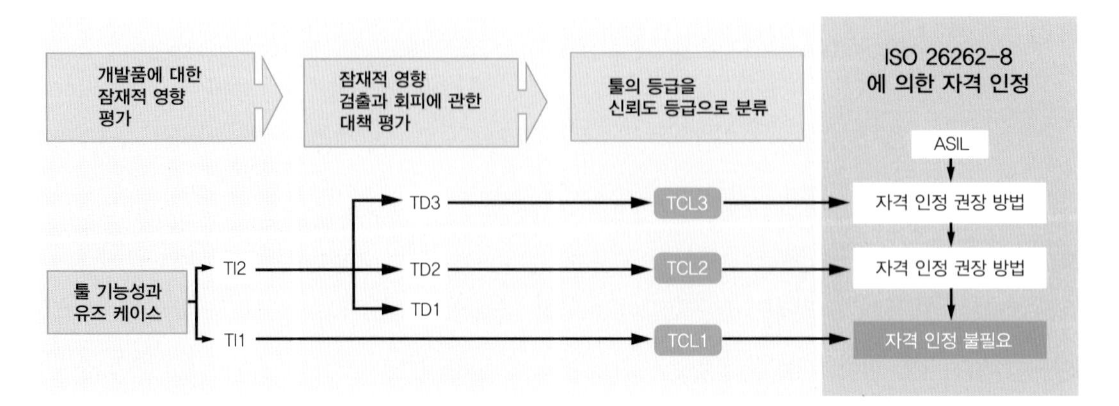

▶ 〈그림 8-5〉 소프트웨어 도구의 평가와 자격 인정 흐름도

〈그림 8-5〉는 소프트웨어 도구의 평가와 자격 인정에 대한 흐름도이다. 처음에 TI(Tool Impact: 도구가 안전에 영향을 주는 정도)와 TD(Tool Detect: 도구가 안전 관련 사항을 검출해 내는 정도)를 분류하여 분류된 TI와 TD에 의해 도구의 신뢰도가 결정된다. 신뢰도 레벨이 TCL 1(Tool Confidence Level)이면 자격 인정(Qualification)을 받을 필요가 없으나 TCL 2 또는 TCL 3가 되면 소프트웨어 도구에 대한 자격 인정을 받아야 한다. 〈그림 8-4〉에서 알 수 있듯이 TCL 1을 받기 위해서는 TI1이 되어야 한다. 즉, 도구의 오동작에 의해서 안전 요구사항이 침해되지 않으면 되므로 도구의 평가에서 맨 먼저 평가해야 하는 것이 TI로, TI1이 아니면 다음 단계로 TD를 평가하여 도구의 에러 검출 능력을 높이는 것이 도구를 자격 인정 없이 사용할 수 있는 방법이다.

소프트웨어 도구를 자격 인정하는 방법으로는 4가지가 있는데 안전 요구사항에 할당된 ASIL 등급에 따라 4가지 중 강력히 추천되는 방법을 이용하여 소프트웨어 도구를 자격 인정하여야 한다. TCL 3 신뢰도 등급에 대한 자격 인정은 〈표 8-8〉에 표시하였으며, TCL 2에 대한 자격 인정은 〈표 8-9〉에 표시하였다.

방법		ASIL			
		A	B	C	D
1a	사용에 의한 신뢰도 향상(사전에 유사한 곳에 사용 증거)	++	++	+	+
1b	도구 개발 프로세스의 평가(적절한 표준에 의한 개발)	++	++	+	+
1c	소프트웨어 도구의 타당성 확인(요구사항을 준수한다는 증거)	+	+	++	++
1d	안전 표준에 따른 개발	+	+	++	++

▶ 〈표 8-8〉 TCL3인 경우 소프트웨어 도구 자격 인정(ISO 26262-8 Table 4)

방법		ASIL			
		A	B	C	D
1a	사용에 의한 신뢰도 향상(사전에 유사한 곳에 사용 증거)	++	++	++	+
1b	도구 개발 프로세스의 평가(적절한 표준에 의한 개발)	++	++	++	+
1c	소프트웨어 도구의 타당성 확인(요구사항을 준수한다는 증거)	+	+	+	++
1d	안전 표준에 따른 개발	+	+	+	+

▶ 〈표 8-9〉 TCL 2인 경우 소프트웨어 도구 자격 인정(ISO 26262-8 Table 5)

제8절 소프트웨어 컴포넌트의 자격 인정

(Qualification of Software Components)

자동차에 사용되는 소프트웨어는 비행기나 다른 전기/전자 기기에서 사용하는 소프트웨어에 비해 엄청나게 복잡해지고 있다. 특히 자율 주행차가 점차 발전함에 따라 차량에 사용되는 소프트웨어의 라인 수는 급격하게 증가한다. 여기에 사용되는 모든 소프트웨어를 자체적으로 개발할 수도 있지만, 비용과 개발 시간을 고려하면 엄청난 손실이 발생할 수 있다. 일반적으로는 기존의 여러 가지 단위 기능을 갖는 소프트웨어를 조합하여 사용하기도 하고 일반 목적의 상용 소프트웨어를 사용하기도 한다.

ISO 26262에 따른 개발에서도 이러한 경우가 있을 수 있음으로 이에 대하여 어떻게 하면 ISO 26262에서 강조하고 있는 기능안전을 해치지 않고 기존의 소프트웨어를 사용할 수 있는가 하는 방법을 제시하고 있다.

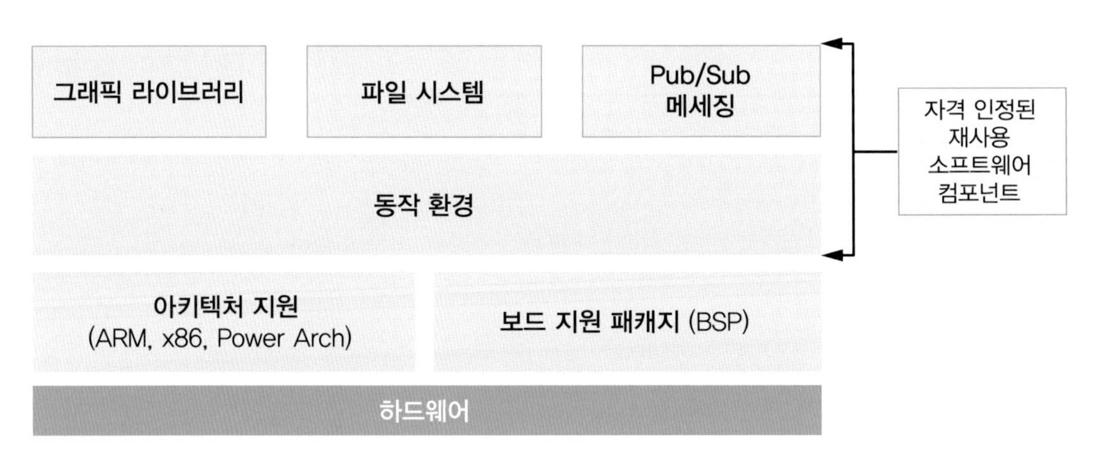

▶ 〈그림 8-6〉 재사용 가능 소프트웨어 컴포넌트

소프트웨어 컴포넌트가 전체 시스템 소프트웨어의 구성에서 어떤 부분인지를 보여주는 것이 〈그림 8-6〉의 그림이다. 〈그림 8-6〉에서 알 수 있듯이 소프트웨어 중 일부, 나중에 언급할 임베디드 소프트웨어는 하드웨어와 연관이 많이 되어 있어 하드웨어의 변경에 따라 변경되어야 할 부분이다. 소프트웨어로 자격 인정을 받고 다시 사용할 수 있는 부분은 〈그림 8-6〉과 같이 하드웨어와 독립적으로 운영 가능하고, 확실한 인터페이스 정의가 가능하고, 모듈화될 수 있는 부분이다.

자격 인정을 통해 사용할 수 있는 소프트웨어 모듈은 수정이 되지 않고 그대로 사용할 경우에만 해당이 되는데 여기에는 COTS(Commercial-Off-The-Shelf)도 해당이 된다. 수정이 되어야 하는 경우는 신규 개발하는 것과 같이 ISO 26262에 따라서 개발을 해야 한다. 즉, 대상이 되는 소프트웨어 컴포넌트의 예로는 상용 소프트웨어 라이브러리, ISO 26262 제정 전에 개발된 소프트웨어 컴포넌트 및 회사 내에서 개발되어 전자 제어 유닛에서 사용되는 소프트웨어 컴포넌트 등이 있다.

제9절 하드웨어 엘리먼트의 평가

(Evaluation of Hardware Elements)

ISO 26262 1 판에서는 소프트웨어 컴포넌트와 같이 하드웨어 컴포넌트 자격 인정(Qualification of Hardware Components)으로 되어 있었으나 개정된 2판에서는 지금과 같이 하드웨어 엘리먼트의 평가(Evaluation of Hardware Elements)로 제목이 변경되었다. 1 판과 마찬가지로 평가의 대상이 되는 것은 상용의 COTS 하드웨어나 맞춤형 하드웨어의 엘리먼트 또는 부품이다.

평가를 위해서는 엘리먼트를 3등급(Class)으로 분류를 하여 필요한 평가 수준을 요구하고 있는데 이에 대한 분류는 〈표 8-10〉과 같다.

등급	동작 모드	고장 모드 분석	안전 메커니즘	예	비고(평가 방법)
Class I	적다	안전 관련 고장 분석 쉬움	없음	저항, 캐패시터 부품류	- 데이터 시트만 있으면 됨. - 평가는 필요하지 않음. - 차상위 레벨에서 분석을 수행(고장률 등의 데이터사용)
Class II	적다	구현 지식 없이 분석 및 시험 지원 문서로 가능	없음	연료 압력 센서, 온도 센서 등	- 분석과 시험에 의해 평가를 수행. - 안전 요구사항에 대한 합격 여부를 평가하여 문서에 기재
Class III	다중	고장 분석을 위한 구현 지식이 필요	내부에 있음	마이크로 프로세서, 마이크로 컨트롤러	평가보다는 ISO 26262에 따른 개발 강력 추천 Class II 요구사항 만족과 시스템적 결함 방지에 대한 논거를 제시

▶ 〈표 8-10〉 등급(Class)에 따른 하드웨어 엘리먼트 고장 분석 및 평가 방법

〈표 8-10〉에서 알 수 있듯이 실제로 평가를 통해 제품에 사용할 수 있는 것은 Class II로 분류된 것이다. Class I인 경우는 평가할 필요가 없으며, Class III인 경우는 평가하기 보다는 ISO 26262 혹은 기능안전 표준에 따라 개발하는 것을 강력히 추천하고 있다. Class II로 분류된 엘리먼트는

센서류 등이다.

Class II에 속하는 엘리먼트의 평가는 계획을 세워서 실행하며, 〈표 8-10〉에 언급된 것과 같이 시험 또는 분석을 통해 평가한다. 분석 결과는 관련 엔지니어링 전문가로 자격 인정된 사람에 의해 검증된다. 시험을 통한 평가는 하드웨어 엘리먼트의 외부 스트레스에 대한 강건성을 검증하는 것이며, 시험 결과는 기록되어 제공된다.

Class III에 해당되는 하드웨어 평가 대상은 ISO 26262-11에 분류되어 있는 메모리 반도체를 포함하여 반도체와 스마트 센서류 들이다.

Class III 제품군들은 ISO 26262에 따라 개발되고 시스템적 고장과 하드웨어 랜덤 고장이 적다는 것을 보장하도록 Part 11의 가이드와 ISO 26262에서 요구하는 사항을 준수하여 개발해야 할 것이다.

제10절 실증 논거

(Proven in Use Argument)

본 절은 기존 ISO 26262에 따라 개발되지 않은 아이템이나 엘리먼트를 재사용 시 실제 사용한 데이터를 근거로 ISO 26262의 요구사항을 만족한다고 주장할 때 적용한다. 적용 대상은 이미 사용하고 있는 제품과 사용하는 정의나 조건이 동일하거나 높은 등급의 공통점을 가지는 제품이며, 그런 제품과 관련된 작업 산출물에 대해서도 적용할 수 있다.

왜 이러한 일들이 가능할까? 차량용 부품으로 개발된 제품들은 부분적으로나 전체적으로 다른 시리즈의 차량에도 적용할 수 있고, 운용 중인 ECU에 기능을 추가할 수 있기 때문이다. ISO 26262 제정 전에 개발되어 사용되는 부품들, 안전 관련 타 산업에서 사용되는 부품들, 널리 사용되는 상용 COTS 제품들이 시장에서 사용되어 문제점이 노출되고 이것을 수정하여 발생할 수 있는 문제들이 대부분 해결되었기 때문이다. 이렇게 실증되어 안전에는 영향을 주지 않으면서도 비용을 절감하고 개발 기간을 단축할 수 있게 한다.

예를 들어 설명하면 OEM에서는 신차에 새로운 기능을 넣기로 하였으며, 기능을 구현하기 위해서는 센서, 하드웨어와 소프트웨어를 포함한 ECU 및 액추에이터가 필요하다. 기능의 부정확한 기능은 ASIL C에 해당하는 사고 위험이 있어 ECU에 ASIL C에 해당하는 안전 목표를 할당한다.

아이템 정의 단계에서 ECU 공급자는 기존에 사용하는 ECU를 사용할 것을 제안한 상태라면 과거에 사용된 ECU의 사용 목적과 신규 사용 목적의 차이를 분석한다. 이러한 분석의 결과가 소프트웨어는 수정이 필요하지만, 하드웨어는 그대로 사용할 수 있다고 하면 이때의 사용 실적에 의한 검토 대상은 하드웨어가 된다.

후보자가 되면 변경에 대한 이력을 분석하게 된다. 분석의 결과 생산 시작 이후에 후보자의 안전에 영향을 미치는 어떠한 변경도 없으며, 과거의 사용 목적과 신규로 사용하고자 하는 목적의 차이가 안전에 영향이 없다면 사용할 수 있다. 영향이 없다는 것은 후보자 경계가 규정 한도 내이며, 이전 통합 환경과 같은 기술적 활동 및 경계에서 원인과 영향이 이전이나 미래의 통합 환경에서 같다는 것을 말한다.

실사용의 수집 데이터로 아이템에 대한 신뢰도를 부여하므로 아이템에 대한 사용 실적 데이터가 충분히 축적되어 있어야 한다. 데이터에는 생산 날짜와 사용처가 기재되어 있어 아이템의 사용 시간을 확인할 수 있어야 한다. 특히 안전과 관련된 사항, 즉 안전 목표나 안전 요구사항을 침해한다고 의심되는 사건에 대한 서비스 기록 또한 분석한다. 서비스 기록으로는 품질 보증 클레임, 실사용 결함 분석, OEM에서 결함에 의한 반품과 같은 것에 기반을 둔다.

하드웨어 개발 초기에 이러한 분석을 통해 실제 사용에서 안전 관련 사건이 없고 총 사용 시간이 ASIL C에 대한 목표값보다는 적더라도 〈표 8-11〉에서 요구하는 최소 시간을 만족하여야 한다. 또한 이것에 대한 실사용 데이터 분석 방법인 카이 스퀘어 분포법에 따라 계산을 하여 할당된 ASIL 등급에 따라 〈표 8-12〉의 요구 조건을 만족하여야 한다.

요구 조건을 만족한 후보자는 사용 실적에 의한 검증이 완료되어 아이템의 개발에 그대로 사용할 수 있으며, 사용되는 ECU에 대해서는 계속적으로 실사용 모니터링을 한다.

ASIL	관찰 가능한 사고율
D	$< 10^{-9}/h$
C	$< 10^{-8}/h$
B	$< 10^{-8}/h$
A	$< 10^{-7}/h$

▶ 〈표 8-11〉 관찰 가능한 사고율의 한계(ISO 26262-8 Table 6)

ASIL	관찰 가능한 사고가 없는 최소 서비스 기간
D	1.2×10^{9} h
C	1.2×10^{8} h
B	1.2×10^{8} h
A	1.2×10^{7} h

▶ 〈표 8-12〉 최소 서비스 기간의 목표(ISO 26262-8 Table 7)

제11절 ISO 26262 범위 밖 응용에 대한 인터페이스

(Interfacing an Application that is out of Scope of ISO 26262)

일반적으로 트럭/버스에 적용하는 요구사항으로 차량의 베이스는 ISO 26262에 따라 개발되지만, 베이스 위에 적재함 등을 추가하여 트럭을 구성하는 경우에 본 절을 적용한다. 즉, 차량의 동작과 관련된 베이스는 차량 제작사에서 가지고 오지만 ISO 26262가 아닌 〈그림 8-7〉과 같이 다른 표준에 의해 차량으로 조립하거나 통합하는 경우에 적용한다.

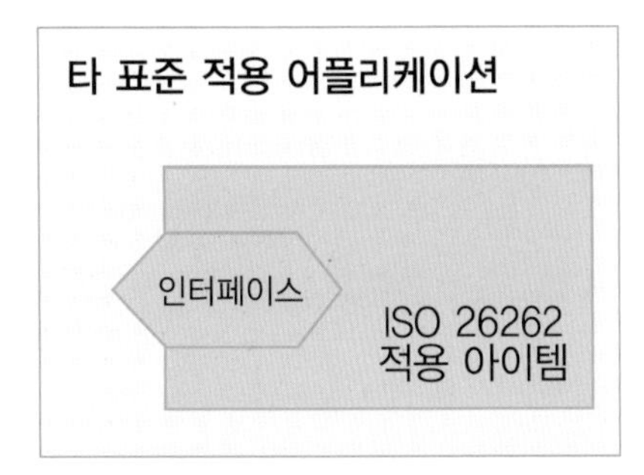

▶ 〈그림 8-7〉 ISO 26262 범위 밖의 표준에 대한 적용 인터페이스(ISO 26262-8 Figure 5)

베이스 차량 공급자는 차량에서 안전에 영향이 없이 수정할 수 있는 시스템이나 컴포넌트에 대한 정보를 제공하여 최종 차량 통합자에 의한 수정이 안전에 영향이 미치지 않도록 하여야 한다.

〈그림 8-8〉에 트럭의 예를 표시하여 ISO 26262에 따라 개발되어야 할 베이스 차량과 기타 표준에 의해 개발되는 보디빌더를 구분하였다.

▶ 〈그림 8-8〉 트럭에서 적용되는 ISO 26262와의 표준의 예

제12절 ISO 26262에 따라 개발되지 않은 안전 관련 시스템의 통합

(Integration of Safety-related Systems not developed according to ISO 26262)

이 장의 11절과 반대되는 상황으로 이 요구사항도 트럭/버스에 적용하는데 〈그림 8-9〉와 같이 ISO 26262가 아닌 다른 안전 표준에 따라 개발된 아이템을 ISO 26262에 따라 개발된 아이템에 조립 또는 통합하는 경우에 적용한다. 주로 소량의 차량 제작자의 경우가 이러한 경우인데 ISO 26262에서 요구하는 COTS에 대한 자격 인정 대신 본 절을 적용해야 하는 충분한 이유가 있어야 한다. 이러한 경우는 통합자가 지급해야 할 비용이 크고, 많은 노력을 쏟아야 하므로 가급적 ISO 26262에 따라 개발하는 것이 유리하다.

통합하는 회사는 다른 안전 표준에서 만족해야 할 등급을 결정하고 이러한 등급을 만족한다는 것을 증명할 방법에 대해서도 서로 협의하여 결정한다.

개발의 예로는 ISO 13849(기계 관련 기능안전 표준)에 따라 하위 시스템을 개발하여 공급하는 경우에 해당한다.

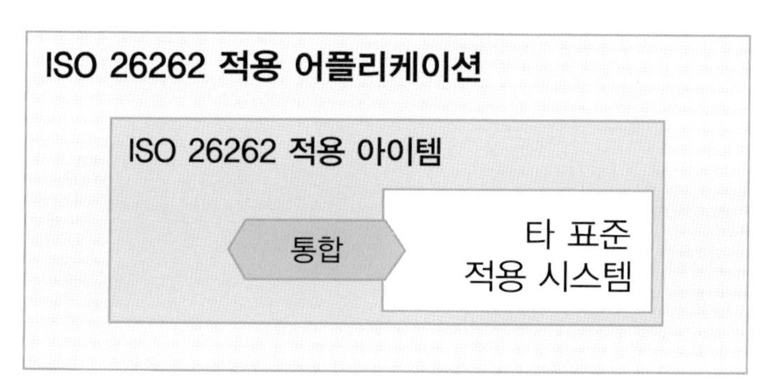

▶ 〈그림 8-9〉 ISO 26262 범위 내로 다른 표준에 대한 적용 통합(ISO 26262-8 Figure 6)

제 9 장

ASIL 지향과 안전 지향 분석

Automotive Safety Integrity Level-oriented and safety-oriented Analyses

본 장에서는 ASIL 분해와 엘리먼트가 여러 하위 엘리먼트로 구성된 경우에 ASIL등급을 적용하는 방법 등 ASIL을 제품 개발에 적용하는 요구사항을 설명한다. ASIL 분해하기 위해서는 종속 결함, 독립성 여부를 판단하기 위한 내용과 엘러먼트가 공존하는 조건 또한 할당된 ASIL에 따른 안전 분석에서 하위 엘리먼트 간의 종속성으로 인한 안전 침해에 대한 것과 안전 분석에 대해 설명한다.

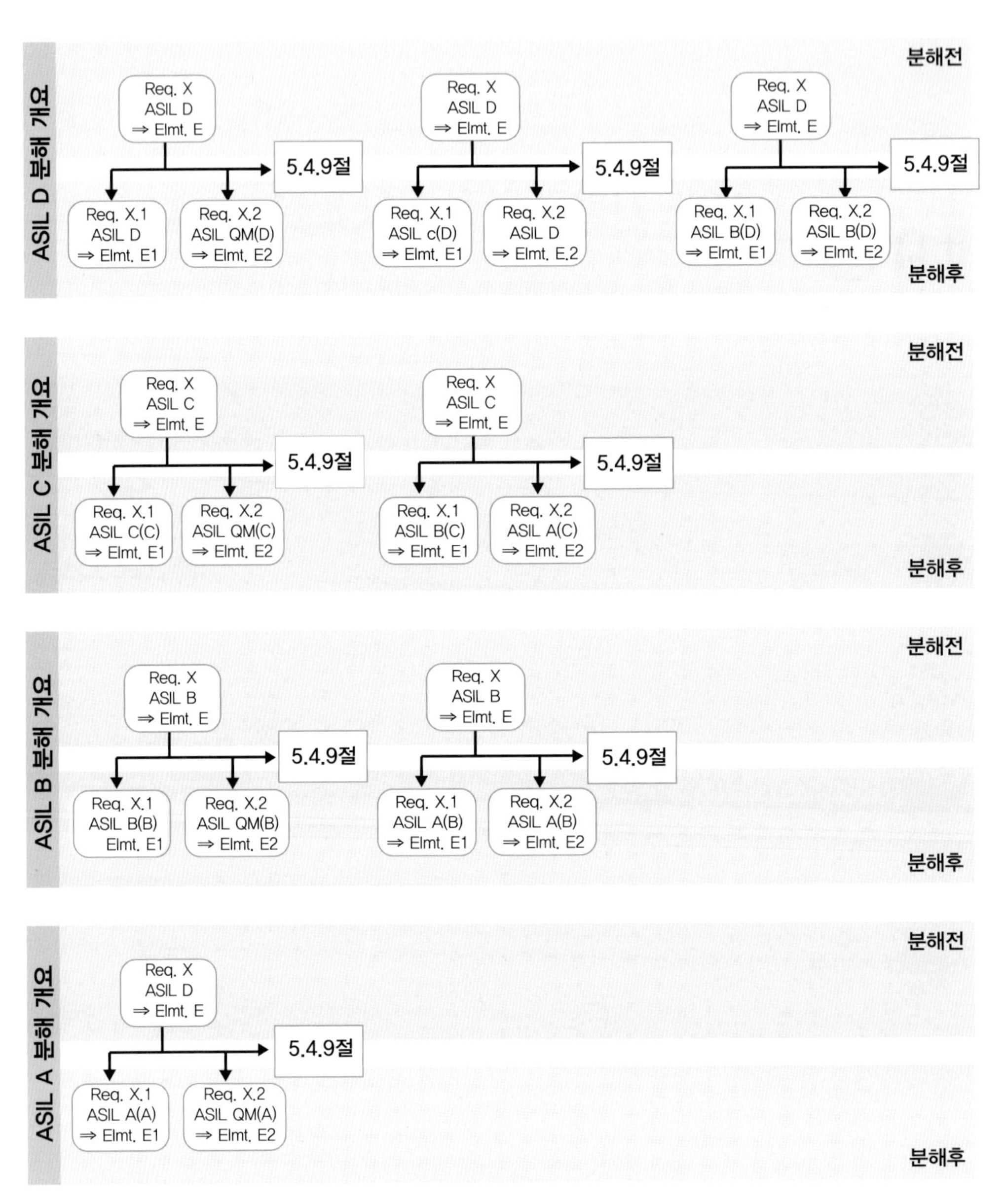

▶ 〈그림 9-1〉 ASIL 분해 방법(ISO 26262-9 : 2018 Figure 2)

제1절 ASIL 조정에 관한 분해 요구사항

(Requirements Decomposition with Respect to ASIL Tailoring)

HARA(위험원 분석 및 리스크 평가)를 통해 안전 목표에 할당된 ASIL은 개발이 진행됨에 따라 기능안전 요구사항 및 기술적 안전 요구사항에 할당되고 독립적인 엘리먼트, 즉 하드웨어와 소프트웨어 엘리먼트까지 승계된다.

ASIL 분해(Decomposition)는 개념이나 개발 단계에서 아키텍처에 여유 아키텍처 엘리먼트를 포함하여 안전 요구사항을 좀 더 여유롭게 구현할 수 있고, 요구되는 ASIL 등급을 낮출 수 있는 이점이 있다. 높은 ASIL 등급으로 구현하기 어려운 경우에는 ASIL 분해를 통해 구현 가능한 아키텍처로 변경할 수 있다. 물론 안전 목표를 달성하기 위한 방법이므로 하드웨어 아키텍처 메트릭이나 랜덤 하드웨어 고장에 의한 안전 목표 침해 평가에 대한 요구사항은 ASIL 분해로 바뀌지 않는다. 분해에 의한 아키텍처에서는 두 엘리먼트가 동시에 고장을 일으키지 않으면 안전 목표를 침해하지 않는다. ASIL 분해의 방법으로는 〈그림 9-1〉과 같이 각 ASIL 등급에 대해 가능한 ASIL 분해 방법이 다르다.

ASIL 분해는 개념 단계, 시스템 개발 단계, 하드웨어 개발 단계 및 소프트웨어 개발 단계에서 적용할 수 있다. 그러나 ASIL 분해를 하기 위해서는 두 엘리먼트가 서로 독립성을 유지하며, 상호 연결되지 않아야 한다.

ISO 26262-10:2018, 11.3절의 예제를 이용하여 ASIL 분해에 대한 이해를 돕고자 한다. 먼저 다음과 같은 임의의 아이템을 가정한다.

◎ **아이템의 정의:** 운전자의 요청으로 동작하는 아이템으로 차량이 정지했을 때 동작하고, 차량 속도가 15km/h 이상인 경우의 동작은 위험한 사고를 일으킨다.

◎ **위험원 분석 및 리스크 평가(HARA):** 안전 목표 설정. 차량 속도가 15km/h 이상이면 운전자의 요구와 상관없이 동작하지 않아야 한다.

◎ **안전 목표 ASIL 등급 결정:** ASIL 등급은 ASIL C로 가정한다.

◎ **시스템 예비 아키텍처 설계:** 초기 설계로서 〈그림 9-2-a〉와 같이 운전자의 요구와 차량의 속도 정보를 받아 판단하는 제어기와 액추에이터로 구성한다.

◎ **기능안전 개념(FSC):** 아키텍처 설계와 안전 목표를 고려하여 기능안전 요구사항을 도출한다.

1) Req. 1: 제어기에 제공되는 차량 속도가 정확할 것 → ASIL C

2) Req. 2: 제어기는 차량 속도≥15km/h 시 액추에이터를 비활성화→ ASIL C

3) Req. 3: 액추에이터는 제어기가 전원을 공급할 때만 작동할 것 → ASILC

◎ **아키텍처 업데이트:** 기능안전 개념의 개선을 위해 〈그림 9-2-b〉와 같이 액추에이터 스위치를 추가하여 차량의 속도가 15km/h 이하에서만 스위치를 켜도록 하면 기능안전 요구사항은 추가된 액추에이터 스위치를 포함하여 업데이트시켜야 한다.

1) NReq. 1: 제어기에 제공되는 차량 속도가 정확할 것 → ASIL C

2) NReq. 2: 제어기는 차량 속도가 15km/h 이상이면 액추에이터 동작시키지 말 것 → ASIL X (C) (스위치가 추가되어서 ASIL C보다 낮은 등급이 될 것임)

3) NReq. 3: 스위치에 제공되는 차량 속도가 정확할 것 → ASIL C

4) NReq. 4: 차량 속도가 15km/h 이상이면 스위치는 개방 상태일 것 → ASIL Y(C)

5) NReq. 5: 액추에이터는 제어기와 스위치에 의해 전원 공급 시에만 동작 → ASIL C

6) NReq. 6: 제어기와 스위치는 충분히 독립적이어야 한다. ASIL C

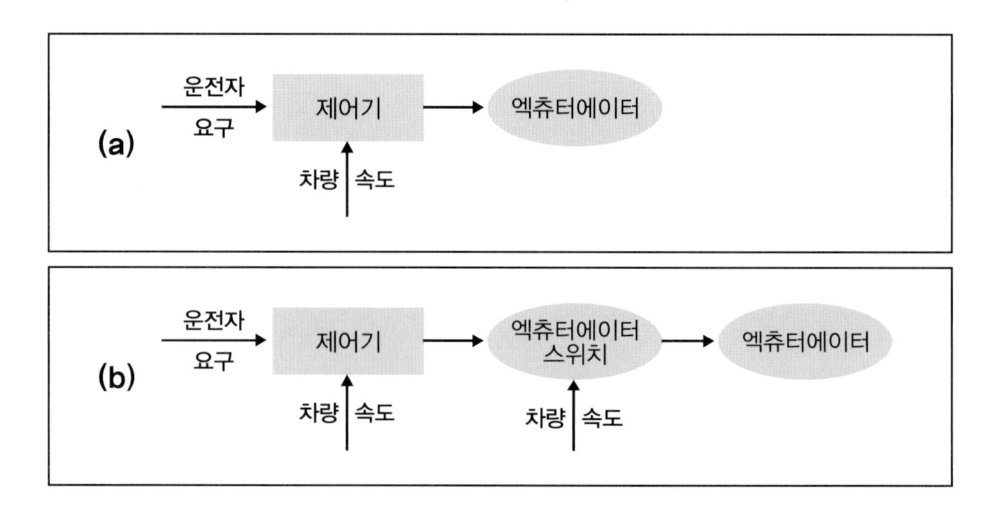

▶ 〈그림 9-2〉 예제 아키텍처

위의 경우에 ASIL 분해를 몇 가지로 생각해볼 수 있는데 〈표 9-1〉에 나타낸 것과 같은 구성이 될 수 있으며, 최종 ASIL 분해는 각각의 경우에 대한 비용 및 개발 기간을 고려하여 결정하게 된다.

	NReq 2: ASIL X (C)	NReq 4: ASIL Y(C)
가능한 분해 1	ASIL C(C) 요구사항	QM (C) 요구사항
가능한 분해 2	ASIL B(C) 요구사항	ASIL A(C) 요구사항
가능한 분해 3	ASIL A(C) 요구사항	ASIL B(C) 요구사항
가능한 분해 4	QM(C) 요구사항	ASIL C(C) 요구사항

▶ 〈표 9-1〉 예제의 가능한 ASIL 분해

제2절 엘리먼트의 공존 기준

(Criteria for Coexistence of Elements)

엘리먼트가 다수의 하위 엘리먼트로 구성되어 있는 경우에 발생할 수 있는 안전 목표 침해를 일으키는 고장은 〈그림 9-3〉과 같다. 〈그림 9-3〉에 점선은 상호 간섭을 나타내는 것으로 하위 엘리먼트 간에 영향을 미친다는 것이다. 이 경우 낮은 ASIL 엘리먼트의 결함이 높은 ASIL엘리먼트의 결함을 일으킬 수 있고, 이것이 결국은 안전 목표 침해로 이어질 수 있다.

이것을 방지하기 위해서는 모든 하위 엘리먼트가 엘리먼트의 ASIL 등급, 즉 하위 엘리먼트 중에 가장 높은 ASIL 등급으로 개발하여야 한다. 낮은 ASIL 등급을 받을 수 있는 하위 엘리먼트를 높은 ASIL로 개발하는 것은 비용 증가 및 개발 기간 지연을 초래한다. 다른 ASIL 등급을 할당받는 엘리먼트들을 할당된 ASIL로 개발하기 위해 ISO 26262에 제안하는 것이 공존 기준이다.

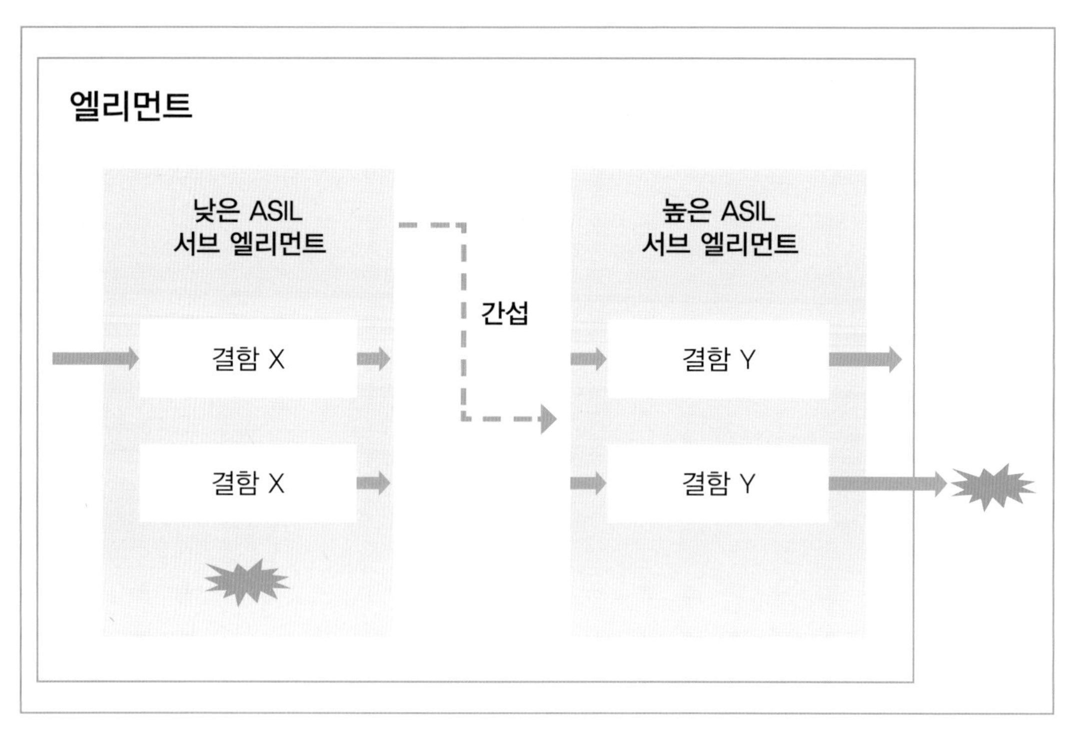

▶ 〈그림 9-3〉 하위 엘리먼트 상호 간섭에 의한 연계 고장 예

엘리먼트들이 공존할 수 있는 조건은 두 가지가 제시되고 있는데

◎ 안전과 무관한 하위 엘리먼트는 안전 관련 하위 엘리먼트와 무간섭.

◎ 낮은 ASIL 하위 엘리먼트와 높은 ASIL 하위 엘리먼트간은 무간섭.

이 조건들이 만족할 때 안전 무관 엘리먼트나 낮은 ASIL 엘리먼트가 엘리먼트에 할당된 안전 요구사항을 직·간접적으로 침해하지 않게 된다. 공존을 위한 조건은 엘리먼트간 간섭이 없어야 한다는 것이다. 무간섭이라는 조건은 종속 고장 분석을 통해 확인하고 증거를 확보하여야 한다.

ISO 26262-9:2018 Annex B에 공존과 ASIL 분해에 대하여 상세하게 설명하고 있는데 〈그림 9-4〉의 아키텍처에 대해 설명하면 아래와 같다.

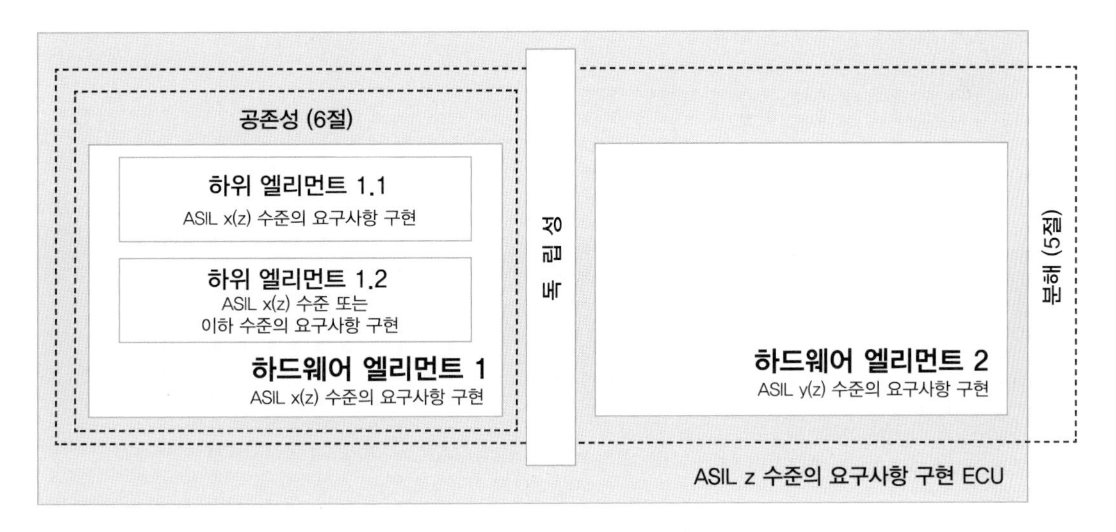

▶ 〈그림 9-4〉 공존과 분해가 있는 아키텍처 사례(출처: ISO 26262-9 Figure B.1)

공존 조건

ASIL x 등급 요구사항이 할당된 엘리먼트 1의 하위 엘리먼트 1.1 및 하위 엘리먼트 1.2는 ASIL x를 상속받는다.

다음 조건이 모두 충족된다면, 하위 엘리먼트 1.2는 더 낮은 ASIL을 할당할 수 있다.

◎ 최소 하나 이상의 하위 엘리먼트가 ASIL x의 엘리먼트 1 요구사항을 충족한다.(엘리먼트 1.1)

◎ 엘리먼트 1.2는 엘리먼트 1의 안전 요구사항을 위반할 수 없다.

◎ 공존 기준을 충족시킨다: 하위 엘리먼트 1.2에서 하위 엘리먼트 1.1까지의 연쇄 고장이 없음(무간섭).

분해

ASIL z 요구사항이 〈그림 9-4〉에 있는 ECU에 할당된다면, 요구사항은 독립적이고 이중화되는 하드웨어 엘리먼트에 분해되어 할당될 수 있다. 이때 다음의 조건을 충족하여야 한다.

◎ 〈그림 9-1〉의 분해 도식이 사용된다.(ASIL z → ASIL x(z) + ASIL y(z))

◎ HW_Element_1은 ASIL x(z)에서 ECU 안전 요구사항을 자체적으로 충족.

◎ HW_Element_2는 ASIL y(z)에서 ECU 안전 요구사항을 자체적으로 충족.

◎ HW_Element_1과 HW_Element_2는 독립적이다. 즉, ASIL z에서 입증된 HW_Element_1부터 HW_Element_2까지 연쇄 고장 및 HW_Element_2부터 HW_Element_1까지 연쇄 고장이 없음과 공통 원인 고장 없음.

제3절 종속 고장의 분석

(Analysis of dependent Failures)

종속 고장을 간략하게 정의하면 다른 엘리먼트 고장의 영향으로 인해 엘리먼트에 고장이 발생하는 것을 말한다. 종속 고장에는 공통 원인 고장과 연계 고장이 있는데 〈그림 9-5〉와 같이 한가지 원인에 의해 두 개의 엘리먼트가 고장이 나는 경우는 공통 원인 고장이고 〈그림 9-6〉과 같이 한 개의 엘리먼트에 고장이 발생하여 다른 엘리먼트의 고장을 일으키는 경우는 연계 고장이라 한다.

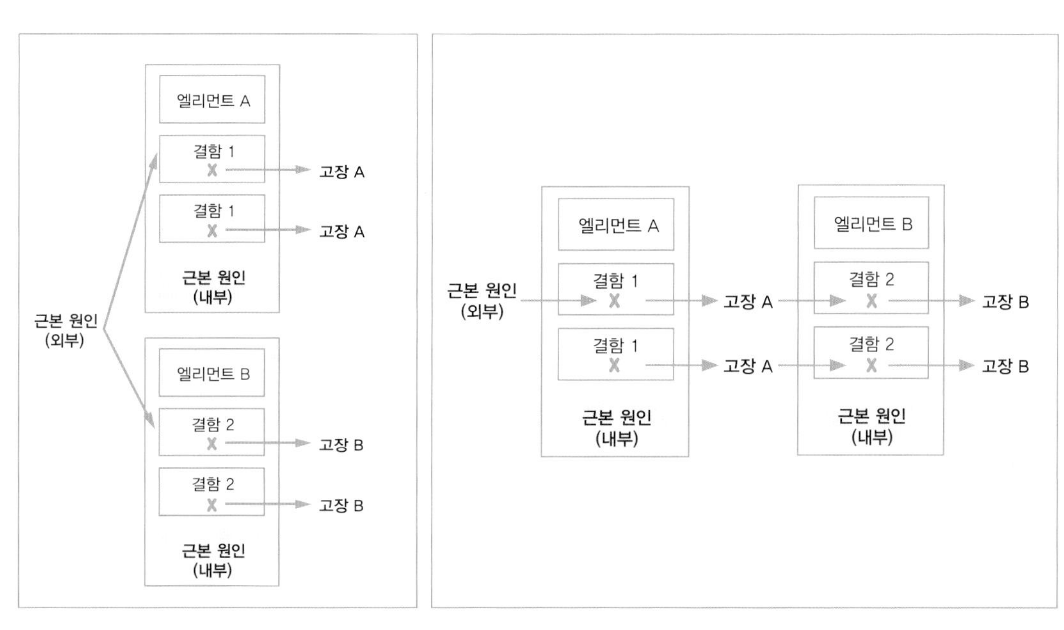

▶ 〈그림 9-5〉 공통 원인 고장(ISO 26262 Part 1) ▶ 〈그림 9-6〉 연계 고장(ISO 26262 Part 1)

〈그림 9-7〉에 나타낸 것과 같이 종속 고장 분석은 엘리먼트 간의 독립성과 무간섭을 증명하기 위한 것이다. 무간섭은 엘리먼트의 공존에서 언급한 것과 같은 ASIL 등급이 다른 엘리먼트나 ASIL 등급이 없는 엘리먼트와의 공존을 위해 만족해야 할 조건으로 연계 고장에 의해서만 침해가 된다. 또한, ASIL의 분해를 위해 요구되는 독립성을 증명하기 위해서는 공통 원인 고장(CCF: Common Cause Failure)과 연계 고장(CF: Cascading Failure) 모두가 없어야 한다.

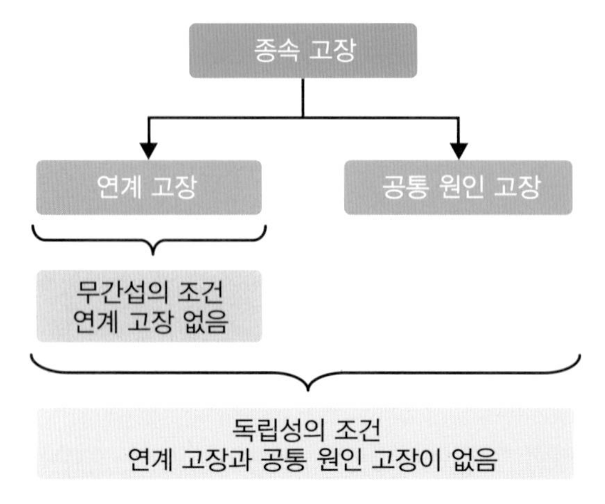

▶ 〈그림 9-7〉 종속 고장의 관계(ISO 26262-9 : 2018 Figure 3)

안전성을 높이기 위해 하드웨어적으로는 중복화 구성을 많이 사용하는데 이러한 것으로 충분하게 기능안전 요구사항을 만족하게 하지 못하는 것은 종속 고장 때문이다. 즉, 중복화를 구성하는 엘리먼트 간에 충분한 독립성을 만족하지 못하면 기능안전 요구사항을 만족할 수 없다. 같은 구조에 같은 회로, 같은 소자를 사용하여 구현하면 공통 원인 고장이 발생할 확률이 높아져서 기능안전 요구사항을 만족할 수 없다.

예를 들면, 〈그림 9-8(a)〉는 중복화 구성된 하드웨어에서 나타날 수 있는 종속 고장으로 동일원인에 의해 블록이 고장 날 수 있어 전체 시스템에서 고장을 일으킨다. 〈그림 9-8(b)〉는 소프트웨어 엘리먼트에서 사용되는 공통 인자에 발생하는 오류가 두 개의 소프트웨어 라이브러리에 오류를 일으켜 타이밍 이중화에서 실행될 때 문제를 발생 시켜 전체 시스템에 고장을 야기한다.

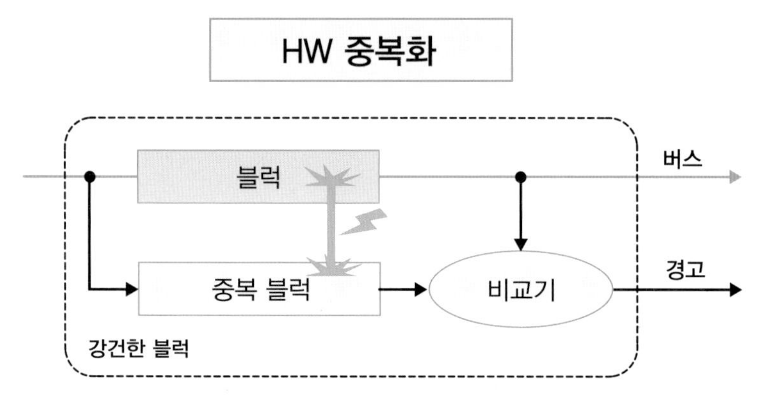

▶ 〈그림 9-8〉 a) 하드웨어 종속 고장 예

종속 고장은 랜덤 하드웨어 고장인 경우에 발생하지만, 시스템적 고장인 경우에도 발생할 수 있다. 특히 시스템적 고장인 개발 결함, 제작 결함 및 공통으로 영향을 받는 환경요인, 특히 온도 및 습기 문제에 대하여 충분히 고려하여 평가하여야 한다.

반도체인 경우는 모든 소자들이 집적되어 있어서 서로 간의 영향을 배제하기가 쉽지 않아서 반도체에서의 종속 고장에 대한 분석 및 대책은 매우 중요하다. Part 11 반도체 부분에서 다시 종속 고장에 대해 설명하기 때문에 본 절에서는 간단하게 설명을 마친다.

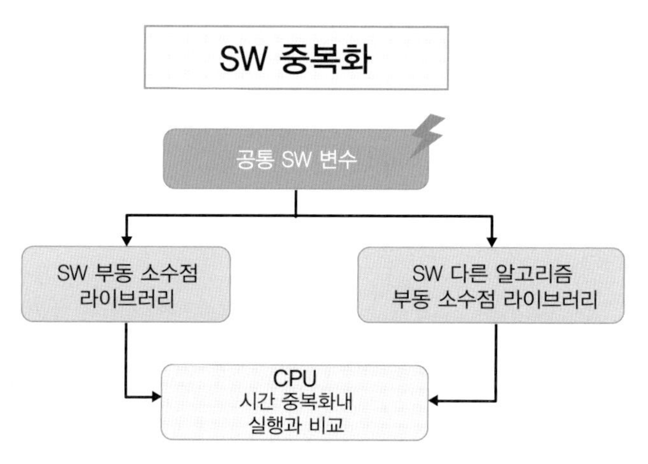

▶ 〈그림 9-8〉 b) 소프트웨어 종속 고장 예

제4절 안전 분석

(Safety Analyses)

안전 분석의 목적은 시스템적 결함 또는 랜덤 하드웨어 결함에 의해 안전 목표가 침해를 받을 가능성이 낮다는 것을 확인하는 것이다. 안전 분석은 모든 개발 단계에서 정성적 또는 정량적 분석 방법을 사용하여 분석한다. 안전 분석 방법의 종류와 자동차 업계에서의 적용에 대한 것을 〈표 9-2〉에 표시하였다.

안전 분석 방법	정성적 분석	정량적 분석	비고(자동차 산업 적용 관련)
HAZOP(HAZard OPeration)	O		PHA(Preliminary Hazard Analysis)
FMEA(Failure Mode, Effect Analysis)	O		IATF 16949 및 기존 자동차 산업 적용
FMECA (Failure Mode, Effect and Critical Analysis)	O	O	철도, 원자력, 우주 항공 산업 분야에서 적용
FMEDA (Failure Mode, Effect and Diagnosis Analysis)	O	O	아키텍처 메트릭 계산 가능.
DFA(Dependent Failure Analysis)	O		독립성과 종속 결함 분석 방법
CPA	O		
FTA(Fault Tree Analysis)	O	O	자동차 산업 보다는 철도, 원자력, 우주 항공 산업 분야에서 적용
RBD(Reliability Block Diagram)	O	O	원자력, 반도체
Markov Chain		O	
Stochastic Petri Nets		O	
ETA(Event Tree Analysis)	O	O	철도, 원자력, 우주 항공 산업 분야에서 적용

▶ 〈표 9-2〉 안전 분석 방법

기존 자동차 산업의 FMEA는 AIAG(Automotive Industry Action Group, 미국 자동차 협회)의 FMEA 4판과 VDA(Verband Der Automobilindustrie, 독일 자동차 공업 협회)의 FMEA 4판 2 종류가 적용됨에 따라서 일부 서로 다른 부분으로 인하여, 미국 혹은 독일의 완성차에 동시 납품하는 자동차 협력사가 FMEA를 이중으로 작성해야 하는 어려움이 있었는데 이를 해결하기 위하여 IATF(International Automotive Task Force)에서 2015년부터 통합 TFT 활동 끝에 2019년 6월 3일 AIAG-VDA FMEA 1판 핸드북을 발간하였다. 〈그림 9-9〉 참조.

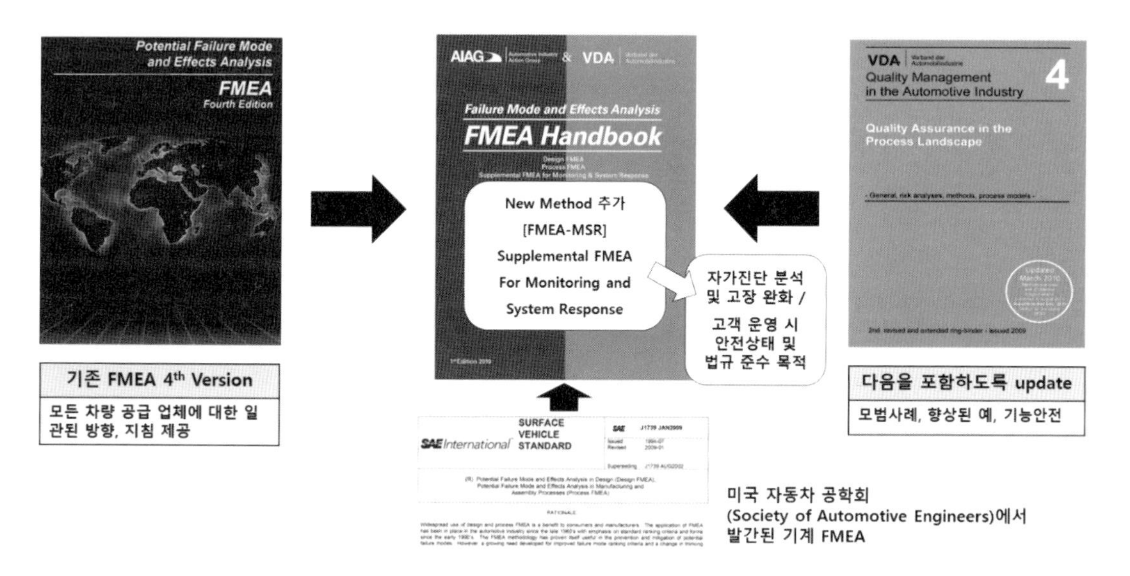

▶ 〈그림 9-9〉 통합된 새로운 AIAG & VDA FMEA (출처: AIAG & VDA FMEA)

새로운 FMEA(Failure Mode, Effect Analysis, 고장 형태 영향 분석)로 개정됨에 따라, 자동차 부품사들은 AIAG-VDA FMEA 1판 핸드북을 적용하여 제품 개발, 공정 설계가 진행되고 고객의 승인을 받아야 한다. 더불어 새로운 FMEA는 ISO 26262 기능안전이 반영되어 모니터링 시스템이 있는 전장 시스템은 FMEA-MSR(Monitoring and System Response)을 수행하여야 한다.

일반적인 정성적 또는 정량적 FMECA에 사용되는 표의 예를 〈그림 9-10〉과 〈그림 9-11〉에 나타내었다.

TABLE 2.1 TYPICAL QUALITATIVE FMECA SPREADSHEET LINE

1	2	3	4	5	6	7	8	9
Element	Failure Modes	Potential Causes	Mission Phase/ Operational Mode	Local Effects	Upper-Level Effects	Criticality/ Risk Level	Failure Detection Method /Compensating Provisions	Upper-Level Effect with SM

▶ 〈그림 9-10〉 정성적 FMECA의 항목들

TABLE 2.2 EXAMPLE OF ENRICHED FMECA SPREADSHEET WITH QUANTITATIVE DATA

Element	Failure modes	Failure rate	Potential causes	Mission Phase/ Operational Mode	Local effects	Upper-level effects	Criticality / Risk level	Failure detection method / compensating provisions	Diagnostic Coverage (error detection or tolerance coverage)	Upper-level effect with SM

▶ 〈그림 9-11〉 정량적 FMECA의 항목들

FMEDA는 FMEA의 확장으로 Failure Modes, Effects and Diagnostic Analysis의 약자이며, 하위 시스템 혹은 제품 수준의 고장률, 고장 모드 및 진단 범위를 산출하기 위한 체계적인 분석 기법으로 1988년 이후 개발 중인 체계적인 분석 기법을 기술하기 위하여 1994년에 붙여진 명칭이다. FMEDA의 관심 사항은 하위 시스템 혹은 제품 수준의 고장률, 고장 모드 및 진단 범위이며 다음 사항을 고려한다.

◎ 설계의 모든 소자, 각 소자의 기능성, 각 소자의 고장 모드

◎ 제품 기능성에 대한 각 소자의 고장 모드의 영향

◎ 고장을 탐지하는 자동 진단의 능력

◎ 설계 강점(부담 경감, 안전 요소)

◎ 작동 프로필(환경 스트레스 요소)

FMEDA는 〈그림 9-12〉의 프로세스에 따라 수행되며, 소자의 고장 모드가 잘 알려져 있을 경우에만 진단 가능하다. 고장 모드가 잘 알려지지 않은 소자의 경우는 소자들에 대해서 고장 모드에 'unknown'을 표기하고, 고장 모드에 대한 고장률 추정치를 산출 및 할당하여 FMEDA를 실시한다.

FMEDA 프로세스에 따라 수행하면 〈그림 9-13〉과 같이 소자별 고장률과 고장 모드 별 분포, 안전한 고장, 단일점 결함, 잔존 결함, 다중 결함과 안전 메커니즘 유무에 따른 검증된 진단 범위를 고려하여 하드웨어 아키텍처 메트릭 평가(SPFM, LFM)와 PMHF 평가를 수행한 FMEDA이 된다.

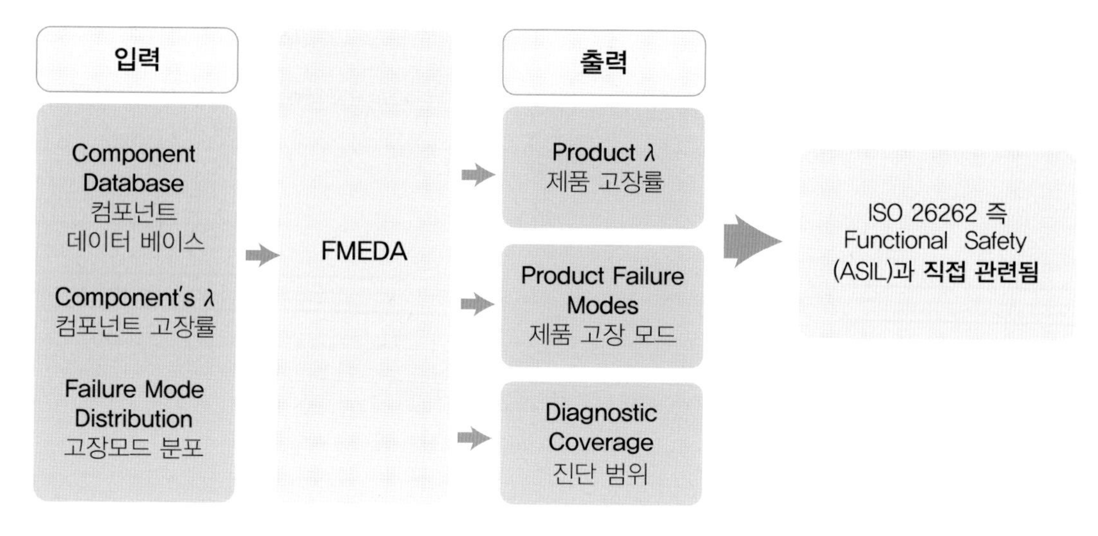

▶ 〈그림 9-12〉 FMEDA 적용 순서

					Permanent failure								Transient failure				
Part	Sub-Part	Elementary sub-part	Safety related component? Non Safety related component?	Failure modes	Failure rate (FIT)	λ mount of safe fault (see note 1)	Safety mechanism(s) preventing the failure mode from violating the safety goal?	Failure mode coverage wrt. Violation of safety goal	Residual or Single Point Fault failure rate / FIT	Safety mechanism(s) preventing Latent faults	Failure mode coverage wrt. Latent failures	Latent Multiful Point Fault failure rate / FIT	Failure rate (FIT)	λ mount of safe fault (see note 1)	Safety mechanism(s) preventing the failure mode from violating the safety goal?	Failure mode coverage wrt. Violation of safety goal	Residual or Single Point Fault failure rate / FIT
Volatile Memory	RAM (16KB)	RAM Data bits	SR	Permanent fault	1.5000	0%	SM 3	96.9%	0.04688	SM 3	100%	0.0000					
				Transient fault									131.072	0%	SM 3	99.60%	0.40894
		Address Decoder	SR	Permanent fault	0.0087	0%	None	0%	0.00870								
				Transient fault									0.000335	0%	None	0%	0.00034
		Test/ redundancy	SR	Permanent fault	0.0058	50%	None	0%	0.00290								
				Transient fault									0.00033	90%	None	0%	0.00003

Total Safety-Related	1.51450		Total Safety-Related	131.07
Total Non Safety-Related	1.51450		Total Non Safety-Related	131.07
Total failure rate	0.00000		Total failure rate	0.00
Single-Point Fault Metric = 1 - (0.05848 / 1.51450) = 96.1 %			Single-Point Fault Metric = 1 - (0.40931 / 131.07) = 99.69 %	
Latent Fault Metric = 1 - [0 / (1.51459 – 0.05848)] = 100.0 %				

▶ 〈그림 9-13〉FMEDA 적용 사례

귀납적, 연역적 안전 분석 방법이 완전히 다른 것이 아니고 이를 조합하여 안전 분석을 실시하면 보다 효과적이며, ISO 26262-10:2018의 부록 A에서 〈그림 9-14〉와 같이 안전 분석 방법인 FTA와 FMEA 기법을 소자 혹은 하위 소자에서 결합하여 사용하면 Top-down, Bottom-up 접근이 가능하다고 제시하고 있다.

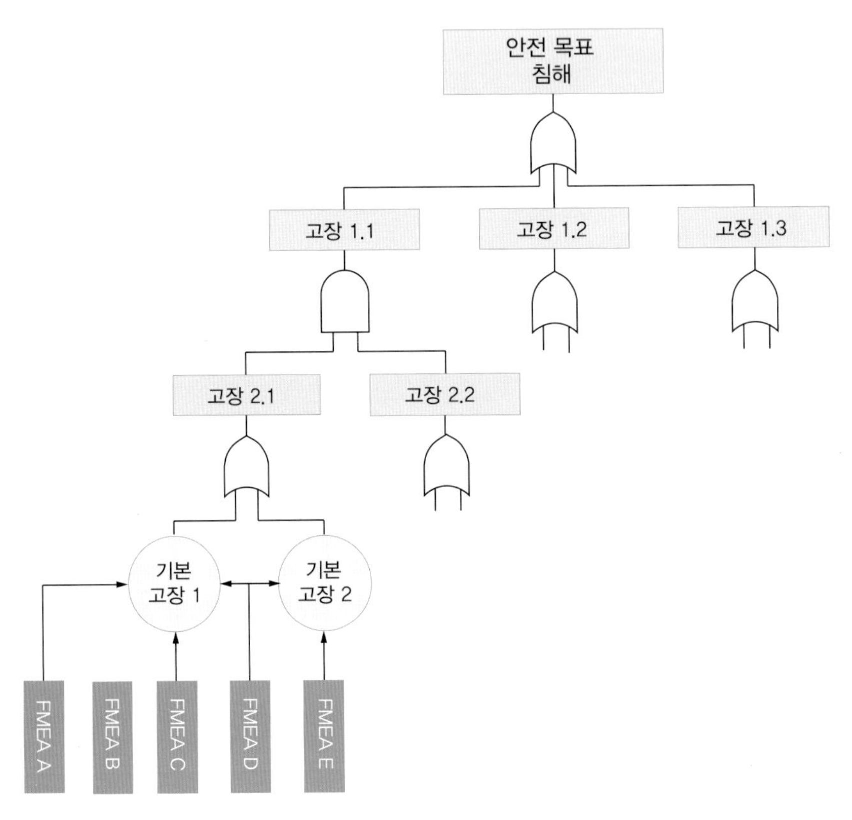

▶ 〈그림 9-14〉 FTA와 FMEA 결합한 안전 분석 예(ISO 26262-10)

제 10 장

기능안전(ISO 26262) 자가 진단 가이드

Functional Safety(based by ISO 26262) Self-Checklist Guide

아래의 ISO 26262 Part 별 체크리스트를 활용하여 자가 진단할 수 있으며, 회사 수준이 ISO 26262에서 요구하는 사항과의 차이가 얼마나 되는지를 쉽고, 빠르게 파악할 수 있도록 구성하였다.

ISO 26262 Part 별 개별 문항은 요구사항 준수 및 내재한 리스크 관점에서 평가된다. 각 문항에 대한 평가 결과는 요구사항 준수 정도에 근거하여 0, 4, 6, 8, 10점을 부여한다.

평가자에 따라서 중간 점수인 7점 혹은 7.5점도 가능하다.(단, 평가자의 기준이 명확하게 정립되어야 한다.)

Point	Assessment of compliance with the requirements	비고(만족 수준)
10	요구사항을 완전히 만족시킴	100% 만족
8	요구사항을 거의 만족시킴; 경미한 이탈	80 % 만족
6	요구사항을 부분적으로 만족시킴; 중요한 이탈	60% 만족
4	요구사항을 부적절하게 만족시킴; 심각한 이탈	40% 만족
0	요구사항을 만족시키지 못함	20% 이하 만족

Part 2 Clause 2-5 Overall Safety Management(전반적인 안전 경영)에 대하여 실제로 자가 진단을 실시한 것을 샘플로 명기하였다. Rating에 실제 X 표는 프로세스가 없거나 실시하지 않는 경우로 '0' 점에 해당하며, 실시하고 있는 내용이 있으면 'P 절차에 의거 실시(부적합품)', 절차서는 있으나 실행이 미흡할 경우는 '4' 점, 부분적으로 만족할 경우 '6' 점을 자가 진단 평가 인원이 체크하여 평가를 진행하면 된다.

자가 진단을 실시하면 다음과 같이 점수화된 레이다 차트를 만들어서 ASIL 목표와 전체적인 Part 별 회사 점수를 비교할 수 있다.

일반적으로 ASIL 등급에 따른 목표 점수는 B 등급은 70점, C 등급은 85점, D 등급은 95점, Part 2, 7은 ASIL 등급에 상관없이 100점을 기준으로 정하고는 있지만, 회사의 능력과 수준, 고객의 관심도에 따라서 목표 점수를 결정하는 것이 바람직하다.

더불어 각 Part의 Clause 별로도 점수를 취합하여 현 수준을 파악할 수 있음으로 자가 진단을 실시하는 인원들은 엑셀이나 계산 공식을 활용하여 도형화 혹은 그래프화하여 자가 진단 결과에 대해서 여러 각도로 분석을 할 수 있다. 취약한 Part 혹은 Clause를 파악하여 개선의 우선 순위를 정하는 기준으로 활용할 수도 있다.

자가 진단 사례(Self-Assessment Sample)

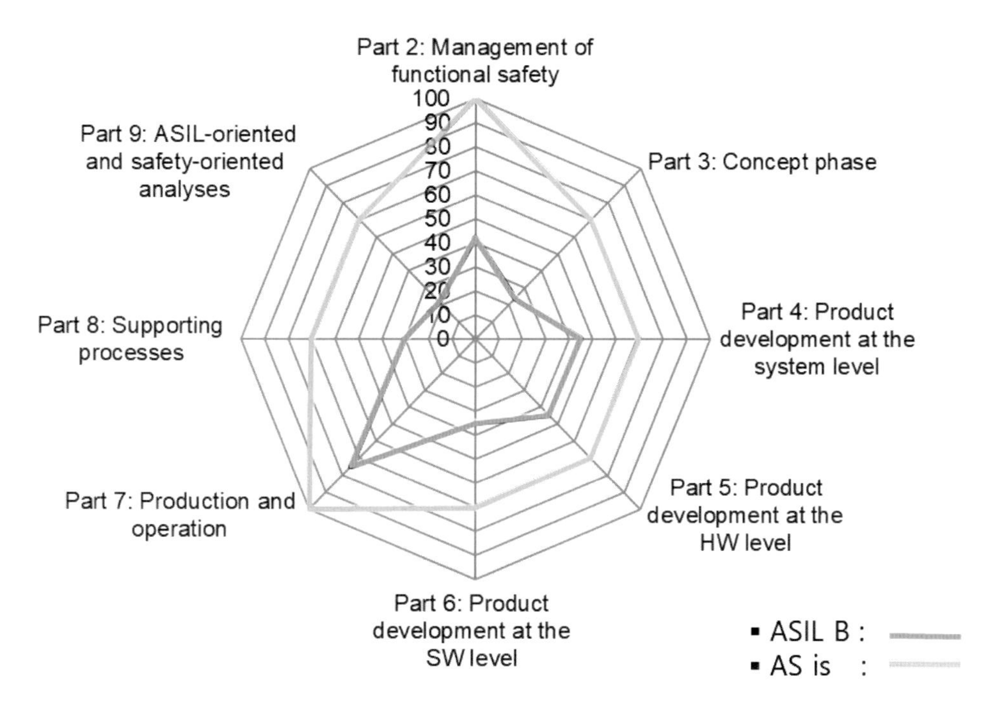

▶ 〈그림 10-1〉 자가 진단 평가 결과 사례

	Part 2: Management of functional safety	Part 3: Concept phase	Part 4: Product development at the system level	Part 5: Product development at the HW level	Part 6: Product development at the SW level	Part 7: Production and operation	Part 8: Supporting processes	Part 9: ASIL-oriented and safety-oriented analyses
SIL B	100	70	70	70	70	100	70	70
AS IS	33	24	45	45	35	75	30	22

Fully　Largely　Partially　Not

Part 2 Clause 2-5 Overall safety management

ISO 26262(기능안전) Sub-clause ID - Key Word/Checklist	Rating
5.4.2 Safety culture	
1. 사업 계획서에 기능안전을 추진하기 위한 전략이나 계획이 수립되고, 관리되고 있는가?	X
2. 경영진이 기능안전을 이해하며 적극적으로 지원하고 있는가?	X
3. 기능안전 표준이 반영된 프로세스를 보유하고 있는가?	X
4. 기능안전 관련 활동(위험원 분석, 안전 요구사항, 안전 분석 등)들은 프로세스 및 계획에 따라서 관리되고 있는가?	X
5. 기능안전 관련 조직에 대한 역할 및 책임과 권한이 정해져 있는가?	X
5.4.3 Management of safety anomalies regarding functional safety	
6. 이상을 발견하고 식별하는 프로세스가 수립, 실행되고 책임과 권한이 정해져 있는가?	P 절차에 의거실시 (부적합품)
7. 문제 해결이 안될 경우, 이에 대해 보고 되고 개발 기간 동안 관리되는가?	P 절차에 의거실시 (시정 및 예방조치)
5.4.4 Competence management	
8. 기능안전 관련 인원에 대한 교육 계획이 수립되어 실시되고 있는가?	일부 교육받음
9. 기능안전과 관련한 자격이 부여되는 인원이 파악되고 자격 인정이 되었는가?	X
5.4.5 Quality management system	
10. ISO 9001/IATF 16949 인증서는 유지되고 있는가?(QMS의 프로세스와 수준은 어느 정도인가?)	X (작년에 갱신 안 함)
5.4.6 Project-independent tailoring of the safety lifecycle	
11. Tailoring(기능안전 활동 조정)에 대한 프로세스 혹은 절차가 수립되어있는가?	X

Part 2 Clause 2-6 Projection dependent management system

ISO 26262(기능안전) Sub-clause ID – Key Word/Checklist	Rating
6.4.2 Roles and responsibilities in safety management	
1. 기능안전 관련 개발 아이템에 대한 PM을 지정하였는가?	
2. PM(프로젝트 책임자)은 자격이 있는 안전 관리자(SM: Safety Manager)를 지정하였는가?	
6.4.3 Impact analysis at the item level	
3. 신규 개발, modification, proven in use의 경우를 결정하고 있는가?	
6.4.4 Reuse of an existing element	
4. Reuse(재사용하는 경우)인 경우 이에 대해서 식별되고, 평가 되어 안전 활동들이 reuse 사항들을 만족하는가?	
6.4.5 Tailoring of the safety activities	
5. 안전 활동들이 조정되고 있는가?	
6.4.6 Planning and coordination of the safety activities	
6. 안전 활동들은 조율되고 계획되고 있는가?	
6.4.7 Progression of the safety lifecycle	
7. 안전 수명 주기에 따라서 기능안전 업무가 진행되고 있는가?	
6.4.8 Safety case	
8. 기능안전의 달성을 위해 safety plan에 따라서 safety case는 작성되고 있는가?	
6.4.9 Confirmation measures	
9. 대책 확인 계획은 수립되어있는가?	
10. 자격이 있는 인원들에 의해서 독립된 인원들이 대책 확인이 실시되고 있는가?	

6.4.10 Confirmation reviews	
11. 안전 활동에 따른 산출물(결과물)에 대해서 대책 검토가 실시되고 있는가?	
6.4.11 Functional safety audit	
12. 기능안전 심사(Functional safety audit)를 실시하였는가?	
6.4.12 Functional safety assessment	
13. 아이템 혹은 엘리먼트의 ASIL 등급에 맞게 기능안전 평가 계획이 수립되고 기능안전 평가가 실시되었는가?	
6.4.13 Release of production	
14. Safety case는 양산 이관에 가용 가능한가?	
15. 양산 이관 서류에는 기능안전이 성취되었음을 신뢰하는 증거와 책임자의 승인, 배포일(이관일), 최신 유효본 유무 등이 포함되어있는가?	

Part 2 Clause 2-7 Safety management regarding production, operation, service and decommissioning

ISO 26262(기능안전) Sub-clause ID - Key Word/Checklist	Rating
7.1.1 Responsibilities, planning and required processes	
1. 생산, 운행, 서비스, 폐기의 기능안전 달성을 위해 권한을 가진 책임자를 지정하였는가?	
2. 아이템이나 엘리먼트가 생산, 운행, 서비스, 폐기의 기능안전 활동을 보장하기 위해서 계획되고 실행되고 있는가?	
3. 생산, 운행, 서비스, 폐기의 기능안전 유지를 위해서 프로세스를 수립하고 실행, 유지하고 있는가?	
4. 아이템의 변경 사항이 생기면 생산을 위해서 양산 이관 관리에 변경 사항이 반영되고 실행되는가?	

Part 3 Clause 3-5 Item definition

ISO 26262(기능안전) Sub-clause ID – Key Word/Checklist	Rating
5.4.1 Item definition	
1. 요구사항은 정확하게 정의되어있는가?	
2. ISO 26262(기능안전)를 적용해야 할 아이템/제품/부품에 대하여 기능 정의서를 포함한 아이템 정의서가 작성되어 있는가?	
3. 아이템 정의서에는 법적, 환경, 예비 아키텍처, 제약사항, 인터페이스, 주요 고장 파악 등을 반영하고 있는가?	

Part 3 Clause 3-6 Hazard analysis and risk assessment

ISO 26262(기능안전) Sub-clause ID – Key Word/Checklist	Rating
1. ISO 26262(기능안전)를 적용하는 아이템에 대하여 위험원 분석 및 리스크 평가(HARA: Hazard Analysis and Risk Assessment)를 실시하였는가?	
2. HARA에 근거하여 ASIL 등급을 결정하였는가	
3. 안전 목표 및 안전한 상태를 결정하였는가?	

Part 3 Clause 3-7 Functional safety concept

ISO 26262(기능안전) Sub-clause ID – Key Word/Checklist	Rating
1. ISO 26262(기능안전)를 적용하는 아이템에 대하여 기능안전 요구사항(FSR)을 도출 하였는가?	
2. ISO 26262(기능안전)를 적용하는 아이템에 대하여 기능안전 요구사항(FSR)을 근거로 엘리먼트에 요구사항을 할당하였는가?	
3. 기능안전 요구사항에 대한 검증은 실시하였는가?	

Part 4 Clause 4-5 General topics for the product development at the system level

ISO 26262(기능안전) Sub-clause ID - Key Word/Checklist	Rating
1. ISO 26262(기능안전) 관련 아이템에 대하여 안전 설계를 위한 방법론이 결정되어있는가?	

Part 4 Clause 4-6 Technical safety concept

ISO 26262(기능안전) Sub-clause ID - Key Word/Checklist	Rating
1. ISO 26262(기능안전) 관련 아이템에 대하여 기능안전 요구사항을 근거로 기술적 안전 요구사항(TSR)이 작성되어 있는가?	
2. ASIL 등급에 근거하여 시스템 안전 분석(FMEA, FTA 등)을 실시하였는가?	
3. 기술적 안전 요구사항에 안전 메커니즘을 구현하기 위한 방법론을 적용하였는가?	
4. 하드웨어-소프트웨어 인터페이스(HSI)는 작성되어 있는가?	
5. 시스템 아키텍처 설계는 되어있는가?	

Part 4 Clause 4-7 System and item integration and testing

ISO 26262(기능안전) Sub-clause ID – Key Word/Checklist	Rating
1. ISO 26262(기능안전) 관련 아이템에 대한 하드웨어 소프트웨어 통합 및 시험 계획은 수립되어있는가?	
2. 하드웨어 소프트웨어 통합 시험은 계획에 따라 실시되었는가?	
3. ISO 26262(기능안전) 관련 아이템에 대한 시스템 통합 및 시험 계획은 수립되어있는가?	
4. 시스템 통합 시험은 실시되었는가?	
5. ISO 26262(기능안전) 관련 아이템에 대한 자동차에 통합 및 시험 계획은 수립되어있는가?	
6. 자동차에 통합 및 시험은 계획에 따라 실시되었는가?	

Part 4 Clause 4-8 Safety validation

ISO 26262(기능안전) Sub-clause ID – Key Word/Checklist	Rating
1. ISO 26262(기능안전) 관련 아이템에 대한 타당성 확인 계획은 수립되어있는가?	
2. 타당성 확인은 계획에 따라 실시되었는가?	

Part 5 Clause 5-5 General topics for the product development at the hardware level

ISO 26262(기능안전) Sub-clause ID - Key Word/Checklist	Rating
1. ISO 26262(기능안전) 관련 하드웨어 설계에 대한 계획은 작성되어 있는가?	
2. 하드웨어의 요구사항은 정확하게 정의되어있는가?	

Part 5 Clause 5-6 Specification of hardware safety requirements

ISO 26262(기능안전) Sub-clause ID - Key Word/Checklist	Rating
1. ISO 26262(기능안전) 관련 아이템에 대한 하드웨어 안전 요구사항(HSR)은 작성되어 있는가?	
2. 하드웨어 안전 요구사항에 대하여 검증을 실시하였는가?	

Part 5 Clause 5-7 Hardware design

ISO 26262(기능안전) Sub-clause ID - Key Word/Checklist	Rating
1. 하드웨어에 대한 아키텍처 설계는 실시되었는가?	
2. ASIL 등급에 근거하여 하드웨어 안전 분석(FMEA, FTA 등)을 실시하였는가?	
3. 하드웨어의 안전 메커니즘은 SPF, RF, LF의 고장을 검출 고려하여 설계되었는가?	
4. 안전 메커니즘의 진단 범위는 합리적으로 평가 되고 증거들은 검증되었는가?	

Part 5 Clause 5-8 Evaluation ofthehardware architectural metrics

ISO 26262(기능안전) Sub-clause ID - Key Word/Checklist	Rating
1. 하드웨어 소자들의 고장률은 파악되었는가?	
2. 하드웨어 아키텍처 메트릭 평가 결과, ASIL 등급에 따른 SPFM, LFM을 만족하는가?	
3. 하드웨어 아키텍처 메트릭 평가 결과에 대하여 올바른 평가가 실시되고 안전 목표를 만족하는지 ISO 26262(기능안전) Part 8-9 검증에 따라서 실시하고 있는가?	

Part 5 Clause 5-9 Evaluation of safety goal violationsdue to random hardwarefailures

ISO 26262(기능안전) Sub-clause ID – Key Word/Checklist	Rating
9.4.1 General	
1. ASIL (B), C, D 등급은 PMHF 혹은 EEC 평가를 만족하고 있는가?	
2. ASIL C, D 등급일 때, 진단 범위가 90% 미만일 경우에는 확인 대책이 추가로 실시되고 PMHF 혹은 EEC 평가를 만족하고 있는가?	
9.4.2 Evaluationof Probabilistic Metric forrandomHardwareFailures(PMHF)	
1. ASIL (B), C, D 등급일 때, ISO 26262(기능안전) Part 5에서 제시한 PMHF 목표값 혹은 고장률 분석, 필드 경험 등의 방법으로 정량적 목표값을 선정하고 있는가?	
2. ASIL (B), C, D 등급일 때, 2개 이상의 멀티시스템이 같은 안전 목표를 가질 때 PMHF 목표값을 낮게 선정하고 있는가?	
3. ASIL (B), C, D 등급일 때, PMHF 정량적 평가에 수행된 관련 증거들은 추적, 식별 가능한가?	
9.4.3 Evaluation of EachCauseof safetygoalviolation(EEC)	
9.4.4 Verification review	
1. PMHF 혹은 EEC 수행한 결과에 대해서 ISO 26262(기능안전) Part 8-9에 따라서 검증을 실시하고 보고서는 작성되었는가?	

Part 5 Clause 5-10 Hardware integration and verification

ISO 26262(기능안전) Sub-clause ID – Key Word/Checklist	Rating
10.4 Requirements and recommendations	
1. 하드웨어 통합 및 검증 계획 및 실행은 정해진 프로세스에 의거 수행되는가?	
2. 하드웨어 통합 및 검증은 ASIL 등급에 따라 ISO 26262(기능안전)에서 요구하는 환경, 작동스트레스를 포함하여 실시되었는가?	

Part 6 Clause 6-5 General topics for the product development at the software level

ISO 26262(기능안전) Sub-clause ID - Key Word/Checklist	Rating
1. 소프트웨어 설계를 위해 프로세스는 수립되어있는가?	
2. 소프트웨어 설계를 지원하는 툴 체인(Tool Chain)은 구성되어 있는가?	
3. 소프트웨어 설계를 위해 모델링 혹은 프로그램 언어의 선정 기준은 정의하였는가?	
4. 소프트웨어의 요구사항은 정확하게 정의되어있는가?	

Part 6 Clause 6-6 Specification of software safety requirements

ISO 26262(기능안전) Sub-clause ID - Key Word/Checklist	Rating
1. ISO 26262(기능안전) 관련 아이템에 대한 소프트웨어 안전 요구사항(SSR)은 작성되어 있는가?	
2. 소프트웨어 안전 요구사항은 ISO 26262(기능안전) Part 8-9에 따라서 검증을 실시하고 보고서는 작성되었는가?	

Part 6 Clause 6-7 Software architecture design

ISO 26262(기능안전) Sub-clause ID - Key Word/Checklist	Rating
1. ISO 26262(기능안전) 관련 아이템에 대한 소프트웨어 아키텍처 설계는 되어있는가?	
2. 소프트웨어의 시스템메틱(Systematic) 결함을 피하기 위해 아키텍처 설계는 단순하고, 누구라도 이해되고, 검증 가능하고, 모듈화, 유지 보수 가능하도록 되어있는가?	
3. 소프트웨어 아키텍처는 정적인 관점과 동적인 관점을 고려하여 설계하는가?	
4. 소프트웨어 아키텍처 설계에 대하여 검증 방법, 검증 가이드를 사용하여 ISO 26262(기능안전) Part 8-9에 따라서 검증을 실시하였는가?	

Part 6 Clause 6-8 Software unit design and implementation

ISO 26262(기능안전) Sub-clause ID - Key Word/Checklist	Rating
1. ISO 26262(기능안전) 관련 아이템에 대하여 소프트웨어 유닛 설계와 실행은 실시되고 있는가?	
2. ASIL 등급에 맞게 유닛 설계와 실행이 되었는가?	
3. SW Unit Code 구현에 있어 MISRA C 규칙 혹은 유닛 설계 가이드를 준수하였는가?	

Part 6 Clause 6-9 Software unit verification

ISO 26262(기능안전) Sub-clause ID - Key Word/Checklist	Rating
1. 소프트웨어 Unit 설계와 실행에 대한 검증은 실시하였는가?	
2. 'SW Unit 구조 커버리지(Structural Coverage)에 대하여 statement coverage, Branch coverage, MC/DC가 실시되고 있는가?	

Part 6 Clause 6-10 Software integration and verification

ISO 26262(기능안전) Sub-clause ID - Key Word/Checklist	Rating
1. 소프트웨어 통합 및 검증은 계획되어있는가?	
2. 소프트웨어 통합 및 검증은 계획에 따라 실시되어있는가?	
3. 소프트웨어 아키텍처 수준의 Function coverage, Call coverage가 실시되고 있는가?	

Part 6 Clause 6-11 Testing of the embedded software

ISO 26262(기능안전) Sub-clause ID - Key Word/Checklist	Rating
1. 임베디드 소프트웨어에 대한 시험은 계획되어있는가?	
2. 임베디드 소프트웨어에 대한 시험은 계획에 따라 실시되고 있는가?	

Part 7 Clause 7-5 Planning for production, operation, service and decommissioning

ISO 26262(기능안전) Sub-clause ID – Key Word/Checklist	Rating
1. ISO 26262(기능안전) 관련 아이템이 양산 이관 시 양산을 위해 받아야 할 서류 및 문서는 정해져 있는가?	
2. ISO 26262(기능안전) 관련 아이템이 양산 이관 전에 공정 능력을 확인하는가?	

Part 7 Clause 7-6 Production

ISO 26262(기능안전) Sub-clause ID – Key Word/Checklist	Rating
1. ISO 26262(기능안전) 관련 아이템에 대한 현장 적용 및 관리를 위한 관리 계획서(Control Plan)는 작성되어 있는가?	
2. ISO 26262(기능안전) 관련 아이템에 대하여 생산을 위한 작업 지침서는 작성되어 있는가?	
3. ISO 26262(기능안전) 관련 아이템에 대하여 안전 관련 특별특성이 지정 되고 관리되고 있는가?	

Part 7 Clause 7-7 Operation, service and decommissioning

ISO 26262(기능안전) Sub-clause ID – Key Word/Checklist	Rating
1. ISO 26262(기능안전) 관련 아이템에 대한 서비스 지침은 작성되어 있는가?	
2. 운전자에게 아이템에 대한 사용 정보를 제공하도록 작성되어 있는가?	
3. ISO 26262(기능안전) 관련 아이템에 대한 폐기 지침은 작성되어 있는가?	

Part 8 Clause 8-5 Interfaces within distributed developments

ISO 26262(기능안전) Sub-clause ID – Key Word/Checklist	Rating
1. 협력사에 공식적으로 ISO 26262(기능안전) 적용을 요청하였는가?(구매발주서, 개발계약서, SoR 등)	
2. ISO 26262(기능안전) 관련 제품을 공급하는 협력사와 DIA 협정이 체결되고 작성되어 있는가?	
3. 협력사에 대한 기능안전 심사 혹은 평가가 실시되었는가?	

Part 8 Clause 8-6 Specification and management of safety requirements

ISO 26262(기능안전) Sub-clause ID – Key Word/Checklist	Rating
1. ISO 26262(기능안전) 요구사항 관리에 대한 절차 혹은 프로세스는 기존의 QM 시스템과 통합 혹은 독자적으로 수립되어있는가?	
2. ISO 26262(기능안전) 안전 요구사항은 절차 혹은 프로세스에 따라 작성되고 있는가?	

Part 8 Clause 8-7 Changed management

ISO 26262(기능안전) Sub-clause ID – Key Word/Checklist	Rating
1. ISO 26262(기능안전) 관련 변경 관련 절차 혹은 프로세스가 기존 QM 시스템(ISO 9001 혹은 IATF 16949등)과 통합되거나 독자적으로 절차가 수립되어있는가?	
2. ISO 26262(기능안전) 관련 변경 관리는 절차에 따라서 수행되는가?	

Part 8 Clause 8-9 Verification

ISO 26262(기능안전) Sub-clause ID – Key Word/Checklist	Rating
1. ISO 26262(기능안전) 관련 검증 계획은 안전 계획서(Safety Plan) 혹은 프로젝트 계획서(Project Plan) 등에 수립되고 있는가?	
2. 검증 계획에 따라 검증 업무가 실시되고 기록은 유지되고 있는가?	

Part 8 Clause 8-10 Documentation management

ISO 26262(기능안전) Sub-clause ID - Key Word/Checklist	Rating
1. ISO 26262(기능안전) 관련 문서 관리 시스템은 기존의 품질 경영 시스템과 같이 통합 혹은 독자적으로 수립되어있는가?	
2. ISO 26262(기능안전) 관련 문서는 문서 관리 절차에 따라 관리되고 있는가?	

Part 8 Clause 8-11 Confidence in the use of software tools

ISO 26262(기능안전) Sub-clause ID - Key Word/Checklist	Rating
1. 소프트웨어의 툴에 대한 툴 영향 등급(YI: Tool Impact)과 툴 에러 감지(Tool Error Detection)를 근거로 TCL(Tool Confidence Level)을 평가하는가?	
2. ISO 26262(기능안전)에 개발, 생산, 시험, 검증에 사용하는 SW tool은 신뢰할 만한 수준이나 자격 인정된 것을 이용하는가?	

Part 8 Clause 8-12 Qualification of software components

ISO 26262(기능안전) Sub-clause ID - Key Word/Checklist	Rating
1. ISO 26262(기능안전) 관련 소프트웨어 컴포넌트에 대한 자격 인정 계획은 수립되어있는가?	
2. 소프트웨어 컴포넌트의 재사용을 위해 소프트웨어 자격 인정을 실시하였는가?	
3. 자격 인정된 소프트웨어 컴포넌트에 대하여 의도된 사용 결과의 유효성과 자격 인정 결과를 검증하였는가?	

Part 8 Clause 8-13 Evaluation of hardware elements

ISO 26262(기능안전) Sub-clause ID - Key Word/Checklist	Rating
1. ISO 26262(기능안전) 관련 엘리먼트에 대하여 하드웨어 평가 전략은 수립되어있는가?	
2. 하드웨어 부품에 대한 자동차용 전장 부품이 BoM에 반영 혹은 적용하여 사용하는가? (AEC Q 100, 101, 200)	
3. 하드웨어 평가된 반도체, 하드웨어 소자에 대한 고장률, 고장 모델을 파악하고 하드웨어 설계에 반영하고 있는가?	

Part 8 Clause 8-14 Proven in use argument

ISO 26262(기능안전) Sub-clause ID - Key Word/Checklist	Rating
1. 아이템, 엘리먼트의 필드 데이터, 과거 이력 등을 조사하고 수집하는 프로세스가 수립되어있는가?	
2. ISO 26262(기능안전) 관련 아이템이 과거 이력이나, 실증에 의해서 고장이 ASIL 등급의 정량적 목표보다 10배 적다는 것을 보장하는 증거들로 ISO 26262(기능안전) 적용 없이 재사용을 실시하였는가?	

Part 8 Clause 8-15 Interfacing an application that is out of scope of ISO 26262(기능안전)

ISO 26262(기능안전) Sub-clause ID - Key Word/Checklist	Rating
1. ISO 26262(기능안전) 관련 아이템이 버스 및 트럭(T&B)에 장착되는 것으로 인터페이스를 적용하여 실시하였는가?	

Part 8 Clause 8-16 Integration of safety-related system not development according to ISO 26262(기능안전)

ISO 26262(기능안전) Sub-clause ID - Key Word/Checklist	Rating
1. ISO 26262(기능안전) 관련 아이템이 버스 및 트럭(T&B)에 장착되는 것으로 ISO 26262(기능안전) 외의 유사한 다른 기능안전 표준(예: IEC 61508, ISO 13849 등)을 적용하여 실시하였는가?	

Part 9 Clause 9-5 Requirements decomposition with respect to ASIL tailoring

ISO 26262(기능안전) Sub-clause ID – Key Word/Checklist	Rating
1. ISO 26262(기능안전) 관련 아이템에 대하여 Decomposition(분해) 계획이나 기준이 정해져 있는가?	
2. 정해진 기준에 따라서 Decomposition(분해)을 실시하였는가?	
3. 다중화(redundancy)하고 독립적인(independent) 것을 보장하도록 기술적으로 Decomposition(분해)이 실시되었는가?	

Part 9 Clause 9-6 Criteria for coexistence of elements

ISO 26262(기능안전) Sub-clause ID – Key Word/Checklist	Rating
1. elements 내에 여러가지의 SAIL 등급, 안전 관련 기능, 안전과 관련 없는 기능(Non-safety function)들이 결합되어 같이 존재하는 elements 혹은 sub-elements들은 파악되었는가?	
2. 파악된 elements 혹은 sub-elements들은 공존 기준(Criteria for coexistence of elements)에 ASIL 및 안전 요구사항을 적용하고 있는가?	

Part 9 Clause 9-7 Analysis of dependent failures

ISO 26262(기능안전) Sub-clause ID – Key Word/Checklist	Rating
1. 종속 결함의 원인이 되는 인자(DFI: Dependent Failure Initiators)들을 파악하였는가?	
2. DFI를 근거로 종속 결함 분석(DFA: Dependent Failure Analysis)을 실시하였는가?	
3. 종속 결함 분석을 통하여 발견된 공통 결함(CCF) 및 연계 결함(CF)은 파악되고, 식별되어 있는가?	
4. 종속 결함을 줄이기 위한 안전 대책이 수립되어있는가?	

Part 9 Clause 9-8 Safety analysis

ISO 26262(기능안전) Sub-clause ID - Key Word/Checklist	Rating
1. 귀납적 분석(예: FMEA, ETA), 연역적 분석(예: FTA, RBD)을 사용하여 안전 분석을 실시하고 있는가?	
2. 안전 분석에서 나온 이슈들은 설계에 반영되는가?	
3. 안전 분석에서 새로운 위험원이 발견되는 경우, HARA(위험원 분석 및 리스크 평가)를 재실시하는가?	
4. 안전 분석을 통하여 안전 목표를 위반하는 사항들과 안전 요구사항 및 안전 목표를 검증하는가?	

자율주행 안전성 확보를 위한
ISO 26262 자동차 기능안전 실행 가이드

제 11 장 반도체에 ISO 26262 적용 가이드라인

Guideline on Application of ISO 26262 to Semiconductors

전기/전자 시스템 및 자동차 기술이 급격하게 발전하면서 ADAS(Advanced Driver Assistance System)와 같은 첨단의 운전자 보조 시스템을 통해 자율 주행 자동차의 개발이 진전되었다. 또한 더욱 안전한 차량을 제조하는 데 많은 노력을 기울이고 있다. 차량의 운행과 보조 시스템의 활성화는 전기/전자 시스템의 사용을 증가시키게 되며, 현재 자동차에서 사용되는 ECU의 수는 최소 80개 이상이다.

ECU는 많은 반도체 IC와 소자로 이루어지는데 여기에 사용되는 반도체(IC)는 단일 기능을 갖는 IC도 있지만, 일반적으로는 많은 기능 블록을 포함하는 SoC(System on Chip)가 사용된다. 사용되는 ECU의 수가 점차 많아짐에 따라 반도체의 수요도 급증하게 되므로 자동차 안전에서 반도체는 매우 중요해지고 있다.

그러나 일반적으로 반도체 칩의 개발자는 어떤 사용 목적을 가정하고 개발하지만, 이것이 시스템 내에서 어떻게 사용되는지는 알 수 없고, 반도체 칩의 사용자도 안전하게 사용하는 방법을 충분히 이해하지 못 할 수 있다.

기능안전 면에서 반도체 개발을 표준에 포함하지 않고 별도로 관리하는 것은 반도체 기술의 발전 속도가 너무 빠르기 때문에 표준으로 규정하게 되면 발전된 반도체 기술을 적용하는데 제한이 있음으로 ISO 26262를 반도체에 적용하기 위한 가이드를 제공하여 기술 발전과 표준을 조화시키고 있다.

자동차 아이템을 개발하는 입장에서 반도체 개발의 전 과정을 알 수 있도록 ISO 26262에서는 설명하고 있지만, 저자는 개발의 입장보다는 어떻게 반도체 개발을 이끄는 것이 ISO 26262의 개념에 맞는 것인지와 개발된 반도체를 어떻게 기능안전에 맞게 사용하는 것에 중점을 두고 설명하는 것이 타당하다고 판단한다.

제1절 반도체 컴포넌트 일반 사항

반도체의 지적 재산권인 IP(Intellectual property)에서 차량까지 어떻게 연결되어 가는지를 〈그림 11-1〉에 나타낸 것과 같이 반도체의 시작은 IP부터이다. 여러 업체에서 개발된 IP를 종합하고 차량에서 필요한 기능을 추가하여 최종적으로 하나의 시스템을 구성하는 반도체 칩을 만들게 된다.

이렇게 만들어진 반도체 칩은 차량의 머리인 ECU에 사용되고 이것이 모여서 하나의 하위 시스템을 구성하고 최종적으로는 차량에 통합되는 것이다.

	레벨	범위	예
OEM	차량		BMW
OEM Tier 1	서브 시스템		Delphi
Tier 1	ECU		
Tier 2	Chip		NXP
Tier 3	IP		Tensilica IP

▶ 〈그림 11-1〉 분산 개발사 수준에 따른 반도체 사용의 예

〈그림 11-1〉에 표시된 것과 같이 OEM과 공급자 간의 관계는 하위로 갈수록 OEM과의 연관성은 떨어진다. 자체적으로SEooC(Safety Element out of Context)로 반도체 관련 기술을 개발하게 되며 ECU 이상에서는 OEM과의 관계가 깊어서 SEooC로 개발되기보다는 ISO 26262에 따라 개발이 진행되게 된다.

뒤에서 설명하겠지만 IP는 반도체에서 가장 중요한 핵심으로 어떤 IP를 안전 관련 기능 구현에 사용할 것인지에 따라 개발하는 방법과 요구하는 사항들이 다르다. 따라서 IP를 될 수 있으면 ISO 26262의 SEooC 요구사항에 맞게 개발된 반도체 칩을 사용하는 것이 기능안전의 구현 측면에서 유리하다.

일반적인 반도체는 기능에 따라서는 아날로그 구역, 디지털 구역, 프로세스 구역 등 여러 구역으로 나누어질 수 있다. 그러나 작은 영역에 많은 기능이 구현되어 있음으로 ISO 26262의 시스템 아키텍처로 구성하여 분석하는 것은 반도체만의 특성을 무시하게 되므로 ISO 26262는 하드웨어 개발의 지침을 적용하지 않고 별도로 반도체에 적용하는 가이드를 제공하고 있다.

물론 ISO 26262 표준을 준수하는 반도체 컴포넌트의 개발은 하드웨어 안전 요구사항에 따라 개발되는데 하드웨어의 기능안전 평가 지표인 PMHF와 진단 커버리지의 목표값을 평가할 때는 하나의 엘리먼트로 취급한다.

SEooC(Safety Element out of Context)

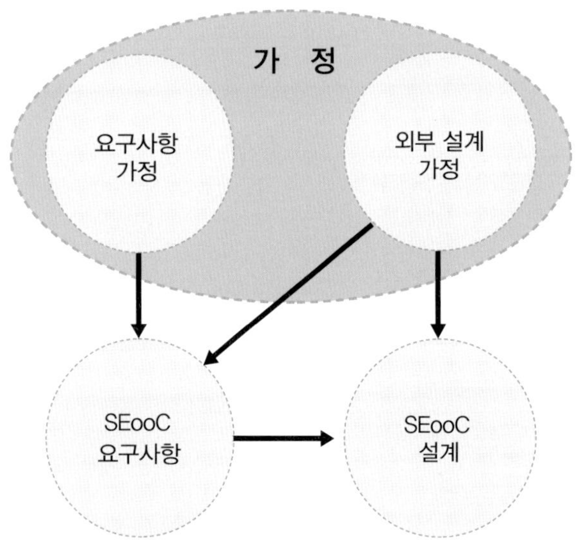

▶ 〈그림 11-2〉 가정과 SEooC 개발 관계
(ISO 26262-10 : 2018, Figure 21)

SEooC란 다른 응용처와 다른 고객을 대상으로 하는 일반적인 엘리먼트에 요구사항과 설계에 대해 가정을 하고 ISO 26262를 적용하여 개발하는 것으로 〈그림 11-2〉와 같이 요구사항과 외부 설계에 대한 가정을 세우고 이를 바탕으로 SEooC에 대한 요구사항을 도출하고, 제품을 개발하는 것을 말한다.

SEooC로 개발할 때 필요한 사용 환경의 가정은 반도체가 사용될 자동차의 환경 조건을 가정한다. 반도체를 이용하여 회로를 구현할 때는 가정된 사용 환경 조건이나 인터페이스 등이 구현될 회로에 할당된 요구사항에서 도출된 반도체 요구사항에 대해 검증하여야 한다.

반도체 컴포넌트를 부품(Part)으로 분할

ISO 26262는 차량에서 완전한 시스템, 즉 아이템에 대해서 기술하고 있으나 반도체는 아이템이 아닌 하나의 시스템이라 할 수 있다. 시스템은 ISO 26262에서 'set of components or subsystem that relates at least sensor, a controller and an actuator with one another'로 정의되어있다. 즉 최소한 센서, 제어기, 액추에이터의 하나와 관련된 컴포넌트 또는 하위 시스템 세트이다.

반도체 컴포넌트의 체계는 여러 개의 부품으로 나뉘고, 다시 부품은 하위 소자로 나뉘며, 마지막은 기본 엘리먼트가 된다. SoC(System on Chip)의 경우는 〈그림 11-3〉에 나타낸 것과 같이 최상위에는 컴포넌트가 있고, 부품에는 CPU, ADC 등이 있으며, CPU의 하위 소자로는 레지스터 뱅크 등이 있고, 레지스터 뱅크의 기본 하위 소자는 레지스터가 된다. 분할의 상세함은 안전 개념에 달려있는데 안전 분석의 수행 단계와 안전 메커니즘의 사용 레벨에 달렸지만, 일반적으로 3레벨 계층 구조로 나누어 분석한다.

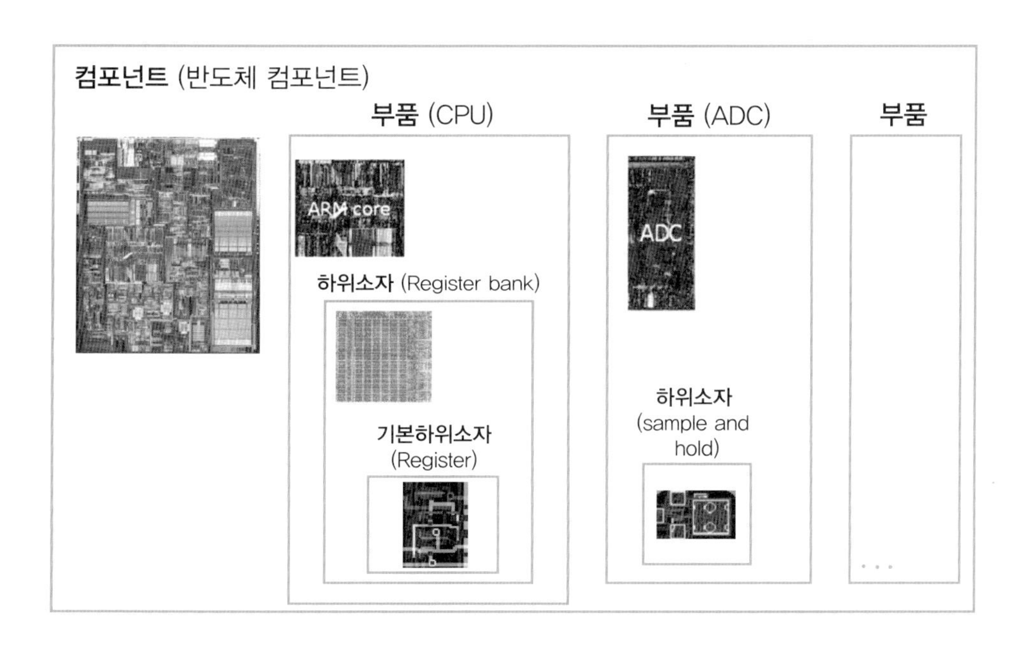

▶ 〈그림 11-3〉 반도체 컴포넌트의 체계(ISO 26262-11 Figure 2)

반도체 개발 가이드에서 사용하는 컴포넌트, 부품(Part), 하위 소자 등에 대한 용어 정의를 명확히 하고 있어야 안전 분석을 수행할 때 문제가 발생하지 않는다. 물론 기능별로 디지털 부품, 아날로그 부품, 아날로그-디지털 결합한 혼합 부품, 센서 부품 등으로 나누어 안전 분석을 수행한 후에 통합하는 것이 효율적인 분석 방법이다. 물론 인증된 소프트웨어 도구를 사용한다면 보다 쉽게 분석을 수행할 수 있다.

하드웨어 결함, 에러와 고장 모드

〈그림 11-4〉는 반도체의 수학 연산회로인 ALU의 NAND 게이트에서 발생한 stuck-at 결함이 에러를 일으키고 이것이 최종적으로는 ALU의 계산 결과가 잘못된 값을 나타내게 되는 고장을 일으키는 것을 나타낸다. 반도체 칩에서 일어난 고장은 차량 부품의 결함이 되고 최종적으로는 고장을 일으키게 된다.

반도체의 결함 모드는 물리적 결함을 말하는 것으로, 적용하는 기술이나 회로 구현에 기반을 두어 식별될 수 있다. 반도체의 고장 모드는 반도체가 구현되는 물리적 방법에 따라 좌우되며, 고장 모드에 따른 고장률 분포는 일정하다고 가정을 하고 있다.

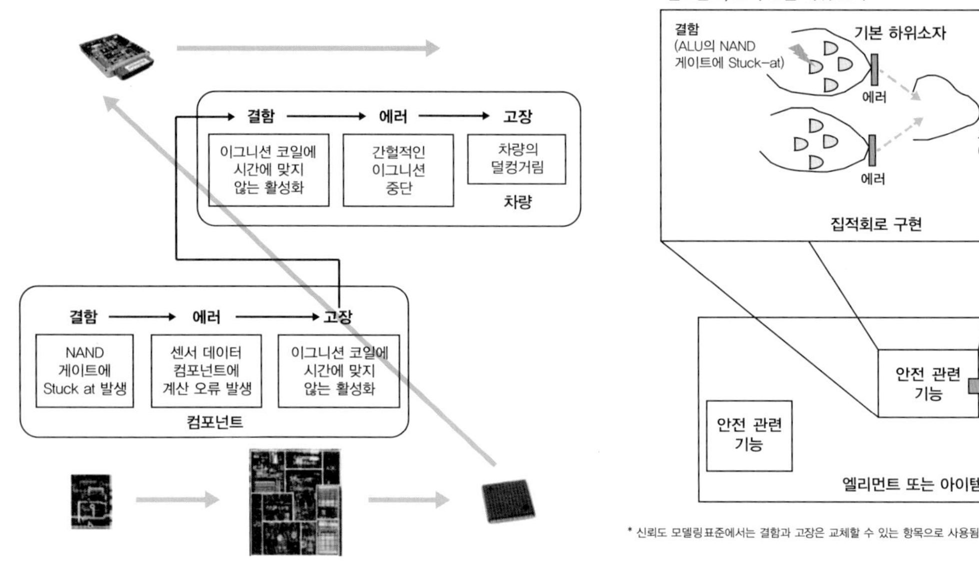

▶ 〈그림 11-4〉 반도체 결함, 에러 고장의 관계(ISO 26262-11 Figure 3)

반도체 컴포넌트 안전 분석 결과를 시스템에 적용하는 방법

반도체의 고장 모드를 분석하여 어떻게 차량에 영향을 미치는지를 최종 확인하기 위해서는 반도체 칩 레벨에서 발생한 결함 분석을 통해 식별된 고장 모드를 ECU 레벨에서 결함으로 입력하여 ECU에 발생하는 고장 모드를 분석한다. ECU를 최종적으로 사용하는 차량 레벨에서는 ECU에서 발생한 고장이 차량 레벨에서의 결함으로 간주하여 이때 발생하는 고장을 식별한다. 〈그림 11-5〉 참조

시스템 수준	잘못된 액츄에이터 출력
컴포넌트 수준	잘못된 집적회로 출력
부품(Part) 수준	잘못된 CPU 생성 데이터 .....
하위 소자 수준	잘못된 ALC 계산 데이터 .....
기본 하위 소자 수준	ALU 로직의 플립 플럽 X의 팬인에 stuck-at 발생 .....

▶ 〈그림 11-5〉 시스템 고장 모드 상향식 도출 예(ISO 26262-11 : 2018, Figure 4)

또한 차량에서 발생한 타 엘리먼트의 고장으로 인한 영향이 어떻게 반도체 칩에 전파되는지는 Top down으로 반대의 방향으로 진행한다. 반대의 경우는 차량 내부의 전압 조정 장치 고장으로 인한 반도체 인가 전압의 변화로 발생할 수 있는 반도체의 결함을 확인할 필요가 있을 수 있다.

파악된 고장 모드에 따라 안전 대책인 안전 메커니즘을 추가하게 되면 이에 따른 요구사항의 변화로 인한 분석을 계속 수행하여 기능안전 요구사항을 만족할 때까지 수행한다.

제2절 지적 재산권(IP)

(Intellectual Property)

〈그림 11-1〉 최하층에 IP로 표기되어 있는 IP란 무엇인가? 왜 IP가 반도체 개발에서 중요하고 특히 차량용 반도체 개발에서 중요한 위치를 차지하고 있는가에 대해 알아보고자 한다.

반도체 칩에는 많은 기능들이 통합되어 있다. 이러한 기능을 갖는 반도체 칩을 단독으로 개발할 수도 있지만, 일반적으로 기능 블록 단위로 개발을 진행하여 최종 통합하는 형태로 개발하고 있다. 이 경우 이미 개발되어 검증된 블록을 사용하게 되면 개발 기간이나 비용면에서 유리하다.

예를 들어 하나의 반도체 칩에 다른 회사에서 개발한 IP인 마이크로 프로세서, 신호 발생기(Signal Generator), A/D 변환기 등을 하나의 칩에 통합하여 시스템 반도체를 구성한다. 이렇듯 기능 블록들은 별도로 개발될 수 있으며, 개별적으로 기능할 수 있기 때문에 전체 시스템의 구성에 특별히 제한을 받지 않고 개발을 할 수 있다. 특히 칩의 형태로 개발되어 시험을 통해 검증을 완료하거나 다른 시스템 반도체에 통합되어 이미 검증이 된 것이다. 물론 다른 시스템 반도체에 사용되기 위해서는 실제적인 칩이 공급되는 것이 아니라 설계의 형태로 제공된다.

IP 제공형태

반도체 IP가 제공되는 형태는 〈그림 11-6〉과 같이 Hard IP와 Soft IP로 나누어 볼 수 있다. 〈그림 11-6〉의 a)는Hard IP로 레이아웃이 고정된 형태로 제공되어 변경 없이 SoC 설계에 삽입하여 사용하는 것으로 CPU 코어, 아날로그 회로 또는 복합 회로 등이 이에 사용된다. 〈그림 11-6〉의 b) 는 Soft IP로 합성할 수 있는 디지털 수준(RTL : Register-Transfer Level)로 제공되는데 VHDL, Verilog 등의 프로그램으로 제공된다. Soft IP는 주로 디지털 논리 회로 블록에 사용되며, DRAM 제어 IP, 이더넷 MAC IP 등이 있다.

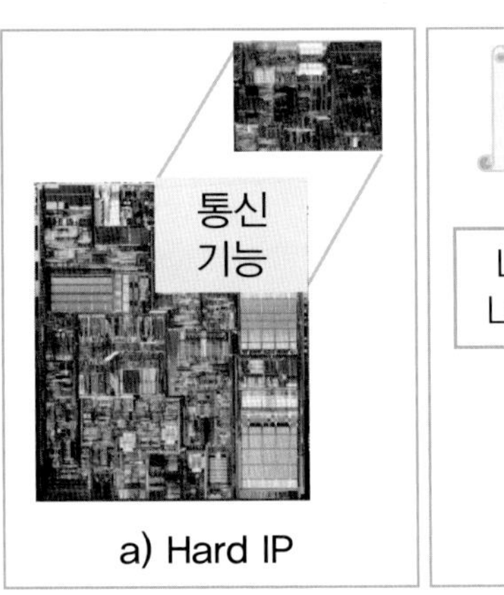

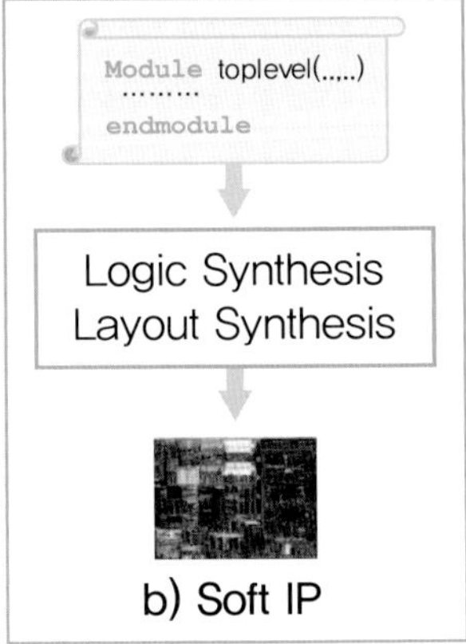

▶ 〈그림 11-6〉 IP 제공형태의 종류

IP에 대한 안전 요구사항

차량용 IP에서 가장 중요하게 고려해야 하는 것은 안전 요구사항, IP 통합 업체에 제공해야 될 지원 문서와 IP에 대한 안전 케이스이다. 일반적으로 IP는 SEooC로 개발되기 때문에 위험 사고, 안전 목표, 시스템 구성 등에 대한 정보가 전혀 없는 상태에서 개발된다. 그러므로 개발 시작 전에 개발될 IP의 안전 요구사항이나 통합 환경 등에 대해 가정을 세우고 개발을 하게 된다. 물론 개발 당시에 세운 가정은 시스템 반도체 개발 시에 검증을 하여 시스템 반도체에 할당된 안전 요구사항이나 ASIL 등급을 훼손하지 않는다는 것을 검증하여 사용하게 된다.

IP를 통합하여 ISO 26262에 따라 시스템 반도체를 개발할 때 IP의 개발 형태에 따른 취급 방법은 〈그림 11-7〉에 나타낸 것과 같이 4가지로 구분해볼 수 있다. 물론 IP도 차량용으로 아이템의 안전 목표로 출발해서 하드웨어에 할당된 안전 요구사항을 분해하여 IP까지 할당된 안전 요구사항에 따른 개발, 〈그림 11-7〉에서 IP developed in Context에 해당하는 것은 문제없이 시스템 반도체에 사용하여 개발하면 된다.

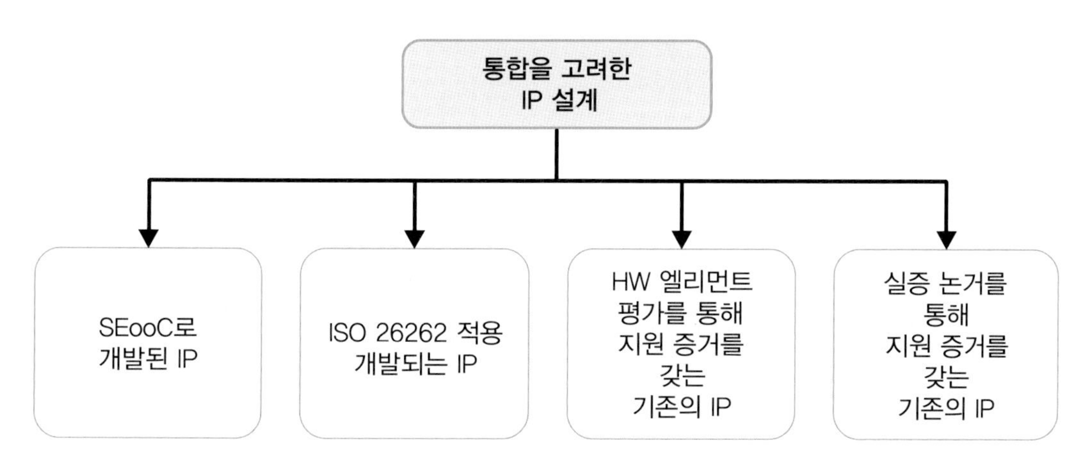

▶ 〈그림 11-7〉 IP 통합에 따른 IP 취급 방법(ISO 26262-11 Figure 5)

IP가 ISO 26262 발표 전에 개발되고 자동차에 사용된 경우에는 ISO 26262의 사용 검증('Proven in Use')에 따라 진행을 해야 하나 필드 데이터 수집의 어려움으로 이것을 통한 검증은 매우 어렵다. IP가 적용된 하드웨어를 평가하여('Evaluation of HW Elements') IP 사용에 적합하다는 것을 증명하기 위해서는 ISO 26262의 지침에 따른 평가를 통해 IP를 검증하여야 한다.

프로젝트의 초기에 원하는 IP를 동시에 ISO 26262에 따라 개발을 하는 경우는 안전 요구사항을 상위 단계인 하드웨어 Chip 단계에서 부여를 받아 개발하면 되지만 전체 엘리먼트에 대한 개발 기간이 매우 길어서 실제 사용까지는 많은 시간이 필요하다.

ISO 26262에 적합한 프로세스에 따라 IP 와 Chip을 개발하는 방법은 SEooC에 의한 방법으로 사용에 대한 가정을 하고 안전 요구사항을 가정하여 개발을 진행하고 IP를 실제로 적용할 때에 가정한 사용 환경과 안전 요구사항이 상위 레벨에서 할당된 안전 요구사항과 사용 환경을 만족하는지를 점검하여 사용하는 것이다.

또한 개발된 안전 관련 IP에는 〈그림 11-8〉에 나타낸 것과 같이 두 가지 형태가 있다. 〈그림 11-8〉 a)는 IP 내에 안전 메커니즘이 포함되어있어 IP의 내부나 외부에서 발생한 결함을 처리할 수 있는 IP 설계이다. 〈그림 11-8〉 b)는 내부에 안전 메커니즘이 없는 IP 설계로 외부에 안전 메커니즘을 삽입하여 주어야 한다. IP를 사용한 시스템 반도체에 할당된 안전 요구사항과 안전 메커니즘과 관련된 통합, 검증 시험 활동은 IP 통합자가 책임을 지고 수행한다.

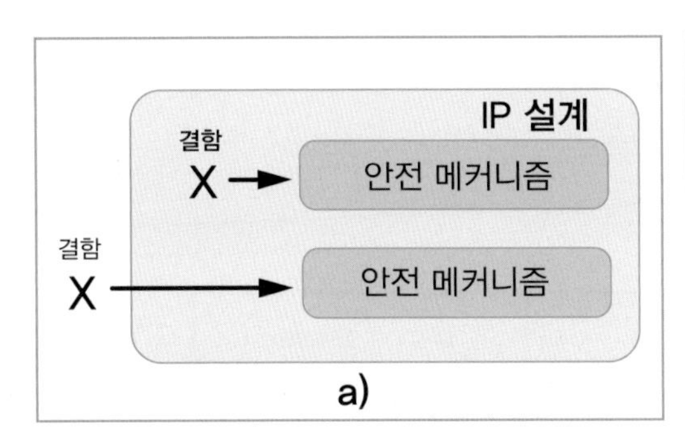

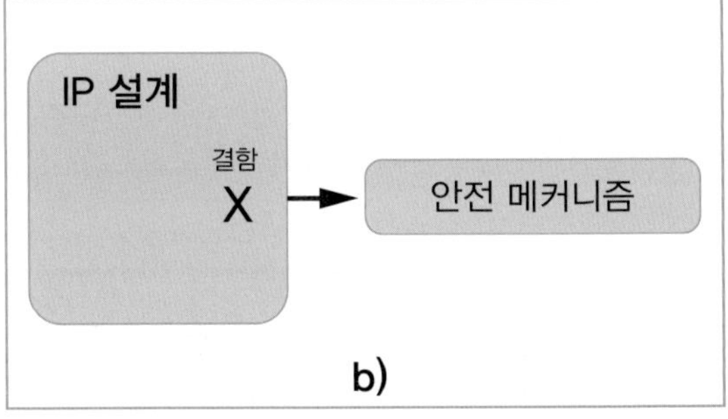

▶ 〈그림 11-8〉 안전 메커니즘에 따른 IP 분류(ISO 26262-11 Figure 6)

IP 수명 주기(IP Lifecycle)

IP의 수명 주기는 반도체의 수명 주기와 하드웨어 수명 주기에서 정의한 것과 같지만 IP에 대해서는 반도체의 회로 종류별로 적용 가능하도록 가이드를 제공한다. SEooC에 대한 수명 주기 활동의 예로서는 〈그림 11-9〉에 나타낸 것과 같이 IP 공급자와 IP 통합자 간의 역할을 규정한 것이 있다. IP 통합자는 공급된 IP의 통합을 책임지며 통합 시에 IP의 사용과 통합 가이드라인을 고려하여 필요 시에는 변경 관리에 따라 변경을 요청할 수 있다.

> Note 그림에서 숫자는 ISO 26262의 해당 파트와 절을 나타내는 것이다. ISO 26262-5 : 2018 10절의 내용은 IP 공급자는 일부 요구사항을 적용할 수 없어 부분적인 책임만 있다.

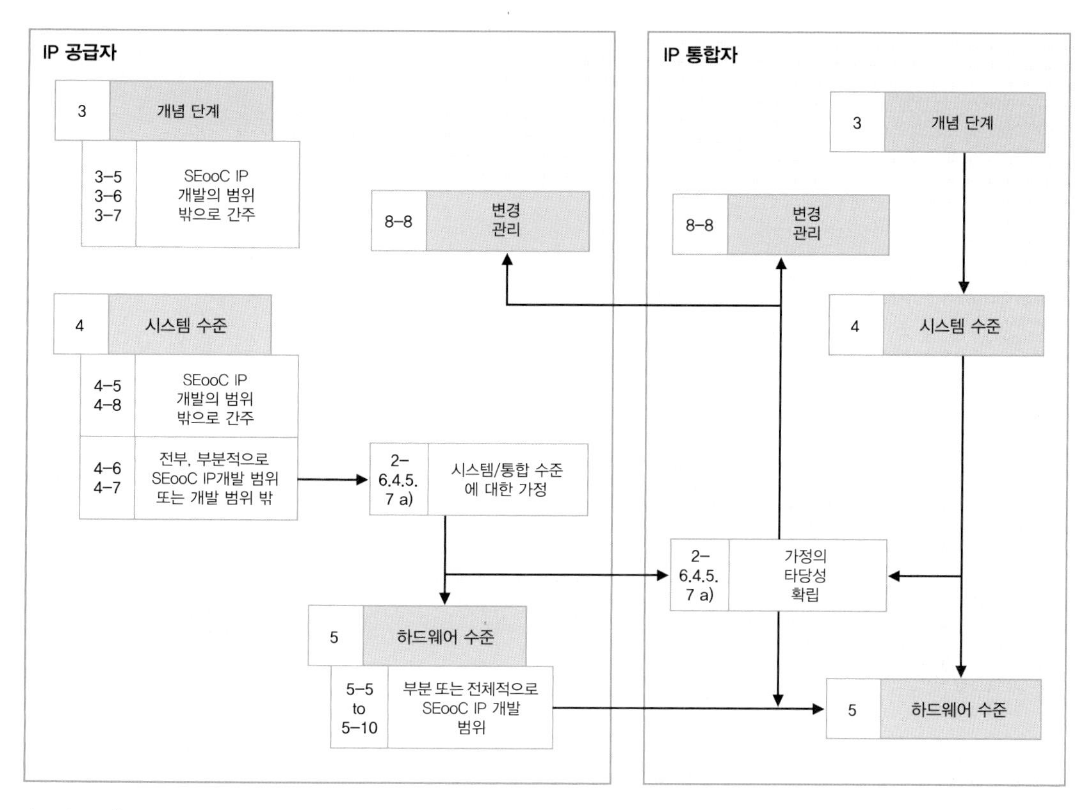

▶ 〈그림 11-9〉 SEooC에서의 IP 수명 주기(ISO 26262-11 Figure 7)

블랙박스 통합

블랙박스란 하드웨어 개발자가 자체적으로 개발한 IP를 포함하여 개발된 IP는 하드웨어 제작자의 기술을 비밀로 유지시켜야 한다는 것이다. 즉, 하드웨어 개발자가 제공하는 IP에 대한 정보는 공개되지 않고 Netlist 또는 RTL 형태로 제공되는 경우에 IP 통합자는 IP에 대한 ISO 26262 관련 정보를 얻을 수 없다. 이러한 경우 고객과 IP 통합자 간의 역할과 책임에 대해 명확히 하여야 한다. 또한 IP의 기본 고장률과 관련된 자료가 없음으로 정량적 분석에도 제한이 있다. 이러한 점들을 DIA(Development Interface Agreement)로 작성하여야 한다.

제3절 반도체의 기본 고장률

(Base Failure Rate for Semiconductors)

반도체의 기본 고장률은 ISO 26262의 정량적 분석에 사용되는데 시스템적 결함이 아닌 랜덤 하드웨어 고장에 대한 계산만 한다. 기본 고장률(BFR)은 고장 메커니즘을 가정하여 계산하기 때문에 산정하는 방법에 따라 결과가 다르게 된다.

특히 반도체의 회로나 구현 기술, 환경 요소 등에 의해 고장 메커니즘이 결정되는데 반도체 기술은 빠른 속도로 발전하므로 기본 고장률의 계산에 대한 것은 일반적으로 최신 기술 자료인 JEDEC, IRDS, SEMATECH/ISMI Reliability Council 등을 참조하여 필요한 정보를 입수하여 산정한다.

반도체의 고장은 시스템적 고장과 랜덤 고장으로 나누어 볼 수 있는데 〈표 11-1〉에 상세한 설명과 원인을 열거하였다. 〈표 11-1〉에서도 알 수 있듯이 시스템적 고장은 개발 과정에서의 잘못으로 인해 일어나는 결함을 말하며, 랜덤 고장은 반도체의 물성 특성 및 주위 환경 등에 의해 발생하는 고장이다.

반도체의 기본 고장률 산정에서는 시스템적 고장은 ISO 26262에 따른 개발을 통해 제거되고 정량적 계산을 할 수 없기 때문에 배제하고 랜덤 고장에 대해서만 산정한다.

고장 형태	상세 설명	원인
랜덤 고장	– 사용 기간 중 예측할 수없이 일어나며 확률 분포에 따라 발생하는 고장 – ISO 26262 정량적 분석의 대상	– 반도체 공정과 관련 – 환경 조건 – 동작 조건의 왜란 – 적절한 남용과 취급
시스템적 고장	– 설계, 제작프로세스, 동작 절차, 기타 등에 의해 제거될 수 있는 결정적으로 특정 원인에 의한 고장 – ISO 26262 정량적 분석에서 제외	– 규격, 설계 등 개발 과정의 버그 – 검증과 타당성 확인 과정에서 검출되지 않음.

▶ 〈표 11-1〉 반도체의 고장 형태에 따른 상세한 설명과 원인

ISO 26262의 정량적 분석은 신뢰도 분석의 정량적 분석과는 차이가 있는데 ISO 26262의 정량적 목표값은 절대적인 것이 아니라 다른 설계와의 비교 평가를 위한 것이며, 안전 목표에 대한 만족 여부를 판단하는 증거나 가이드로 활용되며 신뢰도를 나타내는 값은 아니다.

전기/전자 부품의 고장 발생 확률은 〈그림 11-10〉에 나타낸 것과 같이 욕조 형태의 곡선(bathtub)으로 표현되는데 초기 고장(Infant Mortality)은 검사에 의해 대부분 제거되고, 마지막 단계에서 발생하는 wear-out 고장은 수명 내에서는 발생할 확률이 매우 낮기 때문에 고장률 산정에서는 초기와 마지막 단계에서의 고장을 제외한 수명 내의 일정한 형태의 고장 확률을 갖는다고 가정하여 산정한다.

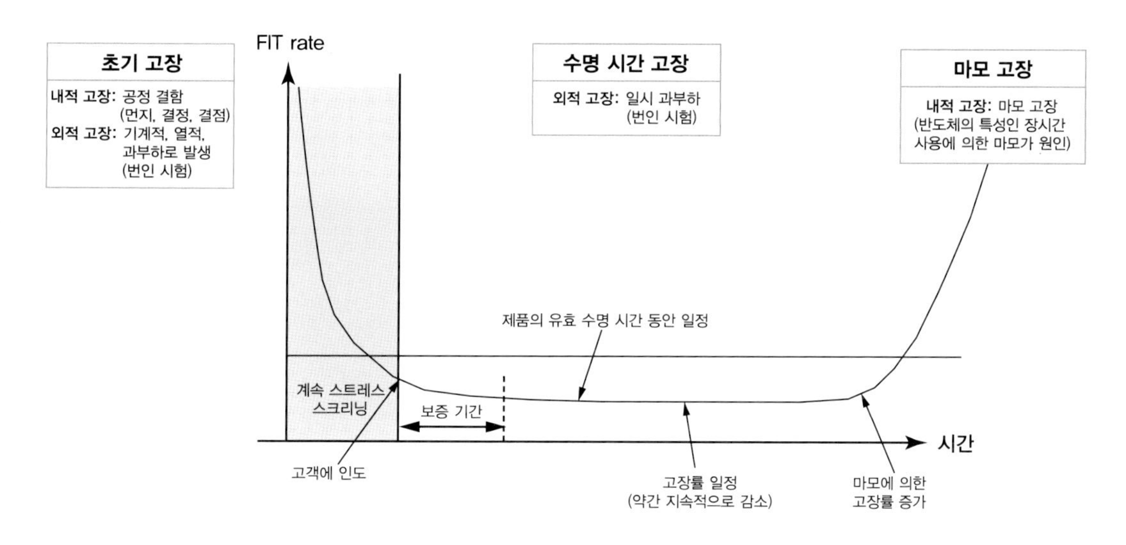

▶ 〈그림 11-10〉 시간 경과에 따른 고장 욕조 곡선(ISO 26262-11 Figure 8)

기본 고장률을 산정하는 방법에는 가속 시험 등을 실시하여 고장률을 산정하는 방법, 현장에서 고장이 발생하여 돌아온 부품을 분석하여 고장률을 산정하는 방법, IEC 61709, SN 29500 및 FIDES 가이드와 같은 산업계의 신뢰도 데이터 자료를 이용하여 산출하는 방법과 ITRS(International Technology Roadmap for Semiconductor)에서 제공하는 Soft Error Rate에 대한 것을 이용할 수 있다. 산업계에 통용되는 신뢰도 예측 자료의 종류와 각 예측 자료에 대한 개괄적 비교를 〈표 11-2〉에 기재하였다.

도구		MIL-HDBK-217	217 Plus (RIAC)	Telcordia SR-332	IEC TR 62380	Fides Guide 2009	SN 29500
최신판		1995.2 Notice 2	2006.3	2011.1 Issue 3	2004.1 Ed.1	2009.5 Issue A	2015.4
갱신 가능성		무	유	유	유	유	유
소프트웨어 (고장률 예측 도구)		유	유	유	유	유	유
적용 분야		군용	군용/상업	상업용	상업용	상업용	상업용
고장률 단위		10^6 작동 시간당	10^6 작동 시간당	10^9 작동 시간당	10^9 작동 시간당	10^9 작동 시간당	10^9 작동 시간당
환경 조건		14	37	5	12	7	40
추가 동작 조건		무	유	무	무	유	유
부품 고장률 인자	모형	승법	승법 및 가법	승법	승법	승법	승법
	미션 프로파일	무	유	무	유	유	유/무
	열적 사이클	무	유	무	유	유	유
	부품열 상승	유	유	무	유	유	유
	납땜 고장	무	유	무	무	유	무
	유발 고장	무	유	무	간접적	간접적	무
	제조연도	무	유	무	유	유	무
기타 특징	타 부품 DB	한정적	유	무	한정적	유	유
	초기 고장	무	유	유	무	무	무
	휴먼 고장	무	유	무	무	유	무
	시험자료 통합	무	유	유	무	무	무
	베이지안 분석	무	유	무	무	무	무
	소프트웨어 모형	무	유	유	무	무	무

▶ 〈표 11-2〉 신뢰도 예측 자료 및 종류 비교

기본 고장률이 산출되었다고 하면 〈그림 11-11〉은 반도체의 고장률에 대한 배분 방법을 예시한 것이다. 반도체 다이에 대한 고장률을 배분하는 방법은 2가지가 있는데, 첫 번째는 차지하는 면적 단위로 엘러먼트에 배분하는 것과 두 번째는 기본 고장률을 근거로 게이트(혹은 트랜지스트 개수)로 고장률을 배분하는 방법이 있다. 패키지에 고장률을 배분하는 방법은 안전 관련 핀을 파악하여 구해진 기본 고장률에 토탈 핀수를 나누어서 핀마다 고장률을 배분하는 것이다.

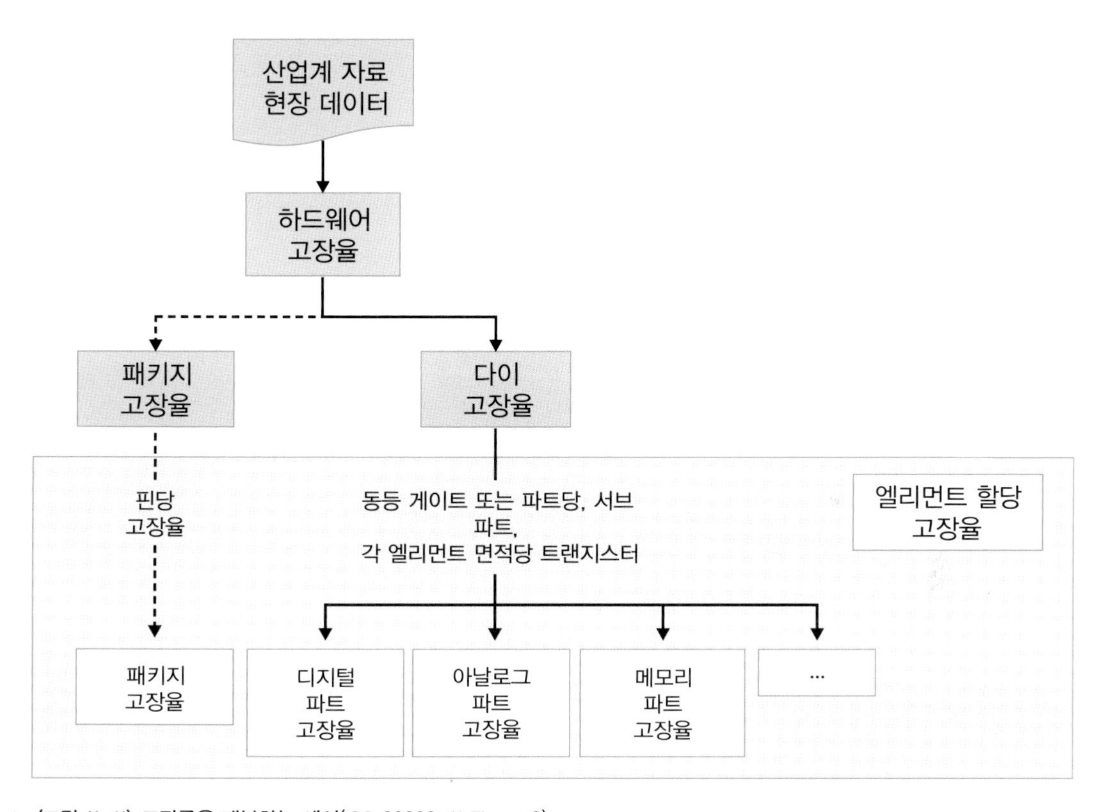

▶ 〈그림 11-11〉 고장률을 배분하는 예시(ISO 26262-11 Figure 9)

일시적 결함 또는 소프트 에러는 주로 알파 또는 감마선과 같은 방사선 등의 고에너지 입자에 의한 영향과 EMI 또는 Crosstalk에 의해 반도체가 영향을 받아 결함을 일으키는 것을 말한다. 〈그림 11-12〉에 표시한 것과 같이 일시적 결함에는 SEE(Single Event Effect)와 같이 일시적 결함으로 고려해야 하는 것과 TID(Total Ionizing Dose)영향과 같이 반도체가 파괴되어 복구가 불가능한 경우가 있다.

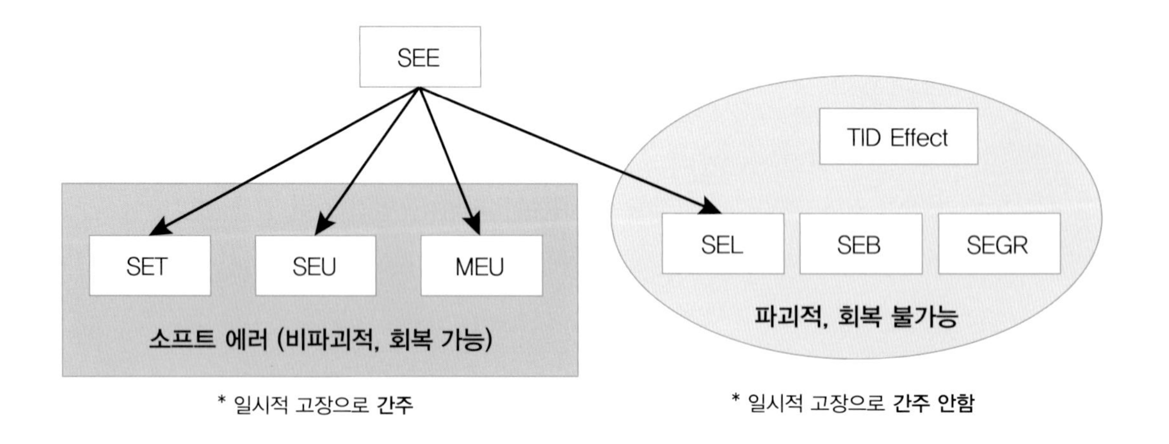

▶ 〈그림 11-12〉 일시적 결함의 분류

〈그림 11-12〉에서 사용된 약어의 설명은 아래와 같다.

◎ SEE: Single Event Effect

◎ SET: Single Event Transients

◎ SEU: Single Event Upsets

◎ MBU: Multiple Bit Upsets

◎ SEL: Single Event Latchups

◎ SEB: Single Event Burn-out

◎ SEGR: Single Event Gate Rupture.

◎ TID: Total Ionizing Dose

반도체는 칩 상태로 사용하는 경우도 있을 수 있지만, 일반적으로 물리적으로 보호할 수 있도록 패키지를 사용하고 있으며, 이에 대한 고려는 고장률 산정 방식에 따라 차이가 있다.

또한 반도체는 사용 환경에 따라 고장률이 변경되는데 특히 차량에서는 운행할 때와 주차가 되어 있을 때 등 여러 환경 아래에 놓이게 된다. 이러한 상황을 고려하여 미션 프로파일이라는 것을 정의하여 이 정의에 따라 고장률을 산정하도록 하고 있다. 상세한 내용은 ISO 26262-11:2018을 참조하면 된다.

제4절 반도체 종속 고장 분석

(Semiconductor Dependent Failure Analysis)

종속 고장이란 다른 소자의 고장으로 인해 소자가 고장 나는 것과 같이 공통 원인에 의한 고장 또는 다른 소자의 고장에 기인하여 본 소자가 고장 나는 것을 말한다. 종속 고장 분석(DFA : Dependent Failure Analysis)에는 〈그림 11-13〉에 있는 것과 같이 독립성 분석과 간섭으로부터 자유로운 분석이 있다. 간섭으로부터 자유로운 분석에는 연속 고장에 대한 것만 분석하면 되지만 독립성 확보를 위한 분석에서는 공통 원인 고장 및 연속 고장 분석을 수행하여야 한다.

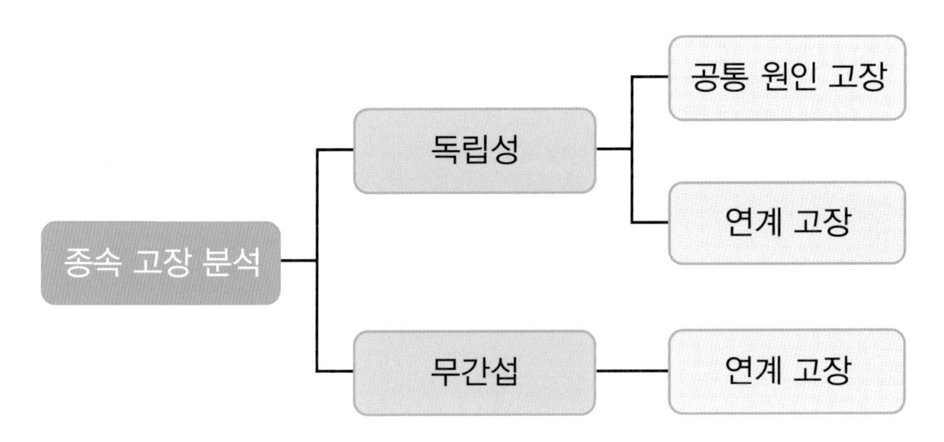

▶ 〈그림 11-13〉 종속 고장의 분류

반도체에는 여러 회로가 집적되어 있으므로 독립성이나 간섭으로부터 자유로움에 대한 분석은 매우 중요하다. ISO 26262-11: 2018에는 종속 고장 이니시에이터(DFI: Dependent Failure Initiator)에 대한 여러 가지 사례들이 포함되어있다. 주어진 종속 고장 이니시에이터를 중심으로 분석을 하면 쉽게 종속 고장에 대한 분석을 할 수 있다. 특히 안전 분석을 통해 확보된 안전 메커니즘에 대한 독립성이 확보되지 않으면 안전 메커니즘으로써 충분한 동작을 하지 못하여 안전 메커니즘의 효과가 없다.

〈그림 11-14〉는 공통 원인 종속 고장이 발생하는 메커니즘에 대해 표시하고 있다. 근본 원인이 있고 이것이 결합, 전기적 전파, 발열과 같은 지역적 요인 및 시간에 의해 영향을 받아 엘리먼트 A와 엘리먼트 B에 고장을 일으키게 된다.

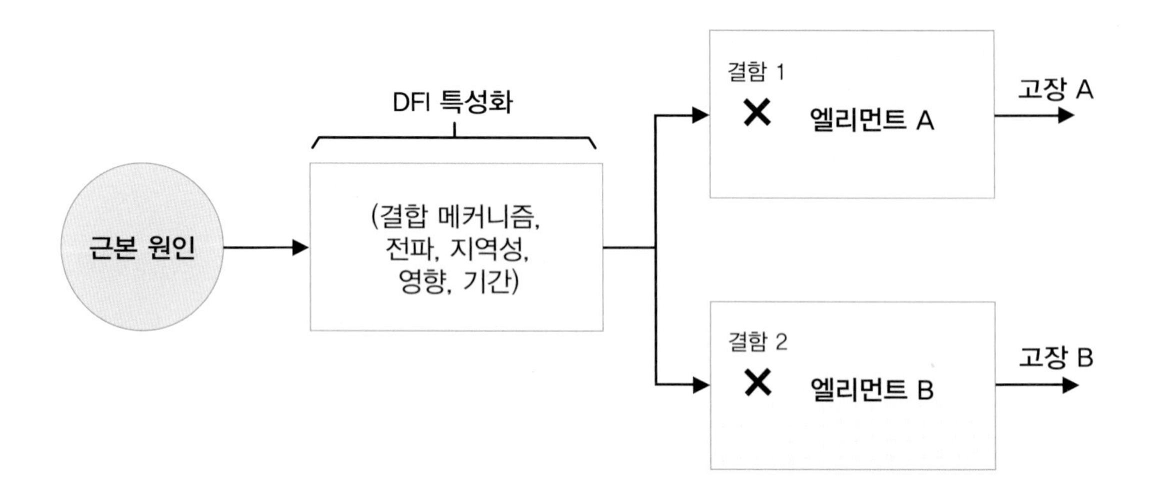

▶ 〈그림 11-14〉 공통 원인 종속 고장(ISO 26262-11 Figure 20)

결합은 직접 또는 간접적으로 연결되어 영향을 미치는 것으로 신호선 간, 클록 공급선을 통해 전자기적으로 유도되는 신호에 고장을 일으키는 것이다. 지역성이란 한곳에 뭉쳐서 하나의 열원에 의해 열이 발생하고 방열이 되지 않아 주위의 모든 소자들이 영향을 받는 것을 말한다. 반도체에서 공통 원인 고장과 연속 고장의 구분은 거의 불가능하며 일반적으로 이를 구분하지 않는다.

DFA 흐름도(DFA Workflow)

흐름도는 〈그림 11-15〉와 같으며, 독립성 또는 간섭으로부터 자유로움에 대한 요구사항을 만족하는 것을 검증하고, 안전 요구사항을 달성하는 데 구현된 안전 대책의 동작을 이해하는 데 필요하다고 판단되는 주요 활동을 식별한다.

흐름도의 각 단계를 설명하면 다음과 같다.

1) B1(DFA 결정과 HW 및 SW 엘리먼트 식별): 독립성이나 간섭으로부터 자유로움이 요구될 때

◎ HW/SW 진단 기능

◎ HW/SW 유사 또는 다른 엘리먼트 중복 경우

◎ HW 공유 자원

◎ HW 공유 자원에 다수 소프트웨어 태스크 실행

◎ 공유 SW 기능

◎ ASIL 분해에서 요구하는 독립성

2) B2(DFI 식별) : 종속 고장 이니시에이터 식별(다른 이니시에이터의 종속 고장이 나올 때까지 세분화)
3) B3 & B4(충분한 파악) : 각 이니시에이터에 대한 문서화를 통한 파악과 검증
4) B5(리스트 통합) : 종속 고장 분석 대상 엘리먼트 및 관련 이니시에이터 통합(필요할 때 정량적 방법에 따라 분석)
5) B6(필요 안전 대책 식별) : 종속 고장의 영향을 완화할 안전 대책 추가
6) B7 & B8(충분한 파악) : 안전 대책의 효과에 대한 충분한 서술적 분석
7) B9(안전 대책 목록 통합) : 정의된 안전 대책의 목록 통합
8) B10(효과의 평가) : 안전 대책의 효과 검증
9) B11 & B12(위험 감소의 충분함 평가) : 종속 고장의 잔존 위험성을 평가하고 필요할 때 안전 대책을 개선

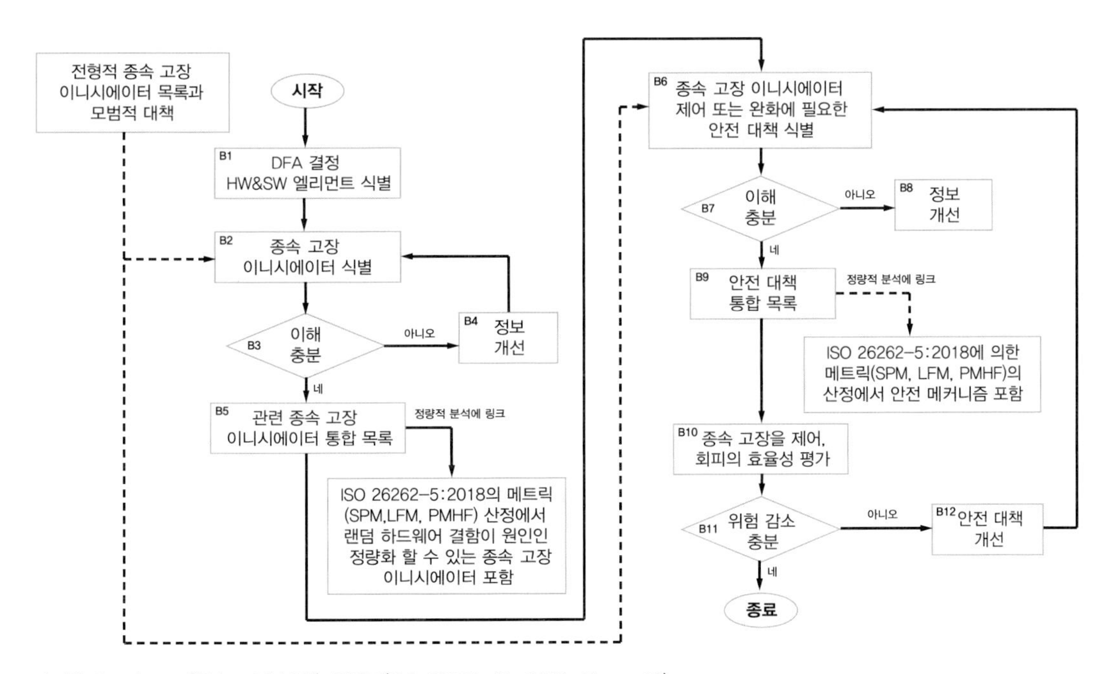

▶ 〈그림 11-15〉 DFA(종속 고장 분석) 흐름도(ISO 26262-11 : 2018, Figure 23)

제5절 결함 주입

(Fault Injection)

결함 주입은 검증을 위해 사용하는 방법으로, 예상되는 결함을 시스템에 주입하여 시스템에서 안전 요구사항을 침해하는지 확인하는 것이다. 특히 반도체의 경우에는 안전 개념의 적용에서 수명주기의 여러 활동을 지원하는 데 사용된다. 아키텍처 메트릭의 평가 지원, 안전 메커니즘의 진단 커버리지 평가, 진단 시험 시간 간격과 결함 반응 시간 간격의 평가, 결함 영향의 확인, 안전 메커니즘 구현 전 검증 지원 등과 같은 목적으로 사용된다.

결함 주입 도구는 SW, 시뮬레이션, 에뮬레이션, 방사선(Radiation), 레이저, HW 환경 또는 혼합 환경 내에 구현될 수 있다. 결함은 SW 또는 HW 또는 둘 다에 주입될 수 있다. 결함 주입 시스템의 개요는 〈그림 11-16〉과 같다.

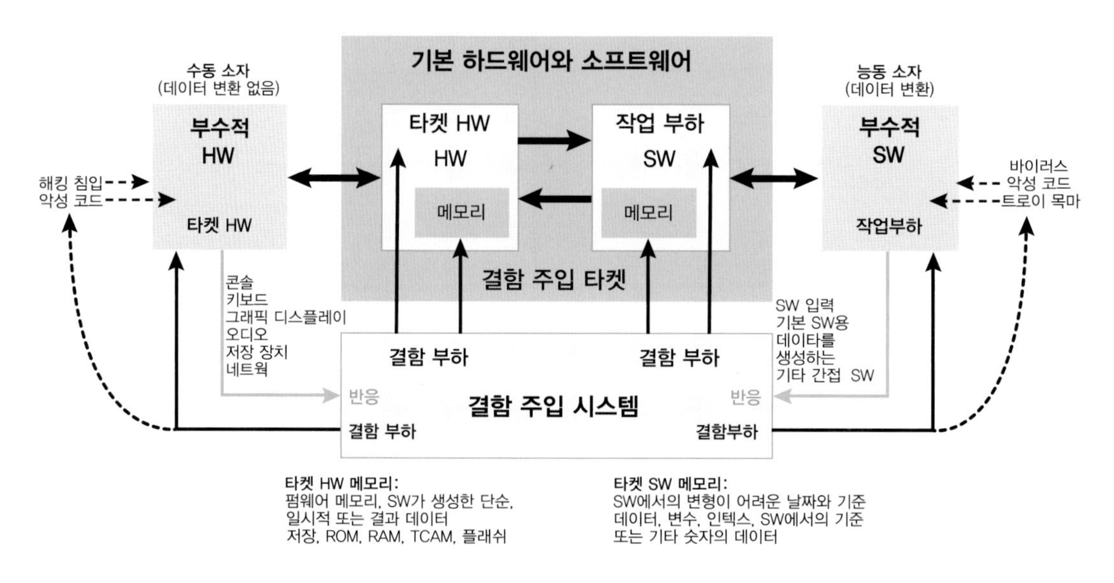

▶ 〈그림 11-16〉 결함 주입 시스템 개요

명시된 시스템의 기능을 완화하고 타당성을 확인하기 위해서 결함 주입으로 시스템 상태를 식별한다.

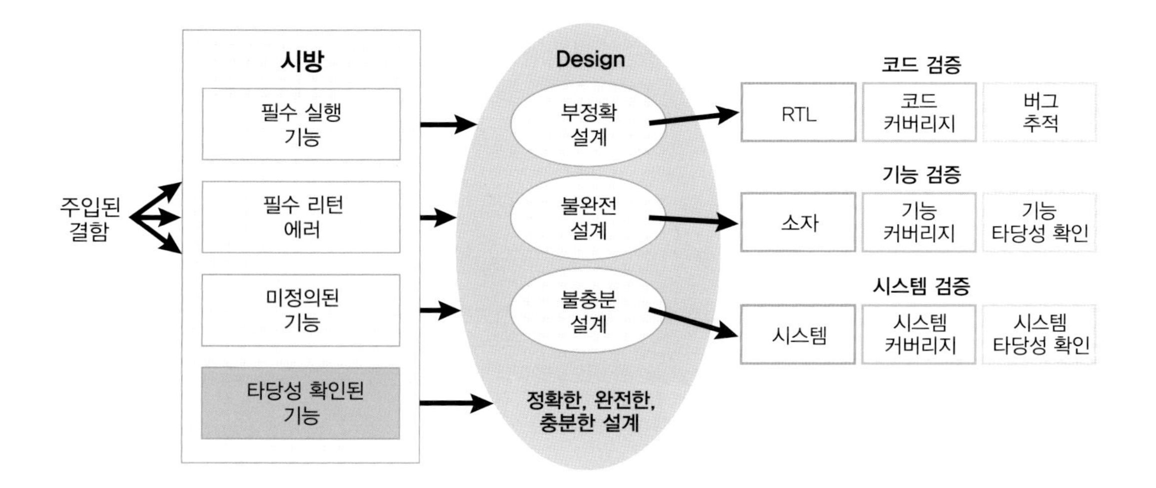

▶ 〈그림 11-17〉 결함 완화 및 제거 예시

결함 주입 기술들은 〈표 11-3〉과 같으며 반도체 하드웨어 통합 및 시험에서 안전 요구사항이 올바르고 정확하게 실행되는지 여부를 검증하기 위하여 사용되는 기술이다.

<table>
<tr><th colspan="9">결함 주입(FI: Fault Injection)</th></tr>
<tr><td colspan="2">시뮬레이션 기반 FI</td><td colspan="7">물리적 기반 FI</td></tr>
<tr><td colspan="2">시뮬레이션 구현 FI(SIFI)</td><td colspan="5">하드웨어 구현 FI(HWIFI)</td><td colspan="2">SW 구현 FI(SWIFI)</td></tr>
<tr><td rowspan="2">VHDL 기반 FI</td><td rowspan="2">런타임 구성</td><td colspan="2">접촉 주입</td><td colspan="3">비접촉 주입</td><td rowspan="2">사전 런타임</td><td rowspan="2">런타임</td></tr>
<tr><td>능동 프루브</td><td>I/O 시험포트</td><td>중성자, 알파, 뮤(μ)입자, 양성자, 입자</td><td>레이저</td><td>EMI</td></tr>
</table>

▶ 〈표 11-3〉 결함 주입〈표 11-3〉 결함 주입 기술 예시

제6절 생산과 운용

(Production and Operation)

반도체 생산 공정은 차량용이라고 해서 별도로 운영하지 않고 일반적인 프로세스에 따라 생산을 하게 된다. 즉, 표준화된 프로세스에 의해 웨이퍼 생산 및 다이 어셈블리가 된다. 그러므로 반도체의 생산에 관련된 모든 프로세스는 안전과 관련이 있다고 가정하여 안전 특별특성으로 관리한다. 반도체 제품과 생산 프로세스는 생산 시험을 통해 검증이 되는데 생산 프로세스 성능은 프로세스 제어 계획에 대한 프로세스 제어 규격으로 평가된다.

특히 IATF 16949 : 2016 표준을 준수하는 품질 관리 시스템의 요구사항을 만족하는 것이 ISO 26262-7:2018 5절과 6절의 요구사항을 만족하는 것이다. 즉, IATF 16949 표준을 만족한다는 것을 보여주는 증거가 ISO 26262-7:2018의 요구사항을 만족한다는 증거로 사용될 수 있다.

반도체는 크게 8대 공정으로 나누어져 있으며, 웨이퍼 공정, 산화 공정(Oxidation), 포토 공정(Photo Lithography), 식각 공정(Etching), 박막, 증착 공정(Thin film, Deposition), 금속화 과정(Metalization, 금속 배선 공정), EDS(Electrical Die Sorting), 패키징(Packaging)은 안전 관련 특별특성으로 관리하여야 하며, 예를 들어 FDC(Fault Detection and Classification) 시스템으로 관리하여 장비 데이터를 실시간으로 수집하고 분석하여 장비의 결함을 감지 및 모니터링하여 공정 중 관측된 설비 센서값을 이용하여 공정 결과를 예측하는 기법들을 활용하여 공정이 관리되고 있음을 보장하여야 한다.

반도체에 대한 유지 보수 및 서비스가 불가능하므로 이에 대한 안전 요구사항은 없다.

제7절 분산 개발에서의 인터페이스

(Interfaces within Distributed Developments)

ISO 26262-8:2018, 5절에서는 전체 시스템에 대한 분산 개발에 대해 규정하고 있다. 하지만 반도체의 특수성으로 인해 약간 다른 점이 존재하는데 이에 대한 규정을 하고 있다. 특수성은 반도체 개발자가 공급자의 위치에도 있지만, 고객의 위치가 되기도 한다는 것이다. 공급자의 위치에서는 ISO 26262-8:2018 5절을 적용받는데 고객에 의해 관리된다. 반도체 개발자가 고객의 위치에 있는 경우는 공급자가 개발 조직의 외부 또는 내부일 수 있으며, 안전과 관련하여 공급자를 관리할 책임이 있다. 이러한 수직 구조로 최종 재료의 공급자와 같은 안전 책임이 없을 때까지 책임이 나누어진다. 즉, 재료의 공급자에게는 ISO 26262의 요구사항을 적용하지 않고 품질 관리 시스템의 요구사항이 적용된다. 이 책의 8장 1절에서 분산 개발과 DIA를 자세하게 설명하였다.

제8절 확인 대책

(Confirmation Measures)

반도체에 대한 확인 검토, 기능안전 심사와 기능안전 평가는 ISO 26262-2:2018, 6.4.10, 6.4.11과 6.4.12에 따라 수행한다. 이러한 활동은 반도체에 적합하도록 조정할 수 있는데 SEooC로 개발되는 경우는 ISO 26262-10:2018 가이드에 따라 조정되며, IP의 경우는 ISO 26262-11:2018의 IP 가이드에 따라 조정한다.(확인 대책 및 독립성에 대한 자세한 내용은 이 책의 2장 참조)

제9절 하드웨어 통합과 검증에 대한 설명

(Clarification on Hardware Integration and Verification)

반도체 통합과 검증 방법에 대한 규정은 〈표 11-4〉와 〈표 11-5〉에 따라 진행하면 된다. 후공정 검증은 통합과 시스템 결함이 없음에 초점을 두어 소자의 일부 집합에 대해서만 진행한다. 생산 시험은 생산 중 발생하는 결함의 존재 여부에 초점을 두어 실시한다.

방법	반도체 수준의 해석
요구사항 분석	관련 안전 요구사항을 반도체 소자에 할당. IC 전 공정(시뮬레이션)과 후공정(반도체) 검증 중에 완료
내외부 인터페이스 분석	IC 통합과 입출력과 관련된 각전, 후공정 검증 활동이 본 항목을 처리한다고 주장할 수 있음.
동등클래스 생성 및 분석	테스트벤치는 균일한 기능 그룹에 따라 선택
경계값 분석	표준적인 검증 기술
지식/경험 바탕 오류 추정	외부 분석에서 식별된 잠재적 설계 관심사(설계 FMEA)
기능 의존성 분석	표준적인 검증 기술
공통 원인 고장의 공통 한계 조건, 순서 및 원천 분석	클럭, 전력, 온도, EMI 시험
환경 조건과 동작 사용 케이스 분석	온도 사이클, SER 실험, HTOL 시험
표준(존재하는 경우)	CAN, I2C, UAR, SPI 등에 대한 표준
중요 변종 분석	PVT(프로세스 왜곡, 전압, 온도), 특성 시험

▶ 〈표 11-4〉 반도체에서의 하드웨어 통합 및 시험 기준 도출 방법(ISO 26262-11 : 2018, Table 27)

방법	반도체에서의 실행
기능 시험	전 공정 검증 기술로 실행 가능
전기적 시험	후 공정 검증 기술로 실행 가능하나, 하드웨어 안전 요구사항은 통합 단계에서 검증
결함 주입	제5절 결함 주입(Fault injection) 및 〈표11-3〉 결함 주입 기술 예시 참조

▶ 〈표 11-5〉 반도체에서 하드웨어 안전 요구사항이 정확하고 올바른지에 대한 통합 시험 및 검증 방법(ISO 26262-11 : 2018, Table 28)

제 12 장 모터사이클에 대한 ISO 26262의 적용

Adaptation of ISO 26262 for Motorcycles

모터사이클은 ISO 26262:2018 2판에 새롭게 반영된 Part 12이며, 적용 범위의 요구사항은 ISO 26262 Part 2에서 9까지이다. 그러나 자동차와 모터사이클은 모양이나 기능에서 차이가 있으므로 일부 내용은 모터사이클에 맞도록 조정되어야 한다.

이 장에서 설명할 것은 모터사이클에 한정되어 적용되는 내용에 대한 것을 간략히 언급한다. 특히 ISO 26262-2:2018 5.4.2(안전 문화), 6.4.9(확인 대책) 및 ISO 26262-3:2018, 6절(HARA)과 Annex B(HARA), ISO 26262-4:2018 7.4.4절(차량 통합 및 시험)과 8절(안전 타당성 확인)의 요구사항들이 ISO 26262-12:2018에서 모터사이클에 맞게 수정되었다고 보면 된다.

모터사이클에 한정되어 사용되는 용어로는 전문적인 라이더(Expert Rider), 모터사이클, MSIL(Motorcycle Safety Integrity Level) 및 CCP(Controllability Classification Panel) 등이 있다.

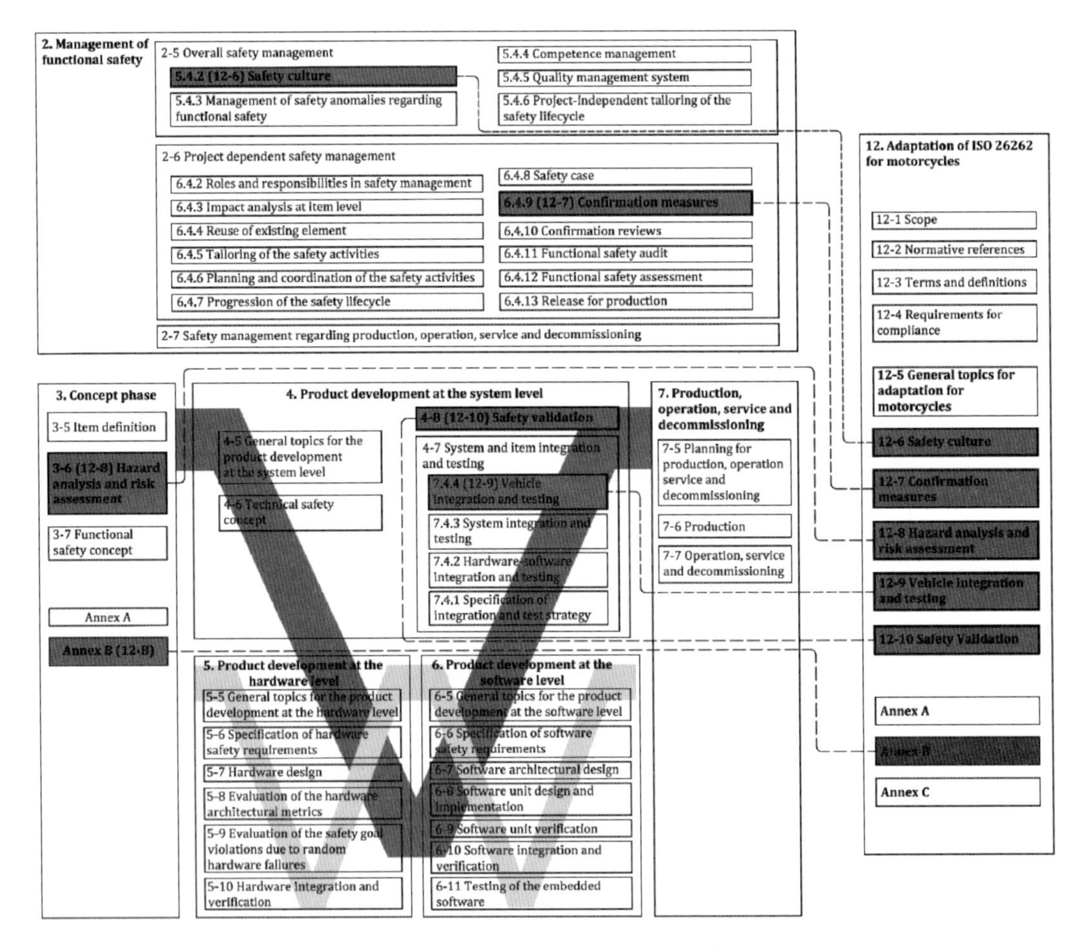

▶ 〈그림 12-1〉 모터사이클과 ISO 26262 각 파트와의 관계(ISO 26262-12 Figure 2)

ISO 26262-12:2018과 ISO 26262 전체 Part(Part 2~ Part 9) 간의 관계는 〈그림 12-1〉에 나타낸 것과 같다.

ISO 26262-2:2018을 모터사이클에 맞게 적용하기 위해서 조정되는 Part는 크게 두 부분으로 안전 문화와 확인 대책이다. 안전 문화는 ISO 26262-2:2018에서 요구하는 안전 문화와 큰 차이는 없고, 의사 소통 부분에서 일부가 완화되었다. 확인 대책에 요구되는 독립성은 모터사이클에 대해서도 ISO 26262-2:2018 Table 1을 적용하지만, 모터사이클에서는 ASIL D 등급을 요구하지 않음으로 ASIL C 등급까지 적용한다. 독립성에 대한 정의는 〈그림 12-2〉에 나타낸 것과 같이 구분을 한다.

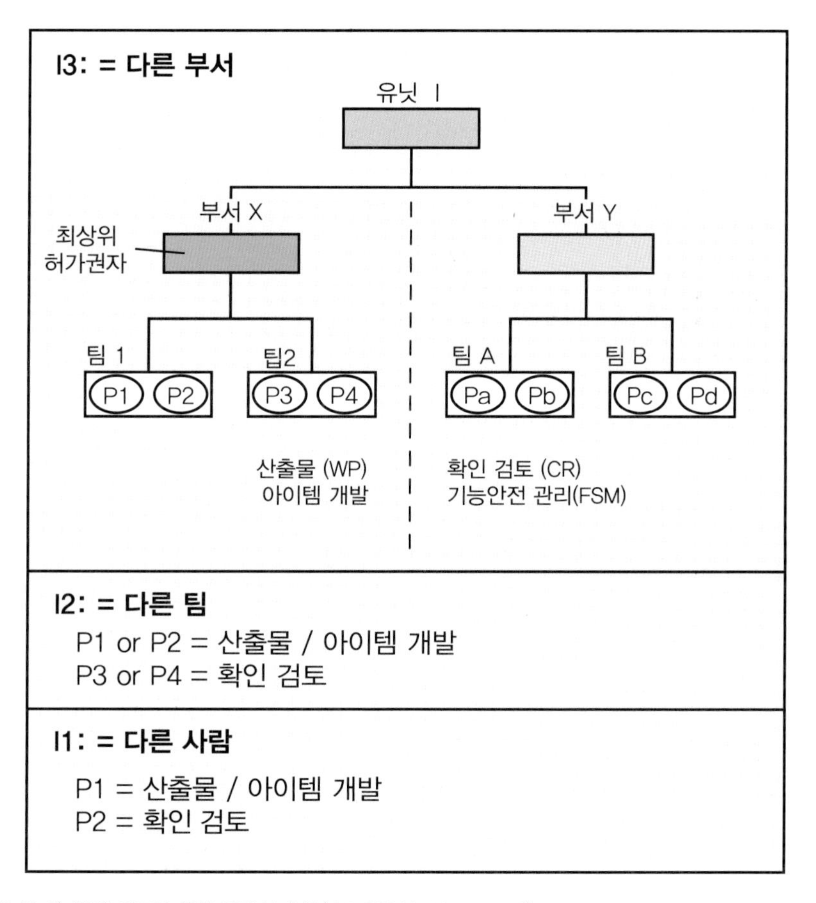

▶ 〈그림 12-2〉 확인 검토를 위한 독립성 수준(ISO 26262-12 Figure 3)

제1절 위험원 분석과 리스크 평가

(HARA : Hazard Analysis and Risk Assessment)

ISO 26262-3:2018을 모터사이클에 적용하는 것은 모터사이클의 특성을 고려하여 규정된다. 모터사이클의 동적 움직임은 차량과 매우 다르고, 특정 리스크에 대한 제어성은 탑승자의 능력에 따라 크게 다르므로 리스크를 평가하는 방법도 차량과는 차이가 있다.

위험원 분석과 리스크 평가에서는 ISO 26262-3:2018에서 자동차에 대한 것과 마찬가지로 심각도, 노출도 및 제어성에 따라 〈표 12-1〉에 나타낸 것과 같이 MSIL(Motorcycle Safety Inte 등급이 결정된다.

심각도	노출도	제어도		
		C1	C2	C3
S1	E1	QM	QM	QM
	E2	QM	QM	QM
	E3	QM	QM	A
	E4	QM	A	B
S2	E1	QM	QM	QM
	E2	QM	QM	A
	E3	QM	A	B
	E4	A	B	C
S3	E1	QM	QM	A
	E2	QM	A	B
	E3	A	B	C
	E4	B	C	D

▶ 〈표 12-1〉 MSIL을 결정하기 위한 매트릭스(ISO 26262-12 Table 5)

ISO 26262 Part 3에서 모터사이클은 위험한 정도가 ASIL 등급과 같다고 할 수 없다. 즉 모터사이클은 자동차와 상이한 점이 많기 때문에 같은 A등급이라도 MSIL A 등급과 ASIL A 등급은 다르다. 이러한 관계를 〈표 12-2〉에 나타내었다.

MSIL A 등급은 ASIL 등급으로는 QM에 해당하며, MSIL D 등급은 ASIL C 등급의 리스크를 대응하기 위해 준비되어야 한다는 것이다.

MSIL	ASIL
QM	QM
A	QM
B	A
C	B
D	C

▶ 〈표 12-2〉 MSIL과 ASIL의 관계(ISO 26262-12 Table 6)

상황 분석과 위험원 식별 후에 심각도, 제어성, 노출도에 따라 MSIL이 결정되면 이것에 대한 안전 목표를 설정하고 안전 목표에 부여된 MSIL을 ASIL 로 변경하여 변경된 ASIL에 적용되는 요구사항을 적용하여 시스템을 개발하면 된다. 〈표 12-2〉에서 알 수 있듯이 MSIL A 등급까지는 ASIL QM 등급에 해당하고 있으므로 별도의 할당된 안전 목표를 설정하지 않아도 된다.

MSIL이 할당되어 안전 목표가 결정되면 이것을 검증하기 위해서는 ISO 26262-8:2018, 9절에 따라 검증 작업을 수행하여야 한다.

통합 및 시험과 안전 타당성 확인(Safety Validation)-안전 실증

모터사이클에서의 통합 및 시험은 ISO 26262 Part 4의 통합 및 시험 항목과 같으며, MSIL B, C, D는 ASIL A, B, C항목에 따라서 차량 수준에서의 기능안전 요구사항이 올바르게 작동하는지(〈표

12-3〉 검증 방법 참조), 안전 메커니즘이 정해진 시간 내에 정확하고 올바르게 작동하는지, 내외부의 인터페이스가 맞는지, 강건하게 설계되었는지 여부를 시험하고 확인하여야 한다.

방법		ASIL		
		A	B	C
1a	요구사항 기반 시험(Requirement-based test)	++	++	++
1b	결함 주입 시험(Fault injection test)	++	++	++
1c	장시간 시험(Long-term test)	++	++	++
ad	실 도로 조건 시험(User test under real-life conditions)	++	++	++

▶ 〈표 12-3〉 차량 수준에서 기능안전 요구사항의 정확한 구현 검증 방법(ISO 26262-12 Table 7)

안전 타당성 확인이란 검사와 시험에 기반하여 안전 목표가 달성되었다는 것을 확인하는 것으로 ISO 26262-4:2018 8절(Safety Validation)에 의해 수행된다. 모터사이클은 자동차와 여러 면에서 차이점이 있으며, 모터사이클에 맞게 조정하여 아이템이 차량에 통합될 때 안전 목표를 달성한다는 근거가 있어야 한다. 기능안전 개념과 기술적 안전 개념도 아이템의 기능안전 달성에 적합하다는 것이 입증되어야 한다.

부록

색인/참고 문헌

색인

숫자

A

C

D

E

F

H

I

L

M

P

S

T

V

ㄱ

ㄴ

ㄷ

ㄹ

ㅁ

ㅂ

ㅅ

ㅇ

ㅈ

ㅊ

ㅋ

ㅌ

24.ISO/PAS 21448:2019 Road vehicles - Safety of the intended functionality
25. ISO SAE/DIS 21434 Road vehicles — Cybersecurity engineering
26. SAE J3016:2019 - Level of driving automation
27. SAE J3061:2016 - Cybersecurity guidebook for cyber-physical vehicle systems
28. ISO/IEC 15504 (all parts), Information technology - Process assessment
29. ISO 11451 (all parts), Road vehicles - Vehicle test methods for electrical disturbances from narrowband radiated electromagnetic energy
30. ISO 11452 (all parts), Road vehicles - Components test methods for electrical disturbances from narrowband radiated electromagnetic energy
31. IEC 16750 (all parts), Road vehicles - Environmental conditions and testing for electrical and electronic equipment.
32. CMMI, http://www.sei.cmu.edu/cmmi/
33. AEC-Q100, Stress qualification for integrated circuit
34. AEC-Q200, Stress test qualification for passive components
35. MIL HDBK 217 F notice 2, Military handbook: Reliability prediction of electronic equipment
36. RAC HDBK 217 Plus, Reliability prediction models
37. ISO 10007, Quality management system - Guidelines for configuration management
38. ISO/IEC 12207(IEEE Std. 12207):2008, Systems and software engineering - Software life cycle processes
39. IEC 60812, Analysis techniques for system reliability - Procedure for failure mode and effects analysis (FMEA)
40. IEC 61025, Fault tree analysis (FTA)
41. IEC 61078, Analysis techniques for dependability - Reliability block diagram method
42. IEC 60300 (all parts), Dependability management
43. AIAG Core Tools, http://www.aiag.org/
44. SAE J2980, Considerations for ISO 26262 ASIL Hazard Classification
45. ISO 11451(all parts), Road vehicles. Vehicle test methods for electrical disturbances from narrowband radiated electromagnetic energy
46. IEC 61000-6-1, Electromagnetic compatibility (EMC). Part 6-1: Generic standards. Immunity for residential, commercial and light-industrial environments.
47. IEC TR 61508, Functional safety of electrical/electronic/programmable electronic safety-related systems.
48. ISO/IEC 12207, Software life cycle processes.
49. MISRA-C:2004, Guidelines for the use of the C language in critical systems, ISBN 978-0-9524156-2-6, MIRA, October 2004.
50. MISRA AC AGC, Guidelines for the application of MISRA-C:
51. MISRA, Development guidelines for vehicle based software, Jan. 2001
52. MISRA, Guidelines for safety analysis of vehicle based programmable systems, Nov. 2007
53. NASA Software Safety Guidebook, NASA-GB-8719.13, March 31, 2004

54. Automotive Software Engineering principle, processes, Methods, and Tools, Jorg Schauffele, SAE international
55. Automotive SPICE in practice, surviving interpretation and Assessment, Klaus Hoermann et.al
56. VDA Conference, 2011년 7월 Automotive SYS Conference 2011, VDA 세미나 발표자료
57. Dr. John De Roche, "ISO 26262:2011 Functional Safety and its Impact on the Automotive Industries", workshop 발표 자료 (Sep., 2016)
58. Paul Wooderson, "Automotive Cyber Security Testing", Horiba Mira 발표자료(June, 2016)
59. 환경부, "친환경 자동차: 하이브리드차, 플러그인 하이브리드차, 전기차, 수소차", (Dec., 2015)
60. 삼성 뉴스룸 [2017.12.7]. https://news.samsung.com/kr/자율주행-자동차의-현주소
61. 국토교통부, 한국도로공사 C-ITS 시범사업 홍보관 [2020.4.10] https://www.c-its.kr/introduction/service.do
62. 위키백과, 메르세데스-벤츠 [2020.4.10], https://ko.wikipedia.org/wiki/메르세데스-벤츠
63. 위키백과 포드 모델 T, [2020.4.10] https://ko.wikipedia.org/wiki/포드_모델_T
64. 위키백과 전기자동차, [2020.4.10] https://ko.wikipedia.org/wiki/전기자동차
65. 코리아데일리, 안전벨트의 역사, [2011.9.15] http://club.koreadaily.com/cafe_board/
66. 인디D:의 내차 사랑 블로그, [2018.4.16] https://www.driveind.com/m/1559
67. KRX 시장 감시 위원회의 즐거운 경제, "필요할 때만 자동차 빌려쓰는 카세어링", [2012.3.31], https://m.blog.naver.com/krxipc/90139962063
68. 뉴시스, "운전자 10명중 7명꼴로 올 7월부터 도입 '부분 자율주행' 찬성", https://news.v.daum.net/v/20200322010556692
69. Elvira Biendi et al., "Safe Automotive Software Architecture (SAFE) & Safe Automotive Software architecture - Extension (SAFE-E)", WP3.2.1 System and software model enhancement, (Nov., 2014)
70. Vladimir Rupanov, "Early Safety Evaluation of Design Decisions in E/E Architecture according to ISO 26262", (June, 2012), ISARCS'12
71. Nico Adler et al, "Rapid safety evaluation of hardware architectural designs compliant with ISO 26262", International Symposium on Rapid System, 2013
72. Dr. David Ward, "Practical experiences in applying the 'concept phase' of ISO 26262", (Nov., 2012), MIRA 발표자료
73. TECNALIA, "D3.3. Specification of ISO 26262 safety goals for self-adaptation scenarios", (June, 2015), SAFEADAPT
74. Rick Salay et al, "Using Machine Learning Safely in Automotive Software: An Assessment and Adaption of Software Process Requirements in ISO 26262", (Aug., 2018), University of Waterloo, Canada
75. Embitel, "why 'Safety Plan' is Critical in Development of ISO 26262 Complaint Product and Automotive Functional Safety", [2020. 4.20] https://www.embitel.com/blog/embedded-blog/iso-26262-compliant-safety-planning-for-functional-safety-automotive
76. KVA, "Verification and Validation are terms commonly used during the development phases in various engineering fields, such as systems engineering, software engineering, chemical engineering, safety engineering and civil engineering", [2020.4..10], https://www.kvausa.com/verification-vs-validation/
77. Randal Childers, "Enabling ISO 26262 Qualification By Using Cadence Tools", Cadence 자료

78. J. Castrillon et al., "Multi/many-core programming: Where are we standing?", 2015 Design, Automation & Test in Europe Conference & Exhibition (DATE), Grenoble, 2015
79. Bob Leigh et al., "ISO 26262 Approval of Automotive Software Components", RTI, Open Systems Media 발표자료
80. TI White Paper, "Achieving Coexistence of Safety Functions for EV/HEV Using C2000 MCUs", (June, 2018) TI SWRY027
81. FMEA Handbook (AIAG & VDA FMEA) 1st Edition issued June 2019
82. Semiconductor Engineering, "Automotive System Design Challenges", [Jan., 2015], https://semiengineering.com/automotive-system-design-challenges/
83. Rob A. Rutenbar, "Semiconductor Intellectural Property for Digital & Analog Designs", 2004, Carnegie Mellon University
84. Dr. Erwin Petry - How to upgrade SPICE- Compliant processes for the functional safety (May, 2010)
85. H. Anthony Chan & Paul J. Englert - "Accelerated stress testing handbook의 Guide for achieving quality products"
86. Baumann R.C. Radiation-Induced Soft Errors in Advanced Semiconductor Technologies. IEEE Trans. Device Mater. Reliab. 2005 Sep., 5 (3)
87. Börcsök J., Schaefer S., Ugljesa E. "Estimation and Evaluation of Common Cause Failures", Second International Conference on Systems, 2007, ICONS '07, pg.41
88. FIDES guide 2009 Edition A (September 2010), "Reliability Methodology for Electronic Systems"
89. Kervarreca G. A universal field failure based reliability prediction model for SMD Integrated Circuits. Elsevier, 2000
90. Mariani R. "Practical experiences of fault insertion in microcontrollers for automotive applications", 15th IEEE European Test Symposium, ETS2010, May 2010
91. Mariani R. "Soft errors on digital components", in Fault Injection Techniques and Tools for Embedded Systems Reliability Evaluation, Frontiers in Electronic Testing, Vol. 23, Kluwer Academic Publisher, 2003, pp. 49-60
92. IEC/TR 62380:2004, Reliability data handbook - Universal model for reliability prediction of electronics components, PCBs, and equipment
93. MIL-HDBK-217, Military Handbook - Reliability Prediction of Electronic Equipment
94. Siemens SN 29500, "Failure Rates of Components"
95. White M., & Bernstein J.B. Microelectronics Reliability: Physics-of-Failure Based Modeling and Lifetime Evaluation. JPL Publ. 2008
96. ZVEI, February 2013, Handbook for Robustness Validation of Semiconductor Devices in Automotive Applications,
97. SAE J1879, February 2014, Handbook for Robustness Validation of Semiconductor Devices in Automotive Applications,